21世纪电力系统及其自动化规划教材

电力系统继电保护

陈少华　陈　卫　何瑞文　文明浩　编

陈德树　主审

机械工业出版社

本书着重阐明电力系统继电保护的工作原理和继电保护技术的分析方法。

全书共九章，第一章绪论，第二章介绍微机继电保护的软、硬件基本知识，第三、四章介绍电网的阶段式电流保护和距离保护，第五章介绍输电线路的纵联保护，第六章介绍自动重合闸，第七～九章分别介绍电力变压器、发电机和母线等元件的继电保护。

本书可作为高等学校电气工程及其自动化专业“电力系统继电保护”课程的教材，亦可供研究生以及从事继电保护工作的技术人员参考。

图书在版编目（CIP）数据

电力系统继电保护/陈少华等编．—北京：机械工业出版社，2009.1（2012.4 重印）
21 世纪电力系统及其自动化规划教材
ISBN 978-7-111-25206-1

Ⅰ.电…　Ⅱ.陈…等　Ⅲ.电力系统—继电保护—教材　Ⅳ.TM77

中国版本图书馆 CIP 数据核字（2008）第 152489 号

机械工业出版社（北京市百万庄大街 22 号　邮政编码 100037）
策划编辑：贡克勤　责任编辑：贡克勤
版式设计：霍永明　责任校对：张晓蓉
封面设计：王伟光　责任印制：杨　曦
北京市朝阳展望印刷厂印刷
2012 年 4 月第 1 版第 3 次印刷
184mm×260mm · 12 印张 · 295 千字
标准书号：ISBN 978-7-111-25206-1
定价：24.00 元

凡购本书，如有缺页、倒页、脱页，由本社发行部调换

电话服务
社服务中心：(010)88361066
销售一部：(010)68326294
销售二部：(010)88379649
读者购书热线：(010)88379203

网络服务
门户网：http://www.cmpbook.com
教材网：http://www.cmpedu.com
封面无防伪标均为盗版

21世纪电力系统及其自动化规划教材
编　委　会

前　言

本书是高等学校电气工程及其自动化专业“电力系统继电保护”课程的教材，内容包括电网的电流保护、距离保护、输电线路的纵联保护、自动重合闸、电力变压器保护、发电机保护和母线保护的基本原理和分析方法。

本书有以下特点：

(1) 现代电力系统继电保护装置结构已经发生了巨大的变化，微机保护装置在实际应用中已占主导地位。以电磁型或集成电路型保护结构为基础的原理分析，不利于理论与实际的认识统一。本书第三章电流保护的分析以传统保护结构为基础，以便能够与继电保护技术的历史衔接，同时增强初学者的感性认识。后续内容则以原理框图进行分析，结合第二章的微机保护软硬件知识，力图使读者能够立足于微机保护装置理解继电保护原理。

(2) 发电机、电力变压器等电力主设备在电力系统中担当极其重要的角色。随着电力系统大电源和高压变电所的大量建设，发电机、变压器继电保护的可靠运行已成为确保电力系统安全运行的重要因素。这些设备尤其是发电机结构的复杂性造成了保护的多样性。本书系统地阐述了发电机、电力变压器等元件的保护原理。

(3) 电力系统的发展使网络结构日趋复杂化和多样化，纵联保护已成为电力系统的主要保护形式。输电线路的纵联保护主要依靠先进的通信手段来保证其高性能，随着通信技术的进步，纵联保护的原理和技术也在不断的发展和完善。本书切合电力系统的实际情况，对纵联保护的原理分析力求清晰完整。

本书的第一、三、四、六章由陈少华编写，第五章由陈卫编写，第七、八、九章由何瑞文编写，第二章由文明浩编写。陈德树教授审阅了本书的全部内容并提出了很多极有价值的意见和建议。在此表示深深地感谢！

在编写本书过程中参考了很多优秀的教材和著作。编者向收录于参考文献中的各位作者表示真诚的谢意。

书中若有错误和不当之处，恳请读者批评指正。

编　者

目　录

第一章　绪　　论

第一节　电力系统继电保护的作用

电力系统在运行中，可能发生各种故障和不正常运行状态，会危及到电力系统安全稳定运行，使电能质量下降，造成停电或少供电，甚至毁坏设备和造成人身伤亡。为避免或减少事故的发生，提高电力系统运行的可靠性，应充分发挥人的主观能动性，改进设备设计制造水平，保证设计安装质量，加强对设备的维护和检修，提高运行管理水平，尽一切可能采取积极的预防事故措施，减少事故发生的几率。

在电力系统中，除应采取各种积极措施消除或减少发生故障的可能性以外，故障一旦发生，必须迅速而有选择地切除故障设备，以确保电力系统非故障部分继续安全运行，避免事故扩大，缩小事故的范围和影响，最大限度地保证向用户安全连续供电，这是保证电力系统安全运行的最有效方法之一。电力系统继电保护装置就扮演着这一重要角色，是电力系统安全可靠运行不可或缺的技术措施。

一、电力系统的正常、不正常运行状态和故障状态

在正常运行状态下，电力系统中各电源总的有功和无功功率输出能和负荷总的有功和无功功率的需求达到平衡；电力系统的各母线电压和频率均在正常运行的允许偏差范围内；各电源设备和输配电设备均在规定的限额内运行；电力系统有足够的紧急备用以及必要的调节手段，使系统能承受正常的干扰（如无故障开断一台发电机或一条线路），而不会产生系统中各设备的过载，或电压和频率偏差超出允许范围。在正常运行状态下，电力系统对不大的负荷变化能通过调节手段，可从一个正常运行状态连续变化到另一个正常运行状态。在正常运行状态下，还能在保证安全运行条件下，实现电力系统的经济运行。

电力系统中电气元件的正常工作遭到破坏，但没有发生故障，这种情况属于不正常运行状态。常见的不正常工作状态有以下几种：①过电流，也称过负荷，即负荷电流超过额定值。由于过负荷，流过电力设备的负荷电流超过其额定值，使载流设备和绝缘材料的温度升高，从而加速绝缘老化或使设备遭受损坏，甚至会发展成故障；②电压升高超过额定值。这种不正常状态通常发生在水轮机突然甩负荷后，由于转速升高，发电机定子绕组中电动势增大，电压升高，甚至达到损坏发电机绝缘的数值；③频率升高或降低。系统中突然切除部分机组或断开主干线时，由于剩余机组容量与负荷失去平衡，结果过剩容量的系统频率上升，缺额容量的系统频率下降，这对于发电机和负载电动机都有一定影响，特别是对于电动机转速有要求的产品和工艺过程危害更大；④系统振荡。当并列运行的两个系统或两个厂失去同步的现象称为振荡。振荡时系统中各点电压和电流都有很大的脉动，相位和频率都有很大的变化，大量的负荷被甩掉，保护装置可能误动作。

电力系统的所有一次设备在运行过程中由于各种因素的影响可能会发生短路、断线等故

障，最常见也是最危险的故障是各种类型的短路。所谓短路，是指正常运行状态中或不正常运行状态下发生的一切电气设备相线与相线之间、相线与地线之间的短接。有三相短路、两相短路、两相接地短路、不同地点的两点接地短路、单相接地短路以及电机和变压器的匝间短路。在中性点直接接地系统中，一相对地短路故障最为常见，据统计约占故障总数的90%左右。在中性点不接地或经消弧线圈接地的系统中，单相接地并不构成大电流的短路环路。若中性点接有消弧线圈，单相接地虽然构成了回路，但由于消弧线圈的补偿作用，故障电流是很小的。发生短路故障的原因是多种多样的，除由于雷击或鸟兽跨越电气设备等外界原因造成的事故外，绝大多数事故都是由于设备上的缺陷、设计和安装上的错误、检修质量不高以及调试运行维护不当所造成的。

由于电力系统各级设备之间都有电或磁的联系，当故障发生时，会在瞬间波及到整个电力系统。短路持续时间越长，危害程度越大。当电力系统发生短路故障时，可能引起以下严重后果：

1）故障点通过很大的短路电流将燃起电弧，烧毁故障设备，造成系统部分用户停电。

2）短路电流通过非故障设备，由于发热和电动力的作用，致使其绝缘遭受损毁或其使用寿命缩短。

3）电力系统中部分地区的电压大大降低，影响用户的正常生产。

4）破坏电力系统并列运行的稳定性，引起系统振荡，使事故扩大，甚至造成整个系统瓦解。

二、电力系统继电保护技术

继电保护技术是一个完整的体系，它主要由电力系统故障分析、继电保护原理及实现、继电保护配置设计、继电保护装置运行与维护等技术构成，其中，继电保护装置是保护功能的具体实现，是保证电力系统安全运行至关重要的一种自动装置。

继电保护装置是指装设于整个电力系统的各个元件之上，当电力系统内指定区域发生故障时，能在极短的时间（如几十毫秒）断开故障设备，保证其余部分的正常运行，避免大面积停电事故发生的一种反事故自动装置。它的基本任务就是：

1）当被保护的电力系统元件发生故障时，应该由该元件的继电保护装置自动、迅速、准确地给离故障元件最近的断路器发出跳闸命令，使故障元件及时从电力系统中断开，非故障部分迅速恢复正常运行，从而最大限度地减少对电力系统元件本身的损坏，降低对电力系统安全供电的影响，并满足电力系统的某些特定要求（如保持电力系统的暂态稳定性等）。

2）反映电气设备的不正常运行状态。根据不正常运行状态的种类和设备运行维护条件（如有无经常值班人员）发出信号，由值班人员进行处理或自动进行调整，减负荷或将那些继续运行会引起事故的电气设备予以切除。反映不正常运行状态的继电保护装置允许带有一定的延时动作。

由此可见，继电保护装置是电力系统中一种较为特殊的控制装置。它反映电力系统中被保护设备的运行状态：正常、异常或者故障状态，它的输出只有两种状态：“是”或者“否”。这“是”或“否”的临界点用“不等式”的“判据”来表达，例如，“电流 I 是否大于设定值 I_{set}?”，大于为“是”，小于为“否”。这样就可以用判据是否满足来判定电力系统被保护设备是处于故障状态，还是正常运行状态，这样的输出特性被称为“继电特性”，有这样输出特性的设备或装置被称为“继电器”或“继电装置”，用于保护作用时，就是“继电保护装置”。

继电保护装置是电力系统密不可分的一部分，是保障电力设备安全和防止、限制电力系统大面积停电的最基本、最重要、最有效的技术手段。在现代电力系统中，若没有继电保护装置，想要维持正常工作是不可能的。

由于最初的继电保护装置是由机电式继电器为主构成的，故称为继电保护装置。尽管现代继电保护装置已发展成为由电子元件或微型计算机为主构成的，但其基本功能特征没有变，故仍沿用此名称。目前在电业部门常用继电保护一词泛指继电保护技术或由各种继电保护装置组成的继电保护系统。

第二节　对电力系统继电保护的基本要求

一、选择性

对继电保护选择性的基本要求是，故障发生时，应当由最靠近故障点的断路器将故障快速断开，以保证其余部分的电力系统继续安全稳定地运行；而如果应当动作的继电保护或断路器因故拒绝动作时，则应由电源侧上一级的断路器将故障断开，以保证受故障影响的电力系统范围可能缩到最小，最大限度地保证系统中非故障部分能继续运行。

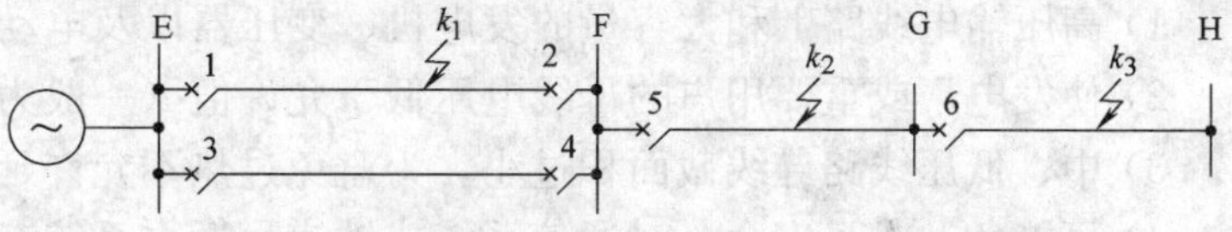

图 1-1　单侧电源网络中，有选择性动作的说明

图 1-1 所示的单侧电源网络中，母线 E、F、G、H 代表相应的变电站，数字 1、2、3、…代表相应的断路器，本书中采用继电保护装置与断路器的标号一致，即断路器处对应有相同标号的保护装置。当 k_1 短路时，应由距离短路点最近的保护 1 和 2 动作使断路器 1、2 跳闸，将故障线路切除，变电所 F 则仍可由另一条无故障的线路继续供电，这种情况即为有选择性动作。此时，断路器 1、2 必须都要动作，否则 E 变电所的电流经过断路器 3、4 到 F 变电所，再经过断路器 2 形成短路电流。但如果 3 或 4 也同时动作，就会造成变电所 F 停电，这种情况则为无选择性动作。而当 k_3 短路时，保护 6 动作跳闸，切除线路 G-H，此时只有变电所 H 停电，当属有选择性动作；若此时保护 5 动作，甚至保护 1 和 3（或保护 2 和 4）也动作，就会造成变电所 H 和 G 均停电，甚至变电所 F 也停电，这属无选择性动作。由此可见，继电保护有选择性的动作可将停电范围限制到最小，甚至可以做到不中断用户的供电。

在要求继电保护动作有选择性的同时，还必须考虑继电保护或断路器有拒绝动作的可能性，因而就需要考虑冗余配置，并增加后备保护的功能。一般地，把反映被保护元件故障，快速动作于跳闸的保护装置称为主保护，可根据需要设多套主保护装置，而把在主保护系统失效时作备用的保护装置称为后备保护。

如图 1-1 所示，当 k_3 点短路时，距离短路点最近的保护 6 应该动作切除故障，若由于某种原因，该处的继电保护装置或断路器拒绝动作，故障便不能消除，此时若其前面一条线路（靠近电源侧）的保护 5 能动作，故障也可消除。能起保护 5 这种作用的保护称为相邻元件的后备保护。同理，保护 1 又应该作为保护 5 的后备保护。按以上方式构成的后备保护是在远离被保护设备处实现的，因此又称为远后备保护。

在复杂的高压电网中，当实现远后备保护在技术上有困难时，也可以采用近后备保护的方式。即当本元件的主保护拒绝动作时，由本元件的另一套保护作为后备保护；当断路器拒绝动作时，由同一发电厂或变电所内的有关断路器动作，实现后备。为此，在每一元件上应装设单独的主保护和后备保护，并装设必要的断路器失灵保护。由于这种后备作用是在靠近被保护设备处实现的，因此，称它为近后备保护。

应当指出，远后备的性能是比较完善的，它对相邻元件的保护装置、断路器、二次回路和直流电源所引起的拒绝动作，均能起到后备作用，同时它的实现简单、经济，因此得到广泛采用，当远后备不能满足要求时，应考虑采用近后备的方式。

二、速动性

对继电保护系统的基本要求之一是以可能最短的时限把故障和异常情况从电网中切除或消除。对动作于跳闸的保护，要求动作迅速的目的在于：降低短路电流对故障设备的损坏程度；减少对用户正常用电的影响；维持电力系统并列运行的稳定性。

对继电保护速动性的具体要求，应根据电力系统的接线以及被保护元件的具体情况来确定。一些必须快速切除的故障有：

1）高压输电线路上和大容量的发电机、变压器以及电动机内部发生的故障。

2）使发电厂或重要用户的母线电压低于允许值（一般为 0.7 倍额定电压）的故障。

3）中、低压线路导线截面积过小，为避免过热不允许延时切除的故障等。

4）可能危及人身安全、对通信系统或铁道号标志系统有强烈干扰的故障等。

故障切除的总时间等于保护装置和断路器动作时间之和。一般的快速保护的动作时间为 0.04～0.06s，最快的可达 0.01～0.04s，一般的断路器的动作时间为 0.06～0.15s，最快的可达 0.02～0.06s。

实际使用时，对大量的中、低压电力元件，允许带有一定的延时切除故障，有些保护原理的实现也需要带有一定的延时，所以不一定都采有快速动作的保护。

三、灵敏性

继电保护的灵敏性，是指对于其保护范围内发生故障或不正常运行状态的反应能力。满足灵敏性要求的保护装置应该是在事先规定的保护范围内部故障时，不论短路点的位置、短路的类型如何，以及短路点是否有过渡电阻，都能敏锐感觉，正确反应。保护装置的灵敏性通常用灵敏系数来衡量。各种保护装置灵敏系数的最小值，在 GB14285—1993《继电保护和安全自动装置技术规程》中都作了具体规定。

四、可靠性

保护装置的可靠性是指在该保护装置规定的保护范围内发生了它应该动作的故障时，它不应该拒绝动作，而在其他一切该保护装置不应该动作的情况下，则不应该误动。在术语上，将继电保护不误动的可靠性称为“安全性（security)”，将其不拒动和不会非选择性动作的可靠性称为“可信赖性（reliability)”，意指保护装置的动作行为完全依附于电力系统的故障情况。

可靠性主要指保护装置本身的质量和运行维护水平而言。一般说来，保护装置的组成元件的质量越高、接线越简单、回路中继电器的触点数量越少，保护装置的工作就越可靠。同时，精细的制造工艺、正确地调整试验、良好的运行维护以及丰富的运行经验，对于提高保护的可靠性也具有重要的作用。

继电保护装置的误动作和拒绝动作都会给电力系统造成严重的危害。然而，提高不误动作的安全性措施和提高不拒动的可信赖性措施往往是矛盾的。如何处理继电保护系统的这一对矛盾，则需要考虑具体的电力网络结构、电力元件在电力系统中的位置、误动和拒动的危害程度等实际因素，根据不同的情况，突出不同的侧面。例如当系统中有充足的旋转备用容量，各系统之间、电源与负荷之间联系紧密时，由于继电保护装置误动作造成发电机、变压器或输电线切除对电力系统运行的影响可能比较小，但如果电力系统中发电机、变压器或输电线路故障时继电保护装置拒动而造成设备损坏或系统稳定的破坏，则可能造成巨大的损失。因此这种情况下提高继电保护不拒动的可靠性比提高继电保护不误动的可靠性显得更重要。但在系统的旋转备用容量很少，各系统之间和电源与负荷之间的联系比较薄弱时，由于继电保护装置的误动作而引起对负荷供电的中断，甚至造成系统稳定的破坏，但是若继电保护装置拒动，其后备保护仍可以动作切除故障。因此这种情况下提高保护装置不误动的可靠性比提高其不拒动的可靠性显得更重要。

以上 4 个基本要求是分析研究继电保护性能的基础，也是贯穿全课程的一个基本线索。在它们之间，既有矛盾的一面，又有在一定条件下统一的一面。继电保护的科学研究、设计、制造和运行的绝大部分工作也是围绕着如何处理好这 4 个基本要求之间的辩证统一关系而进行的。

第三节　电力系统继电保护的基本原理及分类

一、继电保护的基本原理

为了完成继电保护所担负的任务，要求它能够正确地区分电力系统正常运行状态与故障或不正常运行状态的差别。所以，继电保护原理的实现就是要在电力系统故障分析的基础上，从各种测量量中迅速准确地找出有别于正常运行状态、故障或不正常运行状态的特征量。

1. 反映单侧电气量的保护

利用被保护元件一侧的电气量在正常和故障时的变化特征可以构成各种作用原理的继电保护，主要有以下形式：

(1) 反映电流增大而动作的电流保护　电力系统正常运行时，每条线路上都流过由它供电的负荷电流 I_L，越靠近电源端的线路上负荷电流越大。如图 1-2a 所示的网络接线。假定在线路 F-G 上发生三相短路，如图 1-2b 所示，在电源与短路点之间将流过很大的短路电流 $\dot{I}_k$。利用流过被保护元件中电流幅值的增大，可以构成电流保护。

(2) 反映电压降低而动作的电压保护　各变电站母线上的电压，正常运行时一般都在额定电压±(5%～10%) 的范围内变化，且靠近电源端的母线电压略高。短路时，各变电站的母线电压在不同程度上有很大的降低，距短路点越近电压下降得越多，甚至降为零，由此可以构成电压保护。

(3) 反映测量阻抗减小而动作的阻抗保护（也称距离保护） 测量阻抗为测量点（保护安装处）电压与电流相量的比值，即 $Z=\dot{U}/\dot{I}$ 。以输电线路为例，正常运行时，测量阻抗为负荷阻抗，即在线路始端所感受到的、由负荷所反映出来的一个等效阻抗，其数值一般较大。金属性短路时，测量阻抗为线路阻抗 Z_k，与故障前相比，因为故障后电压降低且电流增大，所以测量阻抗的幅值显著减小，且测量阻抗的大小正比于短路点到变电站母线之间的距离，由此可以构成距离保护。

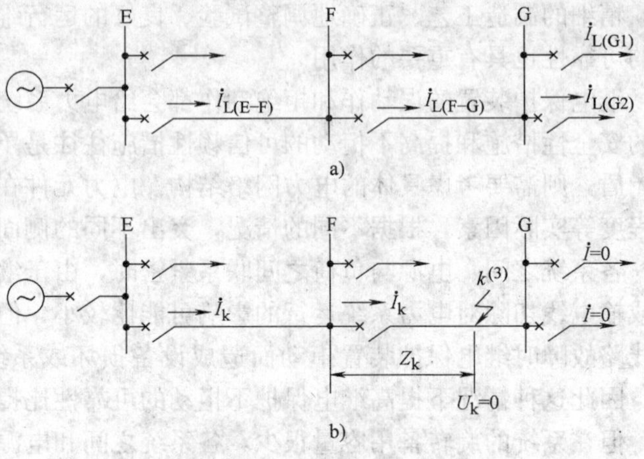

图 1-2 单侧电源网络接线

a) 正常运行情况 b) k 点三相短路情况

(4) 反映电压与电流相位角变化的方向性保护 以输电线路故障为例，正常运行时，同相电压与电流间的相位角为负荷功率因数角，约 20°左右；线路正方向发生三相金属性短路时，同相电压与电流间的相位角则为线路阻抗角，对于架空线路，线路阻抗角约为 60°～85°。而在线路反方向三相短路时，电压与电流间的相位角为 180°+(60°～85°)。根据电压与电流间相位角（即功率方向）的变化可以构成方向性的保护原理，如与电流保护结合的方向性电流保护。

(5) 反映负序和零序分量的出现而动作的序分量保护 正常运行时，系统中只存在正序分量，但发生不对称故障时会产生负序和零序分量。广而言之，凡是在特定的故障条件下出现的某些特殊分量对于故障检测都是非常有价值的。利用负序（或零序）电压（或电流）可以构成序分量保护。

以上的保护原理只需要将被保护元件一端的电气量通过互感器引入保护装置，易于实现，但是当保护范围末端短路时，在被保护元件首端所测量到的电气量由于测量误差，将不能准确地界定故障点位置，如对于线路不能区分本线路末端和下一条线路的首端，因此必须采用阶段式的保护特性来保证动作的选择性。

2. 纵联保护

纵联保护是通过比较被保护元件两侧（或多侧）的电气量在正常运行和故障时的差异来实现的。它们只在被保护元件内部故障时动作，被认为具有绝对的选择性，一般作为 220kV 及以上输电线路和较大容量发电机、变压器、电动机等电力元件的主保护。具体有以下几种形式：

(1) 比较两侧电流相量的电流差动保护（也称纵差动保护） 对于任一电气元件，根据基尔霍夫定律，正常运行或外部发生故障时，流入元件的电流应等于流出电流，但发生内部故障时，其流入电流不再等于流出电流。反映被保护电气元件流入与流出电流的相量差可以构成电流差动保护。

(2) 比较两侧电流相位的相位差动保护 以线路 E-F 为研究对象，在正常运行时，任一瞬间的负荷电流总是从一侧流入而从另一侧流出，如图 1-3a 所示。当在线路 E-F 范围以外的 k_1 点短路时，如图 1-3b 所示，由电源 Ⅰ 所供给的短路电流 I'_{k1} 将流过线路 E-F，此时 E-F 两侧的电流是同一电流，其相位特征与正常运行时一样。当在线路 E-F 范围以内的 k_2 点短路时，如图 1-3c 所示，由于两侧电源分别向短路点 k_2 供给短路电流 $\dot{I}'_{k2}$ 和 $\dot{I}''_{k2}$，两侧电流的相位特征不同于正常运行和外部故障。利用每个电气元件在内部故障与外部故障（包括正常运行情况）时，两侧电流相位的差别，就可以构成相位差动保护。

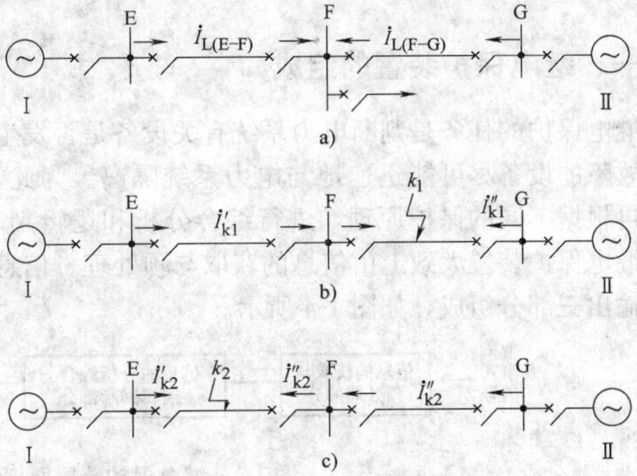

图 1-3　双侧电源网络接线

a）正常运行情况　b）k_1 点短路时的电流分布

c）k_2 点短路时的电流分布

（3）比较两侧功率方向的方向纵联保护　如果规定短路功率的正方向是从母线流向被保护线路，按照规定的正方向来看，当被保护线路内部发生故障时，线路两端的功率方向均为正；而被保护线路外部发生故障（或正常运行）时，线路两端的功率方向一个为正一个为负。因此，比较被保护线路两端短路功率的方向，就可以构成方向纵联保护。

除上述反映各种电气量的保护原理以外，还有根据电气设备的特点实现反映非电气量的保护，例如，当变压器、电抗器油箱内部的绕组短路时，反映绝缘油受热分解产生气体而构成的瓦斯保护，反映油箱内部压力增大的压力释放保护；当变压器、电动机过负荷或冷却系统发生故障时，直接反映绕组、油温或其他部件温度升高而构成的过热保护等。

二、继电保护的分类

继电保护按不同分类方法可分为以下几种常用类别：

1）按被保护对象的类别，继电保护可分为线路保护和元件保护两大类。按电压等级的不同，线路保护又可分为输电线路保护和配电线路保护；元件保护又可分为发电机保护、变压器保护、母线保护、电动机保护、电容器保护及电抗器保护等。

2）按保护原理的不同，继电保护可分为电流保护、电压保护、距离保护（阻抗保护）、纵联保护、方向保护及序分量保护等。

3）按故障或不正常运行状态的类型，继电保护可分为相间短路保护、接地短路保护、匝间短路保护及失磁保护等。

4）按故障时继电保护的职责，继电保护可分为主保护和后备保护。

5）按信号处理方式，继电保护可分为模拟型和数字型两大类保护。模拟型继电保护又可分为机电型和静态型。数字型继电保护/微机保护通过模/数转换器把测量回路的模拟信号转变为数字信号，由计算机芯片根据软件计算出结果输出到执行回路。

第四节　继电保护装置的组成和结构

一、继电保护装置的组成

继电保护的任务是判断电力系统有关设备是否发生故障从而决定是否发出跳闸命令，使发生故障的设备尽可能迅速地与电力系统隔离。为此，首先要获取与被保护设备有关的信息，再根据不同的保护原理，进行综合分析和逻辑判断，最后作出决断，并付诸执行。所以，继电保护装置大致上由信息的获取与预处理、信息的分析综合与逻辑判断和判断结果的执行输出三部分组成，如图 1-4 所示。

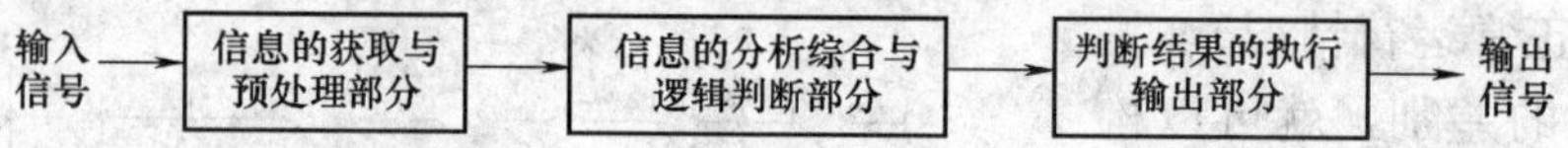

图 1-4　继电保护装置原理结构图

1. 信息的获取与预处理部分

继电保护是利用电力系统中设备发生短路或异常情况时的电气量（电流、电压、功率、频率等）的变化，构成动作的条件，也有其他的物理量，如变压器油箱内故障时伴随产生的大量瓦斯和油流速度的增大或油压强度的增高等等。

在早期的机电型保护装置中，电流、电压直接加到继电器的测量机构，变换成机械力，然后在机械力的层次上进行比较判别，中间并不需设置其他的变换、隔离等环节。随着电子技术的引入，为了适应电子器件的弱信号的要求，在电流互感器、电压互感器与电子电路之间需要设置隔离屏蔽、电平变换等处理环节，通常采用电流变换器、电压变换器以及电抗变换器等实现。在静态型继电保护和数字型继电保护中都采用类似的变换环节，称为“信息预处理”环节。

2. 信息的分析综合与逻辑判断部分

从被保护对象输入的有关参量，按照相应的继电保护原理，与已经给定的整定值进行比较，并根据比较的结果，按一定的逻辑工作关系，最后确定是否应该使断路器跳闸或发出信号，并将有关命令传给执行部分。

数字型继电保护与模拟型继电保护的根本区别就在于实现这部分功能的手段不同。常规的模拟型保护是靠模拟电路的构成来实现的，即用模拟电路实现各种电量的加、减、乘、除和延时与逻辑组合等要求。而数字型保护却是通过数字技术和相应软件进行数值和逻辑运算来实现上述功能的。

3. 判断结果的执行输出部分

执行部分是根据判断结果，最后完成保护装置所担负的对外操作任务的部件。继电保护的主要任务是操作、控制有关断路器，使发生故障的设备迅速与电力系统其他无故障的部分隔离开来，最大限度地减轻故障对电力系统的影响，减轻故障设备的损坏程度。这种操作是通过控制断路器跳闸线圈实现的。目前一般采用有触点的中间继电器，组成必要的出口逻辑来完成这部分功能。如检测到故障时，发出动作信号驱动断路器跳闸；在不正常运行时，发出告警信号；在正常运行时，则不产生动作信号。

二、模拟型保护装置的基本结构

模拟型保护装置是采用各种继电器，如电流继电器、电压继电器、阻抗继电器、时间继电器、中间继电器、信号继电器等等，按照一定的逻辑关系组合来实现的。下面以图 1-5 所示的线路过电流保护为例，简单说明其结构。

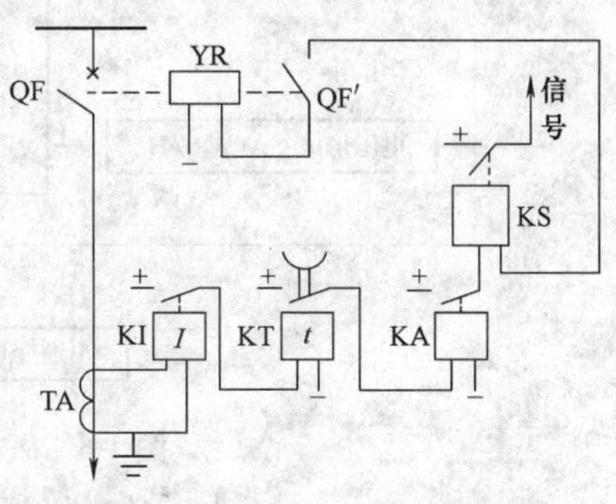

图 1-5　过电流保护的工作原理图

电流互感器 TA 将线路一次电流变换为二次电流送入电流继电器 KI，当流过电流继电器的电流大于其预先设定的门槛值（即整定值）时，其输出起动时间继电器 KT，经预先设定的延时后，时间继电器的输出起动中间继电器 KA，然后接通断路器的跳闸回路，同时使信号继电器 KS 发出保护动作的信号。

正常运行时，由于负荷电流的二次侧数值小于电流继电器的整定值，电流继电器不动作，整套保护不动作。当被保护的线路发生短路后，线路中流过的短路电流一般是额定负荷电流的数倍至数十倍，电流互感器二次侧输出的电流线性增大，流过电流继电器的电流大于整定电流，从而起动整套保护，经预定的延时后，保护动作跳闸，并发出相应信号。由于断路器 QF 处于合闸位置时，其位置触点 QF′是闭合的，因此断路器的跳闸线圈 YR 带电，在电磁力的作用下使脱扣机构释放，断路器在跳闸弹簧力的作用下跳开，故障设备被切除，短路电流消失，电流继电器返回，整套保护装置复归，做好下次动作的准备。如果预定的延时未到，而故障设备由其他保护装置切除，则该套保护装置不会动作，电流继电器返回，整套保护装置在起动后复归。

三、数字型保护装置的基本结构

数字型继电保护装置是由计算机来分析计算电力系统的有关电量并判定系统是否发生故障，然后决定是否发出跳闸信号。其硬件装置主要包括 5 个基本部分，如图 1-6 所示。各部分的基本功能如下：

（1）数据采集单元　包括电压形成和模数转换等模块，将电压互感器 TV 和电流互感器 TA 输入的模拟量转换为数字量。

（2）数据处理单元（CPU 主系统）　其基本功能是进行数值及逻辑运算。当实时的采样数据送入计算机系统后，计算机根据继电保护程序对采样数据进行实时的计算分析、判断是否发生故障、故障的范围和性质等，以完成各种继电保护功能。

（3）开关量输入/输出单元　经过并行接口芯片、光电隔离元件和附加电路驱动中间继电器实现跳闸、合闸、信号输出，以及通过光电隔离后实现开关状态输入等功能。

（4）人机接口单元　采用并行接口连接液晶显示屏、键盘和打印机，用于调试、定值调整等功能。通过通信接口并加以光电隔离后实现与其他设备通信或联网。

（5）电源　供给微处理器、数字电路、模数转换芯片及继电器的高可靠性的逆变电源。

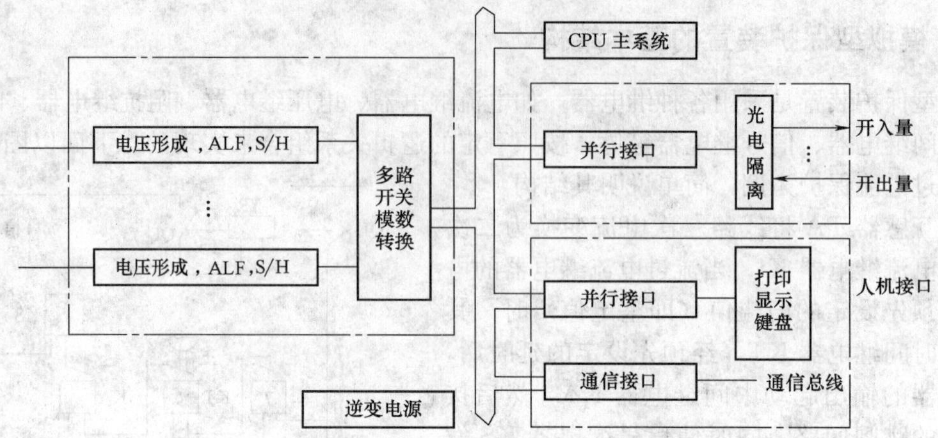

图 1-6 微机保护硬件系统构成示意图

第五节 继电保护技术的发展简介

一、继电保护原理发展简介

继电保护技术是随着电力系统的发展而发展起来的。电力系统中的短路是不可避免的，短路必然伴随着电流的增大，为了保护发电机免受短路电流的破坏，首先出现了反映电流超过一预定值的过电流保护。熔断器就是最早的、最简单的过电流保护器件，这种保护方式直到现在还广泛应用于低压线路和用电设备。由于电力系统的发展，用电设备的功率、发电机的容量不断增大，发电厂、变电站和电力网的接线不断复杂化，电力系统中正常工作电流和短路电流都不断增大，熔断器已不能满足选择性和速动性的要求，于是出现了作用于专门的断流装置（断路器）的过电流继电器。19 世纪 90 年代出现了装于断路器上并直接作用于断路器的一次式（直接反映一次短路电流）的电磁型过电流继电器。20 世纪初随着电力系统的发展，继电器才开始广泛应用于电力系统的保护。这个时期可认为是继电保护技术发展的开端。

1908 年提出了比较被保护元件两端电流相量的电流差动保护原理。1910 年方向性电流保护开始得到应用，在此期间也出现了将电流与电压相比较的保护原理，并导致了 20 世纪 20 年代初距离保护装置的出现。随着电力系统载波通信的发展，在 1927 年前后，出现了利用高压输电线的高频载波电流传送和比较输电线两端功率方向或电流相位的高频保护装置。在 20 世纪 50 年代，微波中继通信开始应用于电力系统，从而出现了利用微波传送和比较输电线两端故障电气量的微波保护。早在 20 世纪 50 年代就出现了利用故障点产生的行波实现快速继电保护的设想，经过 20 余年的研究，终于诞生了行波保护装置。到了 20 世纪 90 年代，随着光纤通信在电力系统中的大量采用，从而出现了利用光纤通道传送和比较输电线两端故障电气量的光纤保护。

二、继电保护装置发展简介

与继电保护原理的发展过程相对应，构成继电保护装置的元件、材料、保护装置的结构型式和制造工艺也发生了巨大的变革。电子技术、计算机技术与通信技术的飞速发展又为继电保护技术的发展不断地注入了新的活力。

20世纪50年代之前的继电保护装置都是由电磁型、感应型或电动型继电器组成的。这些继电器都具有机械旋转部件，统称为机电式继电器，由这些继电器组成的继电保护装置称为机电式继电保护装置。我国工程技术人员在50年代创造性地吸收、消化、掌握了国外先进的继电保护设备性能和运行技术，建成了一支具有深厚继电保护理论造诣和丰富运行经验的继电保护技术队伍，对全国继电保护技术队伍的建立和成长起了指导作用。在20世纪60年代中我国已建成了继电保护研究、设计、制造、运行和教学的完整体系，这是机电式继电保护繁荣的时代，为我国继电保护技术的发展奠定了坚实基础。机电式保护装置体积大，消耗功率大，动作速度慢，机械转动部分和触点容易磨损或粘连，调试维护比较复杂，不能满足超高压、大容量电力系统的要求。

自20世纪50年代末，由于半导体晶体管的发展，开始出现了晶体管式继电保护装置。这种保护装置体积小，功率消耗小，动作速度快，无机械旋转部分，称为电子式静态保护装置。70年代到80年代是晶体管继电保护装置在我国大量采用的时期，满足了当时电力系统向超高压、大容量方向发展的需要。20世纪80年代后期，静态继电保护装置完成了从晶体管式保护装置向集成电路式保护装置的过渡。

在20世纪60年代，有人提出用小型计算机实现继电保护的设想。因当时小型计算机价格昂贵，难以在实用上采用。但由此开始了对继电保护计算机算法的大量研究，为后来微型计算机式继电保护（简称微机保护）的发展奠定了理论基础。随着微处理器技术的迅速发展及其价格急剧下降，在70年代后半期，出现了比较完善的继电保护样机，并投入到电力系统中试运行。80年代微机保护在硬件结构和软件技术方面已趋成熟，并已在一些国家推广应用。20世纪90年代以来，微机型保护在我国得到了广泛应用，成为继电保护装置的主要型式。微机技术引入继电保护领域，扩展了继电保护装置的应用功能，它具有强大的计算、分析和逻辑判断能力，具有优良的记忆存储功能，因而可以实现性能完善且复杂的保护原理。而且，现在的微机保护装置普遍具有运行中的自检功能，可以检查从交流电流与电压输入到逻辑回路输出的整个环节，一旦不正常，即可自动停用并报警，有的设计还可以在运行中检查出口跳闸触点的情况。自动检测与自动报警，为延长继电保护装置的定期检验周期提供了可靠基础。微机保护还可以通过通信接口接入变电所中央计算机或变电所的就地通信网（局域网），可以将保护装置测定的实时数据和故障数据直接送入变电所和调度中心的自动化系统，还可以接受上级的命令实现保护装置的远方修改定值，这些都为调度管理的现代化提供了条件。此外，微机型保护可用同一硬件实现不同的保护原理，这使得保护装置的制造大为简化，也容易实现保护装置的标准化。微机保护除了具有保护功能以外，还可兼有故障录波、故障测距、事件顺序记录以及网络通信等辅助功能，这对简化保护的调试、事故分析和事故后的处理等都有重大意义。由于微机型保护装置的巨大优越性和潜力，因而受到了运行人员的广泛欢迎。

微机技术为实现继电保护新原理提供了新的可能，随着电力系统的飞速发展和计算机技术、通信技术、控制技术的进步，继电保护技术将沿着网络化、智能化和保护、控制、测量、数据通信一体化的方向不断前进。

习题与思考题

1. 继电保护在电力系统中的任务是什么？

2. 什么是故障、异常运行和事故？短路故障有哪些类型？相间故障和接地故障在故障分量上有何区别？对称故障与不对称故障在故障分量上有何区别？

3. 什么是主保护、后备保护？什么是近后备保护、远后备保护？在什么情况下依靠近后备保护切除故障？在什么情况下依靠远后备保护切除故障？

4. 简述继电保护的基本原理和构成方式。

5. 什么是电力系统继电保护装置？

6. 电力系统对继电保护的基本要求是什么？

7. 针对图 1-7 所示系统，分别在 k_1、k_2、k_3 点故障时说明按选择性的要求哪些保护应动作跳闸。

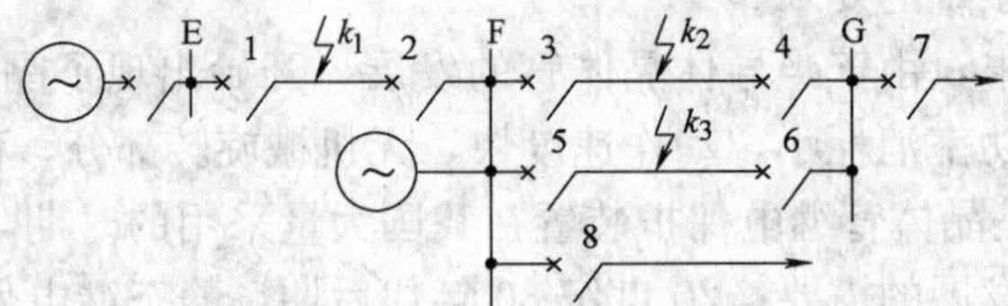

图 1-7　题 7 图

第二章　微机继电保护基础

第一节　微机保护基本结构

微机型继电保护装置实际上就是一个具有继电保护功能的微机系统，它通过控制与外部接口的电子电路将传感器送来的信号变换为数据，然后进行复杂的算术和逻辑运算对故障作出判断并发出动作指令。它不仅能够实现复杂的保护原理，还可以完成电力自动化要求的各种智能化测量、控制、通信及管理功能。图 2-1 是微机保护系统框图。它包括数据处理单元、模拟量输入系统、开关量输入输出系统、人机对话和外部通信系统 4 个部分。

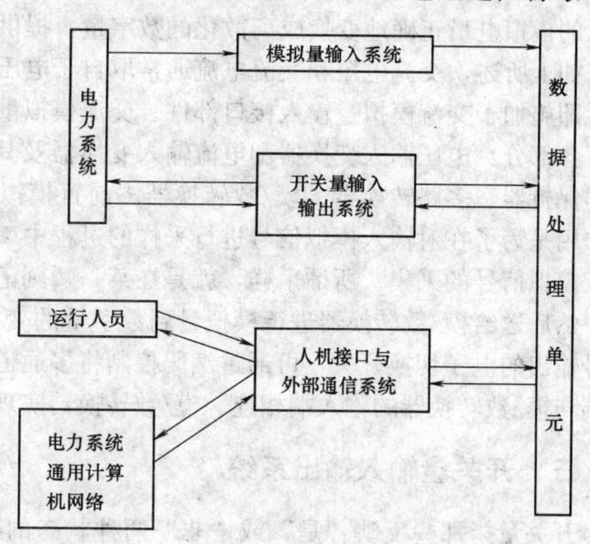

图 2-1　微机保护系统框图

一、数据处理单元

数据处理单元是微机保护装置的核心部分，实质上就是一台特别设计的专用微型计算机，一般由中央处理器（CPU）、存储器、定时器/计数器及控制电路等部分组成，并通过数据总线、地址总线、控制总线连成一个系统。继电保护程序在数字核心部件内运行，指挥各种外围接口部件运转、完成数字信号处理，实现保护原理。

CPU 是数字核心部件以及整个微机保护的指挥中枢，计算机程序的运行依赖于 CPU 来实现。因此，CPU 的性能在很大程度上决定了微机保护系统的水平。CPU 的主要技术指标包括字长（用二进制位数表示）、指令的丰富性、运行速度（用典型指令执行时间表示）等。

存储器用来保存程序和数据，它的存储容量和访问时间也会影响整个微机保护系统的性能。在微机保护中根据任务性质采用了三种不同类型存储器：①随机存储器（RAM），用来暂存需要快速交换的大量临时数据，如数据采集系统提供的数据信息、计算处理过程的中间结果等；②只读存储器（ROM），目前实际使用的是一种紫外线可擦除且电可编程的只读存储器（EPROM），用来保存微机保护的运行程序和一些固定不变的数据；③电可擦除且可编程只读存储器（EEPROM），用来保存在使用中需要经常改写的那些控制参数，如微机继电保护的整定值等。

定时器/计数器在微机保护中也是十分重要的器件，它除了为延时动作的保护提供精确计时外，还可以用来提供定时采样触发信号、形成中断控制等作用。目前，很多 CPU 中已将定时器/计数器集成在其内部。

数字核心部件的控制电路包括地址译码器、地址锁存器、数据缓冲器、中断控制器等，它的作用是保证微机数字电路协调工作。由于这些部分是微机原理的经典内容，请读者参考有关书籍。

二、模拟量输入系统

继电保护装置判断电力系统故障或不正常运行状态所依据的基本电量是模拟电量。一次系统的模拟电量可分为交流电量（包括交流电压和交流电流）、直流电量（包括直流电压和直流电流）以及各种非电量。微机保护装置模拟量输入接口部件的作用是将电力系统传感器输入的模拟电量正确地变换成离散化的数字量，提供给数字核心部件进行处理。

如上所述，交流电压和交流电流通常取自于电压互感器和电流互感器，进入微机保护装置后即施加于交流模拟量输入接口部件。交流模拟量输入接口部件内部按信号传递顺序包括以下各部分：电压输入变换器和电流输入变换器及其电压形成回路、前置模拟低通滤波器、采样保持器、多路转换器、模/数转换器。前置模拟低通滤波器是一种简单的低通滤波器，其作用是为了在对输入模拟信号进行采样的过程中满足采样定理的要求。采样保持器完成对输入模拟信号的采集。所谓采样，就是在某一瞬刻记录并保持输入模拟信号在该瞬刻的瞬时值，然后送给模/数转换器进行模拟量到数字量的变换。多路转换器是一种多信号输入、单信号输出的电子切换开关，可通过编码控制将多通道输入信号依次与其输出端连通，而其输出端与模/数转换器的输入端相连。模/数转换器实现模拟量到数字量的变换。

三、开关量输入输出系统

开关量指那些反映“是”或“非”两种状态的逻辑变量，如断路器的“合闸”或“分闸”状态、控制信号的“有”或“无”状态等。继电保护装置常常需要确知开关量的状态才能正确地动作。外围设备一般通过其辅助继电器触点的“闭合”与“断开”来提供开关量状态信号。由于开关量的状态正好对应二进制数字的“1”或“0”，所以开关量可作为二进制数字量读入，每一路开关量信号占用二进制数字的一位。

微机保护装置通过开关量输出的状态来控制执行回路、信号回路以及完成其他操作的继电器的动作。开关量输出接口部件的作用是为正确地发出开关量操作命令提供输出通道，并在微机保护装置内、外部之间实现电气隔离，以保证内部弱电电子电路的安全和减少外部干扰。

四、人机对话和外部通信系统

人机对话接口部件的作用是建立起微机保护装置与使用者之间的信息联系，以便对装置进行人工操作、调试和得到反馈信息。继电保护装置的操作主要包括整定值和控制命令的输入等；而反馈信息主要包括被保护的一次设备是否发生故障、何种性质的故障、保护装置是否已发生动作以及保护装置本身是否运行正常等。微机保护采用智能化人机界面使人机信息交换功能大为丰富、操作更为方便。微机保护人机对话接口部件通常包括以下几个部分：简易键盘、小型显示屏、指示灯、打印机接口、调试通信接口。

外部通信接口部件的作用是提供与计算机通信网络以及远程通信网的信息通道。外部通信接口可分为两大类：第一类通信接口为实现特殊保护功能的专用通信接口，如本书后面将要介绍的输电线路纵联保护，它要求位于输电线路两端的保护装置交换信息和相互配合，共同完成保护功能；另一类通信接口为通用计算机网络接口，可与电站计算机局域网以及电力系统计算机远程通信网相连，实现更高一级的管理、控制功能，如数据共享、远方操作及远方维护等。

第二节　微机保护工作原理简介

常规微机保护装置实现继电保护功能主要有三个步骤：模拟量输入系统将从电力系统获得的模拟电量信号进行预处理转化为数字量，开关量输入系统将开关量输入信号也转变为数字量；数据处理单元对已转变为数字量电量信号进行数字滤波，从而获得微机保护算法所需要的数字信号序列；数据处理单元对已滤波的数字信号序列采用合适的算法并结合开关量输入信号综合判断，然后根据判断结果控制开关量输出系统和人机对话和外部通信系统的输出，实现跳闸、信号告警、数据记录等功能。

一、输入信号预处理

电力系统中的电量显然都是模拟量，而微机保护的实现则是基于由数据处理单元对数字量进行计算和判断。所以，为了实现微机继电保护，必须对来自被保护设备和线路的模拟电量进行一系列预处理，从而得到所需形式的数字量提供给保护功能处理程序。

由电力系统输入到继电保护装置的模拟信号主要有两类：一类是来自 TV（或 TA）的交流电压（或电流）信号；另一类是来自分压器（或分流器）的直流电压（或电流）信号。这些信号首先被转换到与微型计算机相匹配的电平，通过前置模拟低通滤波削去其中的高频成分，然后由采样环节将连续信号离散化，再交给 A/D 转换器变为数字量。这些数字量还应在存储器中按先后顺序排列以方便功能处理程序取用。上述全部步骤就是输入信号的预处理流程，如图 2-2 所示。

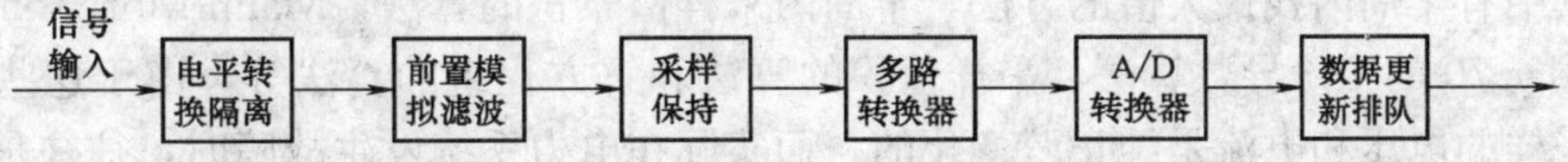

图 2-2　输入信号预处理流程框图

信号预处理中，还包括隔离和抑制随有用信号窜入的干扰，这对于提高保护装置的可靠性非常重要。设计信号预处理部分时，对此应作全盘考虑，采取合理措施。

还有一类信号，如来自断路器、隔离开关等设备辅助触点以及其他继电器触点的开关量信号，或者来自别的微机保护或数字设备的数字量信号。这些信号通过干扰隔离环节，可由开关量输入、输出系统直接进入微机保护。

二、数字滤波

高速继电保护装置都工作在故障发生后的最初瞬变过程中，这时的电压和电流信号由于混有衰减直流分量和复杂的谐波成分而发生严重的畸变。目前大多数保护装置的原理是建立在反映正弦基波或某些整数次谐波基础之上，所以滤波器一直是继电保护装置的关键部件。在微机保护中，有两种可供选择的方案：一种是传统的模拟滤波器；一种是数字滤波器。目前所研究的数字式保护装置几乎毫无例外地采用了数字滤波器。这是由于它具有下述优点：

1）滤波精度高。加长字长可以很容易提高精度。

2）可靠性高。模拟元器件很容易受环境和温度的影响，而数字系统受这种影响要小得多。

3）灵活性高。数字滤波器改变性能只要改变算法或者某些系数即可，而模拟滤波器却十分繁琐。

4）便于时分复用。采用模拟滤波器则必须每个通道装一个滤波器。而数字滤波器通过时分复用，一套硬件系统可以完成各个通道的滤波任务。

数字滤波器可以理解为是一个计算程序或算法，将代表输入信号的数字时间序列转换为代表输出信号的数字时间序列，并在转换过程中，使信号按照预定的形式变化。数字滤波器有多种分类。按照算法实现方式不同可分为专用硬件组成的数字滤波器和软件组成的数字滤波器；按其运算结构不同可分为递归型和非递归型数字滤波器；按单位脉冲响应不同可分为无限长单位脉冲响应滤波器（IIR）和有限长单位脉冲响应滤波器（FIR），其中又分为直接型、正准型、级联型、横截型及频率采样型等多种类型；按照不同的滤波理论又可分为常规滤波器和最佳滤波器。另外，通常还按频率特性划分为低通滤波器、带通滤波器、高通滤波器和带阻滤波器 4 类基本滤波器，其中前两类滤波器在微机保护中用得较多。

三、算法

微机继电保护装置是用数学运算方法实现故障量的测量、分析和判断的。而运算的基础是若干个离散的、量化了的数字采样序列。因此，微机保护的一个基本问题是寻找适当的离散运算方法，使运算结果的精确度能满足工程要求而计算耗时又尽可能短。国内外的继电保护工作者围绕这个问题作了大量的研究，提出了许多适合于计算机保护的计算方法。

最初，人们从简单的情况出发，即从电压、电流为纯正弦变化的情况出发，提出了许多算法，其中有半周内找最大值的方法，半周内采样值累积的算法，Mann-Morrjson 的导数算法，Prodar-70 的二阶导数算法，采样值积的算法和解方程组的算法等。由于这些算法都是基于被采样的电压和电流是纯正弦变化的，而实际在电力系统发生故障时，往往是在基波的基础上叠加有衰减的非周期分量和各种高频分量，因此要求计算机保护装置对输入的电流、电压信号进行预处理，即尽可能地滤掉非周期分量和高频分量，否则，计算结果将会出现较大的误差。

针对上述情况，在算法研究过程中，另外提出了一些基于较复杂的数学模型的算法。此时不再假设输入的电压、电流量为纯正弦量，而是假设它们是由非周期分量、基频和倍频分量所组成。这些方法中除解方程组的算法外，最常见的是傅氏算法和与之相似的沃尔希函数算法。由于这些算法本身带有很强的滤去高次谐被的功能，所以一般不再另外采用数字滤波。但是算法本身不能滤去衰减的非周期分量。国内外许多继电保护工作者围绕克服衰减的非周期分量的影响，作了大量的研究工作，提出了一些相应的算法。

实际上电力系统中送至继电保护装置的电压、电流信号的情况在不同程度上还要复杂一些。由于电力系统中铁磁元件的非线性特性，输电线路的分布电容和串联、并联电容的使用，以及电流互感器、电压互感器二次侧的暂态过程等因素的影响，使得电压、电流输入信号中除存在非周期分量外，还包含有许多随机的高频分量。这些分量的存在，将产生干扰或噪声，使计算结果有不同程度的误差。在超高压电力系统中，为了克服这些随机噪声的影响，除采用较完善的滤波措施外，还提出了一些减少误差的算法。例如对计算结果采取平滑措施，采用最小二乘曲线拟合算法等。

上面所述的种种算法都是从若干采样值序列中计算出有关电压、电流的幅值、相位以及功率等基本电参数，然后根据不同的保护原理所对应的动作判据，用上述算法得出的电量参数进一步运算方能实现保护的功能。与此相应，也出现了一些将电量运算与动作判据直接结合在一起的算法，例如用离散值直接实现的方向阻抗继电器的算法。此外，也有利用输电线路的简化模型写成的微分方程直接计算输电线路短路电阻和电感的算法等。这些算法都不必先行计算电压、电流值。

第三节　微机保护数字信号处理与典型算法

在微机保护中，模拟电压、电流输入信号经过离散采样和模/数转换成为可用于计算机处理的数字量。电力系统的故障信号中可能包含很高的频率成分，但多数保护原理只需要使用基波和低次谐波成分，因此需要选择合适的采样频率，使得微机保护装置获得的数字量（采样值）既可以满足微机保护的要求，又可避免对微机保护的硬件系统提出过高的要求。采样定理对微机保护采样频率的选取有重要的指导意义。

微机保护装置输入的电流、电压信号中，除了保护所需的有用成分外，还包含有许多无效的“噪声”分量。例如，以故障信号中的稳态基频分量为基础的保护原理，衰减直流分量和各种高频分量就是无效“噪声”分量。为了消除噪声分量的影响，提高电气量参数计算的精度，主要有两种基本途径：其一是首先采用滤波器对输入信号进行滤波处理，然后对滤波后的有效信号进行电气参数计算；其二是设计电气参数的算法时使其本身具有良好的滤波性能。

数字滤波器在微机保护中得到了广泛的应用，它不同于保护算法。数字滤波器是将含有各种频率成分的采样序列变换成只含特定频率信号的输出序列，是序列到序列的变换；而算法则是要从数字滤波器的输出序列或直接从采样序列中求取电气信号的特征参数并且进而实现保护原理。在微机保护中算法可分为两大类：一类是基本算法，就是从离散的数字序列算出正弦量表达式中的量值，如交流电流和电压的幅值及相位、功率、阻抗、序分量等；另一类是保护原理算法，它用基本算法的结果来实现保护原理，因此与具体的保护功能密切相关：它不仅要求解特定保护的动作方程，还需要完成各种逻辑处理、时序配合算法及故障判定。这里主要介绍常用的基本算法。

本节将介绍采样定理以及一些典型数字滤波器和微机保护算法。

一、采样定理

模拟量输入系统将连续的模拟信号转变为离散的数字信号，这个过程包含两个环节：采样环节、模/数转换环节。设输入模拟信号为 $x_A(t)$，现在以确定的时间间隔 T_S 对其连续采样，得到一组代表 $x_A(t)$ 在各采样点瞬时值的采样值序列 $x(n)$，这里

$$x(n)=x(nT_S)=x_A(nT_S),\quad n=1,2,3\cdots \tag{2-1}$$

例如，若 $x_A(t)=X_m\sin(\omega t+\varphi)$，则有 $x(n)=x(nT_S)=X_m\sin(\omega nT_S+\varphi)$。请注意，这里 n 只能为整数，这意外着 $x(n)$ 只在采样点上有数值，而在采样点以外没有定义，不能认为这些位置上其值为零。换言之，$x(n)$ 是以 n 为变量，以 T_S 为时间间隔的一组数据序列。

上述确定的时间间隔 T_S 称为采样周期。采样周期 T_S 的倒数称为采样频率，记为 f_S，即

$$f_S=\frac{1}{T_S} \tag{2-2}$$

采样频率反映了采样速度。在电力系统的实际应用中，习惯用采样频率 f_S 相对于基波频率的倍数（记为 N）来表示采样速度，称为每基频周期采样点数，或简称为 N 点采样。设基频频率为 f_1、基频周期为 T_1，则有

$$N=\frac{f_S}{f_1}=\frac{T_1}{T_S} \tag{2-3}$$

还需要讨论一个问题，就是如何选择采样频率？或者说，对连续信号进行采样应选择多高的采样频率才能保证不丢失原始信号中的信息呢？由直观的经验知，若输入模拟信号的频率较高而采样频率很低，采样数据便无法正确地描述原始波形，也就是说，合适的采样频率与输入信号的频率有关。研究表明，无论原始输入信号的频率成分多复杂，保证采样后不丢失其中信息的充分必要条件是，采样率 f_S 应大于输入信号的最高频率 f_{max} 的两倍，即

$$f_S>2f_{max} \tag{2-4}$$

这就是著名的采样定理。

实际应用中，确定采样率还需考虑以下问题：

1）电力系统的故障信号中可能包含很高的频率成分，但多数保护原理只需要使用基波和低次谐波成分，为了不对微机保护装置的硬件系统提出过高的要求，可以对输入信号先进行模拟低通滤波，降低其最高频率，从而可选取较低的采样频率。前面介绍的前置模拟低通滤波器（ALF）就是为此目的而设置的，通常采用简单的 RC 低通滤波器。

2）实用采样频率通常按保护原理所用信号频率的 4～10 倍来选择。例如常用采样频率为 $f_S=600\text{Hz}$（$N=12$）、$f_S=800\text{Hz}$（$N=16$）、$f_S=1000\text{Hz}$（$N=20$）及 $f_S=1200\text{Hz}$（$N=24$）等。这样选择的主要原因是为了保证计算精度，同时也考虑了数字滤波的性能要求。另外，由于简单的前置模拟低通滤波器也难于达到很低的截止频率，因而也就限制了采样频率不能太低。

二、数字滤波器

1. 数字滤波器的基本概念

数字滤波器是一种特殊的算法，其特点是通过对采样序列的数字运算得到一个新的序列，在新的序列中已滤除了不需要的频率成分，只保留了需要的频率成分。数字滤波器的运算过程可用下述常系数线性差分方程来表述：

$$y(n)=\sum_{i=0}^{K}a_i x(n-i)+\sum_{i=1}^{K}b_i y(n-i) \tag{2-5}$$

式中，$x(n-i)$ 和 $y(n-i)$ 分别为滤波器的输入值序列和输出值序列；a_i 和 b_i 为滤波器系数。

通过选择滤波系数 a_i 和 b_i，可控制数字滤波器的滤波特性，即根据特定的要求来滤除输入信号序列 $x(n)$ 中的某些无用频率成分，使输出序列 $y(n)$ 能更明确地反映有用信号的变化特征。在式（2-5）中，系数 b_i 全部为 0 时，称之为非递归型滤波器，此时，当前的输出 $y(n)$ 只是过去和当前的输入值 $x(n-i)$ 函数，而与过去的输出值 $y(n-i)$ 无关。若系数 b_i 不全为 0，即过去的输出对现在的输出有直接影响，称之为递归型滤波器。就数字滤波器的运算结构而言，主要包括递归型和非递归型两种基本形式。

数字滤波器的滤波特性通常用频率响应特性来表征，包括幅频特性和相频特性。幅频特性反映的是不同频率的输入信号经过数字滤波后，其幅值的变化情况；而相频特性则反映的是输入和输出信号之间相位移的变化情况。例如，频率为 f、幅值和相位分别为 X_m 和 φ_x 的正弦函数输入序列 $x(n)$，经过由式（2-5）所示的线性滤波计算后，输出序列 $y(n)$ 仍为正弦函数序列，并且频率与输入信号频率相同，只是幅值和相位发生了变化。假设输出序列 $y(n)$的幅值为 Y_m，相位为 φ_y，则滤波器的幅频特性定义为

$$H(f)=\frac{Y_m}{X_m} \tag{2-6}$$

相频特性定义为

$$\varphi(f)=\varphi_y-\varphi_x \tag{2-7}$$

由于大多数的保护原理只用到基频或某次谐波，因此，最关心的是滤波器的幅频特性。即使需要进行相位比较，只要参加比较相位的各量采用相同的滤波器，它们的相对相位总是不变的，因此，对滤波器的相频特性一般不作特殊要求，只有在某些特殊应用场合，才考虑相频特性的影响。

数字滤波器作为数字信号处理领域中的一个重要组成部分，经过近 30 年的发展，已具有较完整的理论体系和成熟的设计方法。原则上，这些理论和方法也可应用于微机保护的数字滤波器设计之中。但是，电力系统作为一具体的特定系统，其信号的变化有着自身的特点，有些传统的滤波器设计方法并不完全适用。此外，继电保护作为一种实时性要求较高的自动装置，对滤波器的性能也有一些特殊的要求。本书不准备就数字滤波器的理论体系进行详细介绍，而是通过对几种微机保护装置中所采用的典型滤波器的分析，帮助读者对数字滤波器的基本原理和特点有一概括的了解。

下面将对非递归型滤波器和递归型滤波器分别进行讨论。

2. 非递归型滤波器

如上所述，由式（2-5）可导出非递归型数字滤波器的差分方程为

$$y(n)=\sum_{i=0}^{K}a_i x(n-i) \tag{2-8}$$

这意味着当前滤波输出与当前及前 K 个输入数据有关。更确切地说，需等待 $K+1$ 个输入数据之后滤波器才可能得到第一个滤波输出数据，也就是说，滤波输出序列相对于采样输入序列出现了时间上的延迟，K 越大则时延越长。定义非递归型数字滤波器的响应时延 τ 为

$$\tau=KT_S \tag{2-9}$$

由于 T_S 为常数，因而在实用中广泛采用数字滤波器产生一个输出数据所需要等待的输

入数据的个数来表示时延，这称为数据窗，记为 W_d（为整数）。显然有

$$W_d = K+1,\text{ 且 } \tau = (W_d - 1)\ T_S \tag{2-10}$$

时延和数据窗反映了数字滤波器对输入信号的响应速度，是一个很重要的技术指标。

（1）差分（相减）滤波器　这是一种最简单的数字滤波器，它的滤波方程如下：

$$y(n) = x(n) - x(n-K) \tag{2-11}$$

式中，$K \geqslant 1$ 为事先确定的常数，称为差分步长，可根据不同的滤波要求进行选择。

差分滤波器的数据窗 $W_d = K+1$，时延 $\tau = KT_S$。

数字滤波器的滤波特性如幅频特性通常是根据表征滤波器输入、输出之间关系的传递函数来求取，这涉及到较多的有关离散时间系统的基础知识，这里就不对差分滤波器的滤波特性作详细分析。研究表明，差分滤波器可以完全滤除输入信号中的恒定直流分量，即使对于衰减的直流分量也有良好的抑制作用，但对故障信号中的某些高频分量有放大作用。差分滤波器可用来消除某些谐波的影响，抑制故障信号中的衰减直流分量，实现故障的检测（启动）元件、选相元件以及其他利用故障分量原理构成的保护。

（2）积分滤波器　这也是一种常用的数字滤波器，其滤波方程为

$$y(n) = \sum_{i=0}^{K} x(n-i),\quad K \geqslant 1 \tag{2-12}$$

式中，$K \geqslant 1$ 为事先确定的常数，称为积分区间，可根据不同的滤波要求进行选择。

积分滤波器的数据窗 $W_d = K+1$，时延 $\tau = KT_S$。

研究表明积分滤波器是不能滤除输入信号中的直流分量和低频分量的，但对高频分量有一定的抑制作用，并且频率越高抑制作用越强。

差分滤波器和积分滤波器的结构非常简单，计算量很小，但各自独立使用时，滤波特性难以满足要求。为此，在实际使用时，可以把具有不同特性的滤波器进行组合，以进一步提高滤波性能，这也是数字滤波器设计中常用的方法之一。

对于非递归型数字滤波器来说，其突出优点是由于采用有限个输入信号的采样值进行滤波计算，不存在滤波器的不稳定问题，也不存在因计算过程中舍入误差的累积造成滤波特性恶化。此外，由于滤波器的数据窗明确，便于确定它的滤波速度，因此，易于在滤波特性与滤波速度之间进行协调。非递归型滤波器存在的主要问题是，要获得较理想的滤波特性，通常要求滤波算法的数据窗较长，因此，在某些对滤波速度要求较高的场合，可考虑采用递归型滤波器。

3. 递归型数字滤波器的概念

当滤波方程式（2-5）中的滤波系数 b_i 不全为 0 时，滤波器的输出 $y(n)$ 不仅与当前的输入值 $x(n)$ 和过去的输入值 $x(n-i)$ 有关，还取决于过去的输出值 $y(n-i)$，这种反馈和记忆特性是递归型滤波器的基本特征。

下面将通过一具体示例，对递归型滤波器的主要特点作一简要说明。

在超高压输电线路的保护中，需要准确地抽取故障信号中的基频分量。为了很好地抑制故障信号中其他非基频噪声分量的影响，可采用以基频频率为中心频率的带通滤波器，并要求该滤波器的通带带宽小、阻带衰耗大、过渡带陡峭。下面是一个采用零、极点配置法设计的递归型数字滤波器，其采样频率为 1000Hz（每周波 20 点采样），其滤波方程为

$$y(n) = x(n) - x(n-2) + 1.8424y(n-1) - 0.9391y(n-2)$$

这是个带通滤波器，它的幅频特性的特点是在基频处有非常尖锐的响应，而对其他频率的信号则表现出很强的衰减，因而被称为狭窄带通滤波器。采用递归型数字滤波器可以获得相当理想的滤波特性，并且计算简单，便于实时应用。递归型滤波器从计算的角度来说，是一递推计算过程。如上例中，当前的输出值 $y(n)$ 不仅用到了当前和过去的输入值 $x(n)$ 和 $x(n-2)$，还用到了过去的输出值 $y(n-1)$、$y(n-2)$，而 $y(n-1)$ 和 $y(n-2)$ 又与 $x(n-3)$、$x(n-4)$、$x(n-5)$ 和 $x(n-6)$ 等有关，如此追溯下去，不难想像，递归型滤波器从某种意义上来说相当于一个数据窗为无穷大的非递归型滤波器，因此，结构简单、计算量小的递归型滤波器也能实现相当理想的滤波特性。

递归型数字滤波器在实用中面临的主要问题是，由于采用递推计算，而计算机的字长有限，计算过程的舍入误差可能会不断累积造成滤波器性能恶化，需要采取相应的措施予以解决：如合理选择递推计算的起始时刻（一般以故障发生时刻作为递推计算的起点）、限定递推计算的持续时间等。其次，递归型与非递归型滤波器不同，没有明确的数据窗。它的频率响应特性，如幅频特性，实际上是指稳态特性。随着递推计算过程的延续，滤波特性将逐步逼近其稳态特性。因此，滤波器的滤波速度主要取决于滤波算法的收敛速度，难以用确定的数据窗的长度来描述。而算法的收敛速度与滤波特性有关，一般滤波特性越完善，算法的收敛速度也越慢。如上例所示的狭窄带通滤波器，它的收敛速度与通带带宽有关，带宽越窄，滤波效果越好，但收敛速度越慢，设计时需要合理权衡。在实际应用时，递归型数字滤波器的收敛速度一般需要通过离线仿真计算或实验测试才能确定。

两种型式的数字滤波器，递归型和非递归型，都可应用于微机保护装置。选择哪一种型式的滤波器主要取决应用场合的不同要求，包括所采用的保护原理、故障信号的变化特点以及保护所选用的计算机硬件等。此外，在滤波器的选型和滤波特性的设计时，还应充分考虑与对滤波输出序列进行后续计算的算法相配合。算法最终完成输入信号的特征参数的计算和保护原理的实现，不同的算法，对滤波器的要求也会有所不同，两者应综合考虑。

三、基本算法

基本算法主要是计算出正弦量表达式中的量值。这类算法是假设提供给算法的电流、电压数据为纯正弦函数序列。以电压信号为例，设输入序列为

$$u(n)=U_{\mathrm{m}}\sin(\omega t_n+\varphi_U) \tag{2-13}$$

式中，ω 为角频率；U_{m}、φ_U 为电压的幅值、相位。

在实际故障情况下，输入电压或电流信号中除基频分量外，还包含有其他暂态噪声分量，如衰减直流分量和各种高频分量等，并且，数据采集系统还会引入各种测量噪声。因此，采用这类算法进行参数计算时，必须与数字滤波器配合使用，即式（2-13）信号应是经过数字滤波后的输出序列，它也可以视为采样值，但不是原始采样值。

为简明起见，以下在不致于引起混淆的情况下，有时将采用 u_n、i_n 来表示采样值。

1. 半周积分算法

半周积分法用来计算正弦量的幅值。以电压为例，假设输入信号为纯正弦周期信号

$$u(t)=U_{\mathrm{m}}\cos(\omega t+\varphi) \tag{2-14}$$

则在任意半周内对其绝对值的积分为

$$S = \int_{-\frac{T}{2}}^{t} |\ u(t)\ |\ \mathrm{d}t = \frac{T}{\pi}U_{\mathrm{m}} \tag{2-15}$$

可见正弦波半周绝对值的积分正比于其幅值，且与积分起始点无关。

将式（2-14）离散化就得到正弦量幅值的算法，当采用矩形近似积分法时，有

$$U_{\mathrm{m}} = \frac{\pi}{N}\sum_{i=1}^{N/2}\left|u\left(k-\frac{N}{2}+i\right)\right|$$

按复相量表示法，即$\dot{U}=U_{\mathrm{m}}\mathrm{e}^{\mathrm{j}\varphi}=U_{\mathrm{R}}+\mathrm{j}U_{\mathrm{I}}$，显然有实部$U_{\mathrm{R}}=U_{\mathrm{m}}\cos\varphi$，虚部$U_{\mathrm{I}}=U_{\mathrm{m}}\sin\varphi$。将这个关系代入式（2-14），则有

$$u(t) = U_{\mathrm{R}}\cos\omega t - U_{\mathrm{I}}\sin\omega t \tag{2-16}$$

如果能算出输入正弦信号的实部和虚部，就可由进一步计算出它的幅值和相位为

$$U_{\mathrm{m}} = \sqrt{U_{\mathrm{R}}^2 + U_{\mathrm{I}}^2}$$

$$\theta = \arctan\frac{U_{\mathrm{I}}}{U_{\mathrm{R}}}$$

现在的任务就是按式（2-16）的关系，确定实部和虚部的算法。根据正弦函数的变化特点，对式（2-16）两边在区间$\left[\frac{T}{4}，\frac{3T}{4}\right]$上进行积分有

$$\int_{\frac{T}{4}}^{\frac{3T}{4}} u(t)\,\mathrm{d}t = U_{\mathrm{R}}\int_{\frac{T}{4}}^{\frac{3T}{4}}\cos\omega t\,\mathrm{d}t - 0$$

即

$$U_{\mathrm{R}} = \frac{\int_{\frac{T}{4}}^{\frac{3T}{4}} u(t)\,\mathrm{d}t}{\int_{\frac{T}{4}}^{\frac{3T}{4}}\cos\omega t\,\mathrm{d}t} \tag{2-17}$$

同理，若将积分区间选择为$\left[0，\frac{T}{2}\right]$，不难得到

$$U_{\mathrm{I}} = -\frac{\int_{0}^{\frac{T}{2}} u(t)\,\mathrm{d}t}{\int_{0}^{\frac{T}{2}}\sin\omega t\,\mathrm{d}t}$$

或

$$U_{\mathrm{I}} = -\frac{\int_{0}^{\frac{T}{2}} u(t)\,\mathrm{d}t}{\int_{\frac{T}{4}}^{\frac{3T}{4}}\cos\omega t\,\mathrm{d}t} \tag{2-18}$$

利用采样数据进行上述计算时，可用分块矩形面积求和的方法近似代替积分，并考虑每周期 N 点采样，这样式（2-17）和式（2-18）可近似为

$$U_{\mathrm{R}} = \frac{\sum_{i=\frac{N}{4}}^{\frac{3}{4}N} u(i)}{\sum_{i=\frac{N}{4}}^{\frac{3}{4}N}\cos\left(\omega i\,\frac{2\pi}{N}\right)} \tag{2-19}$$

$$U_{\mathrm{I}}=\frac{\sum_{i=0}^{\frac{1}{2}N}u(i)}{\sum_{i=\frac{N}{4}}^{\frac{3}{4}N}\cos\left(\omega i\cdot\frac{2\pi}{N}\right)} \tag{2-20}$$

在实时计算中，式（2-19）和式（2-20）中的分母均是可事先确定的常数，因此，半周积分算法主要是采样值的求和计算，十分简便。半周积分算法的数据窗长度为 $3T/4$，计算速度较慢，不过由于它采用积分计算，算法本身具有一定的抑制高频分量的能力。因为在积分过程中，高次谐波分量的部分正、负半周相抵消，剩下的未被抵消的部分所占比重相应减小。但是算法仍不能完全消除高频分量的影响，也不能滤除非周期分量，因此，采用半周积分算法进行参数计算时，仍需与数字滤波器配合使用。在滤波器设计时，可适当降低对高频滤波能力方面的要求。

除上述算法外，正弦函数模型算法还包括最大值算法、半周绝对值积分算法、一阶导数算法和二阶导数算法等，这里不再一一介绍。

对于正弦函数模型算法来说，无论采用何种计算形式，它们的基本前提都是假设提供给算法的采样值序列为正弦函数序列，然后利用正弦函数的某些性质进行其特征参数的计算。为保证在故障期间计算的准确性，需要配置较完善的数字滤波器。这类处理方式实际上是将数字滤波与参数计算相分离。在微机保护中，另一类处理方法是将滤波与参数计算合为一体，即使算法本身具有良好的滤波能力。在这类算法中，目前应用最为广泛的是傅氏算法。

2. 傅氏算法

傅氏算法的基本思想源于傅里叶级数。该算法假设输入信号为一周期性函数信号，即输入信号中除基频分量外，还包含直流分量和各种整数倍谐波分量。此时，输入信号可表示为

$$x(t)=X_0+\sum_{k=1}^{\infty}X_k\cos(k\omega_1 t+\varphi_k) \tag{2-21}$$

式中，X_0 为直流分量；ω_1 为基频角频率；X_k、φ_k 为第 k 次谐波分量的幅值和相位。

将式（2-21）展开，并用复相量的实、虚部形式表示，则有

$$x(t)=X_0+\sum_{k=1}^{\infty}(X_{\mathrm{R}k}\cos k\omega_1 t-X_{\mathrm{I}k}\sin k\omega_1 t) \tag{2-22}$$

式中，$X_{\mathrm{R}k}=X_{\mathrm{R}}\cos\varphi_k$ 为第 k 次谐波分量的实部；$X_{\mathrm{I}k}=X_{\mathrm{R}}\sin\varphi_k$ 为第 k 次谐波分量的虚部。

式（2-22）实际上就是三角级数的表达式。根据三角函数系在区间［0，T_1］（T_1 为基频周期）上的正交性和傅里叶系数的计算方法，可直接导出实、虚部计算式为

$$X_{\mathrm{R}k}=\frac{2}{T_1}\int_0^{T_1}x(t)\cos k\omega_1 t\mathrm{d}t \tag{2-23}$$

$$X_{\mathrm{I}k}=\frac{-2}{T_1}\int_0^{T_1}x(t)\sin k\omega_1 t\mathrm{d}t \tag{2-24}$$

在数字计算中，式（2-23）和式（2-24）用采样值序列计算，并取每基频周期 N 点采样，则有

$$X_{\mathrm{R}k}=\frac{2}{N}\sum_{i=0}^{N-1}x(i)\cos ki\frac{2\pi}{N} \tag{2-25}$$

$$X_{Ik}=\frac{-2}{N}\sum_{i=0}^{N-1}x(i)\cos ki\frac{2\pi}{N} \tag{2-26}$$

式（2-25）、式（2-26）所示即为傅氏算法。由于该算法的数据窗为一个基频周期，故也称之为全周傅氏算法。根据三角函数系的正交性，当输入信号为周期性信号时，采用傅氏算法可准确地求出信号中的某次谐波分量，并保证使其他整次谐波分量及恒定直流分量衰减到零。

在式（2-25）、式（2-26）中，k 为整数，表示谐波次数。当 k 取不同的数值，可求出不同次谐波分量的实部和虚部。例如，取 $k=1$，则基频分量的实部和虚部为

$$X_{R1}=\frac{2}{N}\sum_{i=0}^{N-1}x(i)\cos i\frac{2\pi}{N} \tag{2-27}$$

$$X_{I1}=\frac{-2}{N}\sum_{i=0}^{N-1}x(i)\sin i\frac{2\pi}{N} \tag{2-28}$$

由所求得的实、虚部值，可进一步计算出基频分量的幅值和相位为

$$X_1=\sqrt{X_{R1}^2+X_{I1}^2} \tag{2-29}$$

$$\varphi_1=\arctan(X_{I1}/X_{R1}) \tag{2-30}$$

由式（2-27）～式（2-30）可准确地求出信号中的基频分量，其计算精度不受恒定直流分量和整数倍谐波分量的影响。这个特点前面已从基本数学原理上给出了说明，还可以从傅氏算法的幅频特性得到更深刻的了解。幅频特性的计算非常简单，其方法是：对一个给定的纯正弦函数进行采样，将采样值代入式（2-27）、式（2-28）及式（2-29）得到计算结果；然后不断地改变这个纯正弦函数的频率，重复进行上述计算，可得到一系列计算结果；将这一系列计算结果连接起来，就得到了相应的幅频特性曲线。由幅频特性可以进一步了解到，傅氏算法不能完全滤除非整数倍谐波分量，但有一定的抑制作用，尤其对高频分量的滤波能力相当强；而对于低频分量（主要由衰减的非周期分量产生）的滤波效果相对较差。仿真计算表明，在最严重情况下，由衰减非周期分量引起的计算误差可能超过10%。

实际故障情况下，故障信号通常并不是呈周期性变化，如非周期分量不是恒定不变的纯直流分量，而是依指数规律衰减。对于输电线路上的故障，故障暂态信号中的高频分量与故障点至保护装置安装处之间的距离有关，也不一定是整数倍谐波分量，并且，这些高频分量也都是随时间不断衰减的。因此，采用傅氏算法进行参数计算时会产生一定误差。为减小误差，一个简单可行的方法是对输入信号的原始采样数据先进行一次差分滤波，以削弱衰减的非周期分量的影响，然后再进行傅氏计算。

总的来看，傅氏算法原理简单，计算精度高，因此在微机保护装置中得到了广泛应用。不过该算法的数据窗较长（一个基频周期），从而降低了保护的动作速度。实际上，无论采用何种算法或数字滤波器，要提高计算的准确性，都不可避免地需要延长它们的数据窗，所以需要根据实际应用要求在这两者之间进行权衡。

3. 计算输电线路阻抗的微分方程算法

在输电线路的距离保护中，常常需要测量阻抗。在进行阻抗计算时，一种作法是首先采用前面介绍的算法求出基频电压、电流的幅值和相位，然后再进一步计算出测量阻抗值。另一种常用方法是以输电线路的数学模型为基础，通过求解线路的数学模型方程，直接进行阻抗计算。在这一类算法中，应用最多的是所谓的微分方程算法。

采用微分方程算法进行阻抗计算时，对输电线路模型有不同的处理方法。最简单也是最常用的模型是忽略分布电容的影响，假设输电线路仅由电阻和电抗串联组成，即采用 RL 串联数学模型。在此情况下，当线路上发生短路故障时，测量端的电压和电流满足以下微分方程：

$$u = R_1 i + L_1 \frac{di}{dt} \tag{2-31}$$

式中，R_1、L_1 分别为故障点至测量端之间线路的正序电阻和电感。在式（2-31）中，u、i 和 di/dt 都是可以通过测量和计算得到的，待求解的参数为 R_1 和 L_1。又因对于输电线路，R_1 和 L_1 之比为常数，实际需求解的参数可减少到只有一个。

令 $\alpha=\dfrac{R_1}{L_1}$，式（2-31）可改写成 $u=L_1\left(\alpha i+\dfrac{di}{dt}\right)$，由此可解出电感

$$L_1 = \frac{u}{\left(\alpha i + \dfrac{di}{dt}\right)} \tag{2-32}$$

进而解得电阻为

$$R_1 = \alpha L_1 = \frac{u}{\left(i + \dfrac{1}{\alpha}\dfrac{di}{dt}\right)} \tag{2-33}$$

对于采样点 n 处电流 $i(n)$ 的导数应为电流曲线在该点的斜率。当采用离散采样值进行计算时，可用前后的两个采样点 $i(n+1)$ 与 $i(n-1)$ 连线的斜率来近似。这种算法称为中间差分，即

$$\frac{di(n)}{dt} = \frac{i(n+1) - i(n-1)}{2T_S}$$

则式（2-32）可用采样值表为

$$L_1 = \frac{u(n)}{\alpha i(n) + \dfrac{i(n+1) - i(n-1)}{2T_S}} \tag{2-34}$$

同理

$$R_1 = \frac{u(n)}{i(n) + \dfrac{1}{\alpha}\dfrac{i(n+1) - i(n-1)}{2T_S}} \tag{2-35}$$

求出电抗 L_1 后，根据 $X_1=\omega_1 L_1$ 即可算出正序电抗值。

微分方程算法是以线路的简化模型为基础，忽略了输电线路分布电容的作用，由此会带来一定的计算误差，特别是对于高频分量，分布电容的容抗较小，误差更大。此外，微分方程算法所采用的线路模型为一次系统模型，要使计算结果准确，要求送至计算机的电压、电流信号应忠实于一次系统的电压、电流信号。但实际上由于电压、电流互感器及电压、电流变换器等信号传送环节的影响，将导致送入计算机的电压、电流信号发生畸变，也会引起计算误差，尤其是非周期分量的衰减、高频分量的相位移等因素的影响使得畸变更大，误差也更大 。因此，微分方程算法在实际应用时，需与数字滤波器配合使用。

本节重点就微机保护装置中所采用某些常用的数字滤波器和电气参数计算方法及其基本

原理进行了概略性介绍。数字滤波和参数计算是微机保护的基础，涉及的内容相当多，本节可作为学习和了解这些方法的入门和基础。

习题与思考题

1. 微型机继电保护系统的基本结构是什么？试绘出框图并加以说明。
2. 试简述开关量输入、输出系统的作用。
3. 试分别简要说明在微机继电保护装置中，人机对话以及通信系统的作用是什么？
4. 什么是数字滤波器？它主要有哪些优点使其广泛应用于微机保护装置？
5. 试简要说明采样定理的基本原理。
6. 根据采样定理如何确定微机保护的采样频率？
7. 试简要分析说明微机保护算法与数字滤波器异同。
8. 试说明非递归型滤波器和递归型滤波器的优缺点。

第三章　电网的电流保护

第一节　单侧电源网络相间短路的电流保护

电流增大是电网发生短路故障所呈现出的最主要特点，因此可以通过检测流过保护安装处的电流幅值，来判定故障状态。这种反应电流增大而动作的保护称为电流保护。电流保护一般由电流速断、限时电流速断和定时限过电流保护三部分组成。

一、电流速断保护

对于反应于短路电流幅值增大而瞬时动作的保护，称为电流速断保护。以图 3-1 所示的网络接线为例，每条线路上都装设电流速断保护，我们希望当 E-F 段的任意一处出现短路故障时，保护 1 均能够反应并瞬时动作切除线路 E-F，实现对线路 E-F 全长 100％的保护。但是这是不现实的。对保护 1 而言，要保护线路全长，意味着当线路 E-F 段的末端 k_1 点发生短路时，保护 1 要正确反应并切除故障；当线路 F-G 的始端 k_2 点发生短路时（即线路 E-F 的出口处发生短路），按照选择性的原则，应该由保护 2 来动作，保护 1 不能动作。事实上，k_1 点短路和 k_2 点短路时流过保护 1 安装处的短路电流数值差别不大，因此保护 1 无法正确区分 k_1 点和 k_2 点短路。这就意味着，如果希望保护 1 在 k_1 点短路时动作，则在 k_2 点短路时也会动作，如果要求保护 1 在 k_2 点短路时一定不能动作，则在 k_1 点短路时也无法动作。为解决这个矛盾，通常都是优先保证动作的选择性，即从保护装置起动参数的整定上保证下一条线路出口处短路时不起动，即 k_2 点短路时保护 1 不能动作。在继电保护技术中，这又称为按躲开下一条线路出口处短路的条件整定。

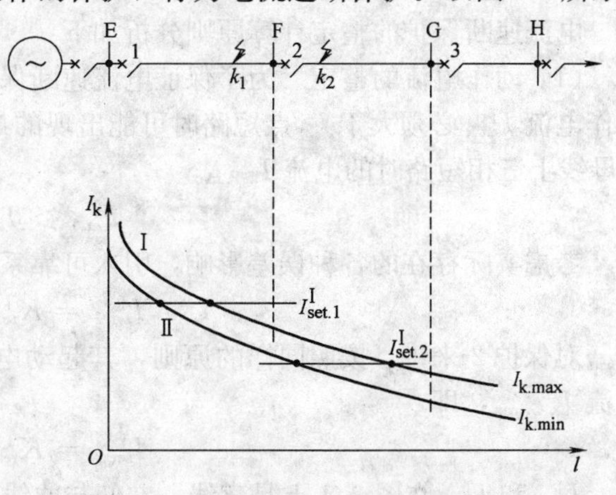

图 3-1　电流速断保护动作特性图

对反应于电流升高而动作的电流速断保护而言，要求保护装置能起动的最小电流值称为保护装置的整定电流，以 I^{I}_{set}表示。当实际的短路电流 $I_k \geqslant I^{\mathrm{I}}_{set}$时，保护装置才能起动。保护装置的整定电流值 I^{I}_{set}是用电力系统一次侧的参数表示的，它所代表的意义是：当在被保护线路的一次侧电流达到这个数值时，安装在该处的这套保护装置就能够起动。

根据电力系统短路的分析，当电源电动势一定时，短流电流的大小取决于故障类型以及短路点和电源之间的阻抗 Z_{Σ}，一般可表示为

$$I_k = \frac{K_k E_\phi}{Z_\Sigma} = \frac{K_k E_\phi}{Z_s + Z_k} \tag{3-1}$$

式中，E_ϕ 为系统等效电源的相电动势；Z_k 为短路点至保护安装处之间的阻抗；Z_s 为保护安装处到系统等效电源之间的阻抗，其值随运行方式而变化，只考虑电抗时，设为 X_s；K_k 为故障类型系数，对三相短路，$K_k=1$，对两相短路，$K_k=\frac{\sqrt{3}}{2}$。

在一定的系统运行方式下，E_ϕ 和 Z_s 是恒定值，此时 I_k 将随 Z_k 的增大而减小，因此可经计算后绘出 $I_k=f(l)$ 的变化曲线，如图 3-1 所示。当系统运行方式及故障类型改变时，I_k 都将随之变化，对每一套保护装置来讲，通过该保护装置的短路电流为最大的系统运行方式，称为最大运行方式，对应系统阻抗为最小 $Z_{s.min}$；而流过保护的短路电流为最小的方式，则称为最小运行方式，对应系统阻抗为最大 $Z_{s.max}$。对不同安装地点的保护装置，应根据网络接线的实际情况选取最大或最小运行方式。

在最大运行方式下发生三相短路时，通过保护装置的短路电流为最大，即最大短路电流 $I_{k.max}$；而在最小运行方式下发生两相短路时，短路电流为最小，即最小短路电流 $I_{k.min}$。这两种情况下短路电流的变化分别如图 3-1 中的曲线Ⅰ和Ⅱ所示。

电流速断保护的整定计算原则分析如下：

（1）动作电流的整定　为了保证电流速断保护动作的选择性，对保护 1 来讲，其整定的动作电流 $I^{\mathrm{I}}_{set.1}$ 必须大于 k_2 点短路时可能出现的最大短路电流，即在最大运行方式下变电所 F 母线上三相短路时的电流 $I_{k.F.max}$

$$I^{\mathrm{I}}_{set.1} > I_{k.F.max} \tag{3-2}$$

考虑实际存在的各种误差影响，引入可靠系数 $K^{\mathrm{I}}_{rel}=1.2\sim1.3$，则上不等式可写成等式

$$I^{\mathrm{I}}_{set.1} = K^{\mathrm{I}}_{rel} I_{k.F.max} \tag{3-3}$$

对保护 2 来讲，按照同样的原则，其起动电流应整定得大于 G 母线短路时的最大短路电流 $I_{k.G.max}$，即

$$I^{\mathrm{I}}_{set.2} = K^{\mathrm{I}}_{rel} I_{k.G.max} \tag{3-4}$$

$I^{\mathrm{I}}_{set.1}$ 和 $I^{\mathrm{I}}_{set.2}$ 在图 3-1 上是直线，它们与曲线Ⅰ和曲线Ⅱ各有一个交点。在交点以前短路时，由于短路电流大于整定电流，即 $I_k > I^{\mathrm{I}}_{set}$，保护装置能够动作。而在交点以后短路时，由于短路电流小于整定电流，即 $I_k < I^{\mathrm{I}}_{set}$，保护将不能起动。由此可见，有选择性的电流速断保护不能保护线路的全长。

（2）保护的动作时限　速断保护瞬时动作切除故障，因而速断保护的动作时间取决于保护装置的固有动作时间，一般小于 100ms，理论上可以认为 $t^{\mathrm{I}}=0$。

（3）保护范围的校验　由于电流速断保护不能保护线路全长，所以电流速断保护对被保护线路内部故障的反应能力（即灵敏性），只能用保护范围的大小来衡量，此保护范围通常用线路全长的百分数来表示。

电流速断的保护范围受故障类型和系统运行方式变化的影响。在对应保护的最大运行方式下三相短路时，电流速断的保护范围为最大，当出现其他运行方式或两相短路时，速断的保护范围都会减小，而在最小运行方式下两相短路时，电流速断的保护范围为最小。一般情况下，要求最小保护范围大于被保护线路全长的 15%～20%。

电流速断保护最大的优点是简单可靠、动作迅速。缺点是不能保护线路的全长，并且保

护范围直接受系统运行方式变化的影响。当系统运行方式变化很大或被保护线路长度很短时，速断保护的保护范围可能很小，甚至没有保护范围，如图 3-2 所示。

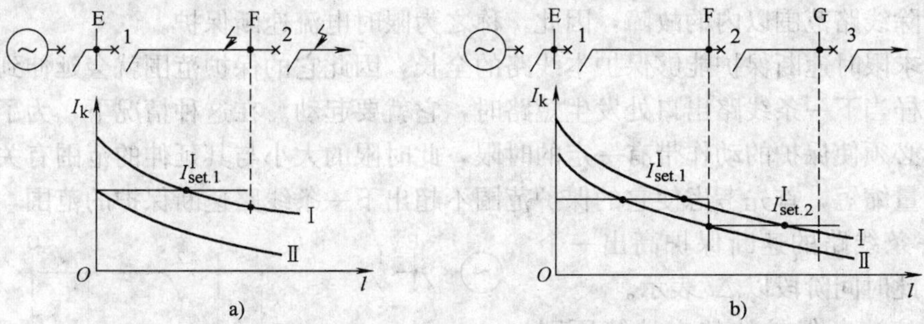

图 3-2　电流速断保护范围小的两种情况

a）系统运行方式变化很大对电流速断保护的影响　b）短线路对电流速断保护的影响

但在个别情况下，有选择性的电流速断也可以保护线路的全长，例如当电网的终端线上采用线路—变压器组的接线方式（见图 3-3）时，由于线路和变压器可以看成是一个元件，因此速断保护就可以按照躲开变压器低压侧线路出口处 k_1 点的短路电流来整定。由于变压器的阻抗一般比较大，因此 k_1 点的短路电流就大为减小，这样整定之后，电流速断就可以保护线路 E-F 的全长，并能保护变压器的一部分。

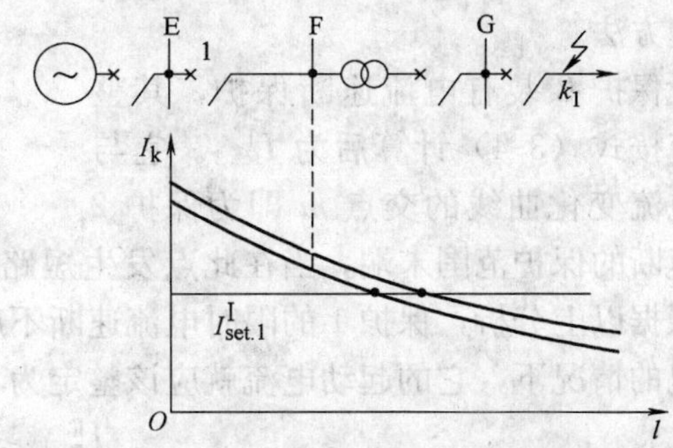

图 3-3　用于线路—变压器组的电流速断保护

【例 3-1】　如图 3-1 所示的 110kV 网络，已知系统最小电抗 $X_{\mathrm{s.min}}=13\Omega$，系统最大电抗 $X_{\mathrm{s.max}}=18\Omega$。E-F 线路电抗 $X_{\mathrm{E\text{-}F}}=21\Omega$。$K^{\mathrm{I}}_{\mathrm{rel}}=1.25$。试对 E-F 线路的电流速断保护 1 进行整定计算并校验其保护范围。

解　电流速断保护的整定值 $I^{\mathrm{I}}_{\mathrm{set.1}}$ 按躲开 F 变电站母线短路的最大短路电流整定，即

$$I^{\mathrm{I}}_{\mathrm{set.1}}=K^{\mathrm{I}}_{\mathrm{rel}}I_{\mathrm{k.F.max}}=1.25\times\frac{115/\sqrt{3}}{13+21}\mathrm{kA}=2.44\mathrm{kA}$$

动作时间

$$t^{\mathrm{I}}_1=0\mathrm{s}$$

在求取保护的最小保护范围 $l_{\min}$（对应电抗 $X_{\mathrm{l.min}}$）时，令最小运行方式下最小保护范围末端发生两相短路时的短路电流等于保护的整定电流 $I^{\mathrm{I}}_{\mathrm{set.1}}$，即

$$\frac{\sqrt{3}}{2}\frac{E_{\Phi}}{X_{\mathrm{s.max}}+X_{\mathrm{l.min}}}=I^{\mathrm{I}}_{\mathrm{set.1}}$$

$$X_{\mathrm{l.min}}=\frac{\sqrt{3}E_{\Phi}}{2I^{\mathrm{I}}_{\mathrm{set.1}}}-X_{\mathrm{s.max}}=\left(\frac{115}{2\times2.44}-18\right)\Omega=5.59\Omega$$

最小保护范围 $l_{\min}=X_{\mathrm{l.min}}/X_{\mathrm{E\text{-}F}}=5.59/21=26.6\%$，可见保护范围满足要求。

二、限时电流速断保护

由于有选择性的电流速断保护不能保护线路的全长，因此考虑增加一段新的保护，用来

切除本线路上速断范围以外的故障，这就是限时电流速断保护。对这个新设保护的要求是能够保护本线路的全长，并具有足够的灵敏性和具有最小的动作时限。正是由于它能以较小的时限快速切除线路范围以内的故障，因此，称之为限时电流速断保护。

由于要求限时速断保护能够保护本线路的全长，因此它的保护范围就会延伸到下一条线路中去，这样当下一条线路出口处发生短路时，它就要起动。在这种情况下，为了保证动作的选择性，必须使保护的动作带有一定的时限，此时限的大小与其延伸的范围有关。为了使这一时限尽量缩短，首先考虑使它的保护范围不超出下一条线路速断保护的范围，而动作时限则比下一条线路的速断保护高出一个时间阶段，此时间阶段以 Δt 表示。

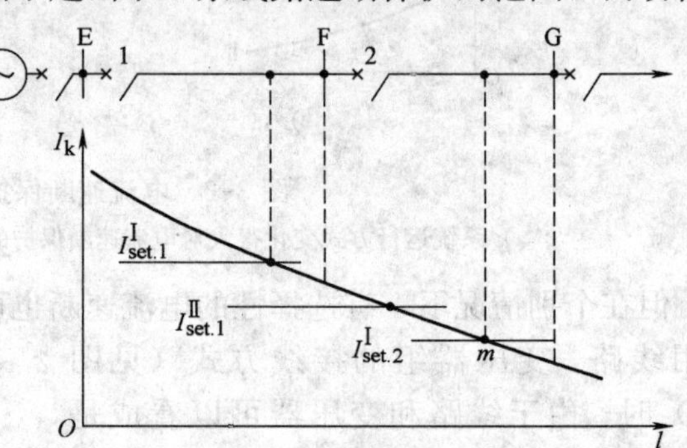

图 3-4　限时电流速断保护动作特性的分析

限时电流速断保护的整定计算原则分析如下：

（1）动作电流的整定　现以图 3-4 的保护 1 为例来说明限时电流速断保护的整定方法。

设保护 2 装有电流速断保护，其整定电流按式（3-4）计算后为 $I_{set.2}^{I}$。它与短路电流变化曲线的交点 m 即为保护 2 电流速断的保护范围末端，当在此点发生短路时，短路电流即为 $I_{set.2}^{I}$，速断保护刚好能动作。根据以上分析，保护 1 的限时电流速断不应超出保护 2 电流速断的范围，因此在单侧电源供电的情况下，它的起动电流就应该整定为

$$I_{set.1}^{II} \geqslant I_{set.2}^{I} \tag{3-5}$$

引入可靠系数 K_{rel}^{II}，则有

$$I_{set.1}^{II} = K_{rel}^{II} I_{set.2}^{I} \tag{3-6}$$

考虑到短路电流中的非周期分量已经衰减，K_{rel}^{II} 可选取比速断保护的 K_{rel}^{I} 小一些，一般取为 1.1～1.2。

（2）动作时限的整定　限时电流速断保护的动作时限应选择得比下一条线路速断保护的动作时限高出一个时间阶段 Δt，以保护 1 的限时电流速断保护为例，则

$$t_1^{II} = t_2^{I} + \Delta t \tag{3-7}$$

从尽快切除故障的观点来看，Δt 应越小越好，但是为了保证上下级保护之间动作的选择性，其值又不能选择得太小。由于技术水平的提高，在超高压系统 Δt 取 0.3～0.5s。

按照上述原则整定的时限特性如图 3-5 所示，由图 3-5a 可见，在保护 2 电流速断范围以内的故障。将以 t_2^{I} 的时间被切除，此时保护 1 的限时电流速断虽然可能起动，但由于 t_1^{II} 较 t_2^{I} 大一个 Δt 时限，保护 2 的电流速断动作切除故障后，保护 1 返回，因而从时间上保证了选择性。又如当故障发生在保护 1 电流速断的范围以内时，将以 t_1^{I} 的

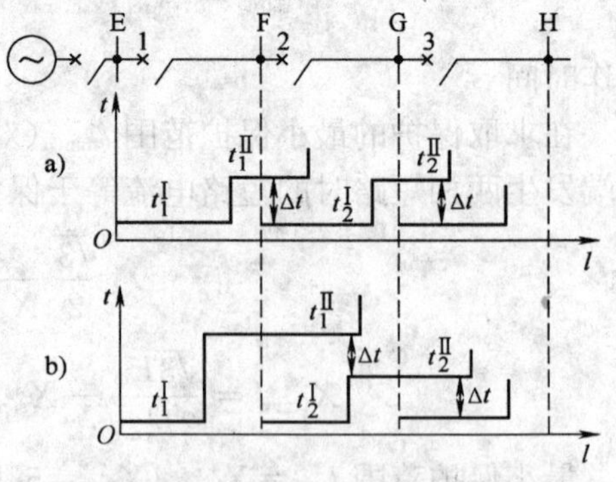

图 3-5　限时电流速断动作时限的配合关系
a）与下一条线路的速断保护相配合
b）与下一条线路的限时速断保护相配合

时间被切除，而当故障发生在速断范围以外同时又在线路 E-F 以内时，则将以 t_1^{II} 的时间被切除。

由此可见，当线路上装设了电流速断和限时电流速断保护以后，它们的联合工作就可以保证全线路范围内的故障都能在 0.5s 的时间内予以切除，这在一般情况下都能够满足速动性的要求。这种能够快速切除全线路范围内各种故障的保护作为该线路的“主保护”。

(3) 灵敏性的校验　为了衡量保护对内部故障的反应能力，引入灵敏系数 K_{sen} 进行校验。对反应电流增大而动作的电流保护，灵敏系数的定义为

$$K_{\mathrm{sen}}=\frac{\text{保护范围内发生金属性短路时故障参数的计算值}}{\text{保护装置的动作参数}} \tag{3-8}$$

式中故障参数的计算值应根据实际情况，合理地采用最不利于保护动作的系统运行方式和故障类型来选定。但不必考虑可能性很小的特殊情况。

对限时电流速断保护而言，为了保护线路全长，显然在最小运行方式下本线路末端发生两相短路时所出现的最小短路电流应该大于保护的整定值。具体对保护 1 有 $I_{\mathrm{k.F.min}}>I_{\mathrm{set.1}}^{\mathrm{II}}$，即

$$K_{\mathrm{sen}}=\frac{I_{\mathrm{k.F.min}}}{I_{\mathrm{set.1}}^{\mathrm{II}}} \tag{3-9}$$

为了保证在线路末端短路时，保护装置一定能够动作，在考虑实际短路时存在的过渡电阻以及测量误差等的影响，对限时电流速断保护要求 $K_{\mathrm{sen}}\geqslant 1.3\sim1.5$。

当灵敏系数不能满足要求时，那就意味着如果发生内部故障，由于各种不利因素的影响，保护可能起动不了，也就是达不到保护线路全长的目的。为了解决这个问题，可以考虑进一步延伸限时电流速断的保护范围，使之与下一条线路的限时电流速断保护相配合，即降低本线路限时电流速断保护的整定值，以保证灵敏性，这时保护动作时限就应该选择得比下一条线路限时速断的时限再高一个 Δt，如图 3-5b 所示，即

$$t_1^{\mathrm{II}}=t_2^{\mathrm{II}}+\Delta t \tag{3-10}$$

可见，保护范围的伸长，必然导致动作时限的升高。

三、定时限过电流保护

过电流保护通常是指其起动电流按照躲开最大负荷电流来整定的一种保护装置。它在正常运行时不应该起动，而在电网发生故障时，则能因电流的增大而动作。在一般情况下，过电流保护起后备保护的作用，它不仅能够保护本线路的全长，作为本线路主保护拒动时的近后备保护，而且也能保护相邻线路的全长，作为下一级线路保护拒动和断路器拒动的远后备保护。

定时限过电流保护的整定计算原则分析如下。

(1) 动作电流的整定　为保证在正常运行情况下过电流保护绝不动作，显然保护装置的起动电流必须整定得大于该线路上可能出现的最大负荷电流 $I_{\mathrm{L.max}}$。实际上在确定保护装置的起动电流时，还必须考虑在外部故障切除后，保护装置是否能够返回的问题。例如在图 3-6 所示的网络接线中，当 k_1 点短路时，短路电流将通过保护 1、2、3，这些保护都要起动，但是按照选择性的要求应由保护 3 动作切除故障。保护 1、2 由于断路器已切除了故障，其电流减小而立即返回。

实际上当外部故障切除后，流经保护 2 的电流是仍然在继续运行中的负荷电流。由于短路时电压降低，变电所 F 母线上所接负荷的电动机被制动，因此，在故障切除后电压恢复时，电动机要有一个自起动过程。电动机的自起动电流要大于它正常工作的电流。因此，引入一个自起动系数 K_{Ms}，它表示自起动时最大电流 $I_{Ms.max}$ 与正常运行时最大负荷电流 $I_{L.max}$ 之比，即

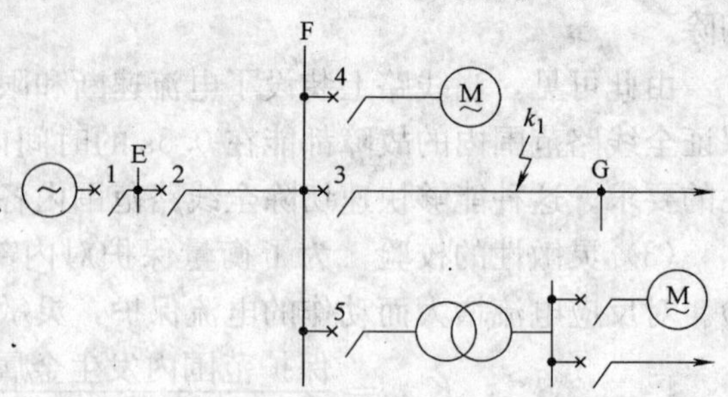

图 3-6　选择过电流保护起动电流和动作时间的网络接线图

$$I_{Ms.max} = K_{Ms} I_{L.max} \tag{3-11}$$

保护 1 和 2 在这个电流的作用下必须立即返回。为此应使保护装置的返回电流 I_{re} 大于 $I_{Ms.max}$。引入可靠系数 $K_{rel}^{Ⅲ}$，则

$$I_{re} = K_{rel}^{Ⅲ} I_{Ms.max} = K_{rel} K_{Ms} I_{L.max} \tag{3-12}$$

这里引入返回系数 K_{re}，它表示保护装置返回电流与起动电流的比值。即

$$K_{re} = \frac{I_{re}}{I_{set}} \tag{3-13}$$

于是，保护装置的起动电流整定为

$$I_{set}^{Ⅲ} = \frac{1}{K_{re}} I_{re} = \frac{K_{rel}^{Ⅲ} K_{Ms}}{K_{re}} I_{L.max} \tag{3-14}$$

式中，电动机的自起动系数 K_{Ms} 大于 1，具体数值由负荷性质及网络接线决定；可靠系数 $K_{rel}^{Ⅲ}$ 考虑负荷电流计算的不准确及误差影响，取 1.15～1.25；过电流继电器的返回系数 K_{re} 一般取 0.85～0.9。

（2）动作时限的整定　如图 3-7 所示，假定在每个电气元件上均装有过电流保护，各保护装置的起动电流均按照躲开被保护元件上各自的最大负荷电流来整定。这样当 k_1 点短路时，保护 1～5 在短路电流的作用下都可能起动，但要满足选择性的要求，应该只有保护 5 动作切除故障，而保护 1、2、3、4 在故障切除后应立即返回。这个要求只有依靠各保护的动作时限来满足。

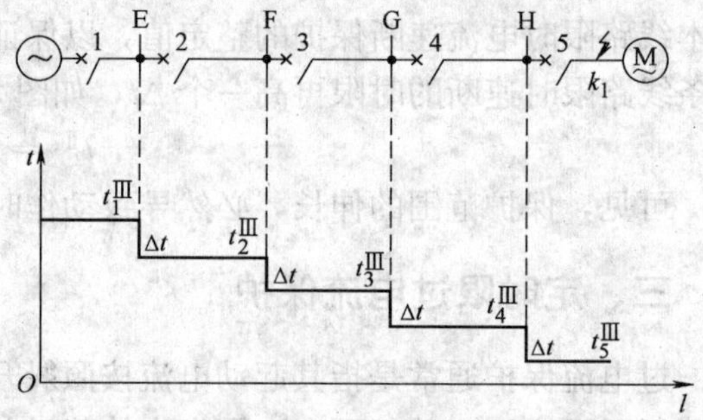

图 3-7　过电流保护动作时限的选择

保护 5 位于电网的最末端，只要电动机内部故障，它就可以瞬时动作予以切除，$t_5^{Ⅲ}$ 即为保护装置本身的固有动作时间。对保护 4 来说，为了保证 k_1 点短路时动作的选择性，则应整定其动作时限 $t_4^{Ⅲ} > t_5^{Ⅲ}$。引入时间阶段 Δt，则保护 4 的动作时限为

$$t_4^{Ⅲ} = t_5^{Ⅲ} + \Delta t \tag{3-15}$$

依次类推，保护 1、2、3 的动作时限均应比相邻各元件保护的动作时限高出至少一个 Δt，只有这样才能充分保证动作的选择性，即

$$\begin{aligned} t_3^{Ⅲ} &= t_4^{Ⅲ} + \Delta t \\ t_2^{Ⅲ} &= t_3^{Ⅲ} + \Delta t \\ t_1^{Ⅲ} &= t_2^{Ⅲ} + \Delta t \end{aligned} \tag{3-16}$$

对图 3-6 的接线，由于相邻母线有三条出线，故保护 2 应同时满足以下要求：

$$\begin{aligned} t_2^{\mathrm{III}} &= t_3^{\mathrm{III}} + \Delta t \\ t_2^{\mathrm{III}} &= t_4^{\mathrm{III}} + \Delta t \\ t_2^{\mathrm{III}} &= t_5^{\mathrm{III}} + \Delta t \end{aligned} \tag{3-17}$$

即

$$t_2^{\mathrm{III}} = \max(t_3^{\mathrm{III}} + \Delta t,\ t_4^{\mathrm{III}} + \Delta t,\ t_5^{\mathrm{III}} + \Delta t) \tag{3-18}$$

式中，t_3^{III}、t_4^{III}、t_5^{III} 分别为保护 3（线路 F-G）、保护 4（电动机）和保护 5（变压器）的过电流保护动作时间。

这样确定的保护动作时限与短路电流大小无关，因此称为定时限过电流保护。

当故障越靠近电源端时，短路电流越大，而由以上分析可见，此时过电流保护的动作时限越长。正是由于这个原因，过电流保护一般作为本线路和相邻元件的后备保护。

（3）灵敏性的校验　过电流保护的灵敏性仍用公式（3-8）来校验。当过电流保护作为本线路的后备保护时，应采用最小运行方式下，本线路末端两相短路时最小短路电流来校验，要求 $K_{\mathrm{sen}} \geqslant 1.3 \sim 1.5$。当作为相邻线路的后备保护时，应采用最小运行方式下相邻线路末端两相短路时最小短路电流来校验，此时要求 $K_{\mathrm{sen}} \geqslant 1.2$。

此外，在各个过电流保护之间，还必须要求灵敏系数相互配合，即对同一故障点而言，要求越靠近故障点的保护应具有越高的灵敏系数。例如在图 3-7 的网络中，当 k_1 点短路时，应要求各保护的灵敏系数之间具有下列关系：

$$K_{\mathrm{sen.5}} > K_{\mathrm{sen.4}} > K_{\mathrm{sen.3}} > K_{\mathrm{sen.2}} > K_{\mathrm{sen.1}} \tag{3-19}$$

在单侧电源的网络接线中，由于越靠近电源端时，保护装置的定值越大，而发生故障后，各保护装置均流过同一个短路电流，因此上述灵敏系数的配合要求是自然满足的。

四、阶段式电流保护的配合与应用

电流速断、限时电流速断和过电流保护都是反应于电流增大而动作的保护装置。它们之间的区别主要在于按照不同的整定原则来选择起动电流。电流速断保护是按照躲开本线路末端短路的最大短路电流来整定，限时电流速断保护是按照躲开下一级各相邻元件电流速断保护的动作范围末端来整定，而过电流保护则是按照躲开最大负荷电流来整定。

电流速断保护、限时电流速断保护和过电流保护一般组合在一起构成阶段式电流保护。具体应用时，可以三段同时使用，也可以只采用其中某一段或两段。现以图 3-8 所示的网络接线为例予以说明。在电网最末端用户电动机或其他受电设备上，保护 4 只采用能够瞬时动作的过电流保护就可以满足要求。在电网的倒数第二级上，保护 3 应首先考虑采用 0.5s 延时动作的过电流保护，如果要求线路 G-H 上的故障必须快速切除，可以增设电流速断保护。保护 2 可以根据需要采用两段式或三段式结构，由于越靠近电源端，过电流保护的动作时限越长，因此一般都需要装设三段式保护。

具有上述配合关系的保护装置配置情况，以及各点短路时实际切除故障的时间也相应地表示在图 3-8 中。由图可知，当全网任何地点发生短路时，如果不发生保护或断路器拒绝动作的情况，故障都可以在 0.5s 以内的时间予以切除。

具有电流速断、限时电流速断和过电流的三段式保护的单相原理接线如图 3-9 所示，电

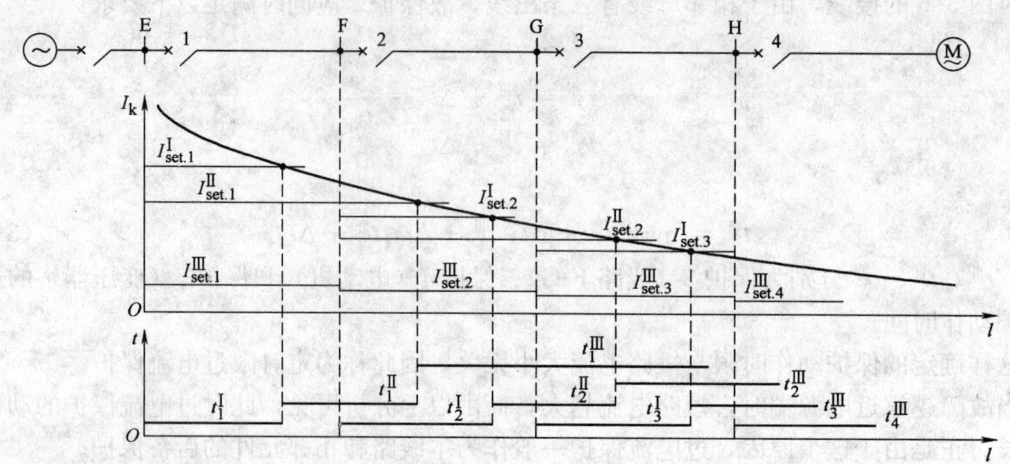

图 3-8　阶段式电流保护的配合和实际动作时间示意图

流速断保护由继电器①～③组成，限时电流速断保护由继电器④～⑥组成，过电流保护则由继电器⑦～⑨组成。由于三段的起动电流和动作时间整定得均不相同，因此必须分别使用三个电流继电器和两个时间继电器，而信号继电器③、⑥和⑨则分别用以发出Ⅰ、Ⅱ、Ⅲ段保护动作的信号。

阶段式电流保护最主要的优点是简单、可靠，并且在一般情况下能基本满足快速切除故障的要求，因此在电网中特别是在35kV及以下的电压等级网络中获得了广泛的应用。电流保护的缺点是直接受电网的接线以及电力系统运行方式变化的影响，例如整定值必须按系统最大运行方式来选择，而灵敏性则必须用系统最小运行方式来校验，这就使得保护整定后可能不能满足灵敏系数或保护范围的要求，这时需要降低相应保护段的整定值并增大动作时限，或者增设另外的保护段，这样就会使得电流保护的性能下降、结构复杂，从而失去优势。

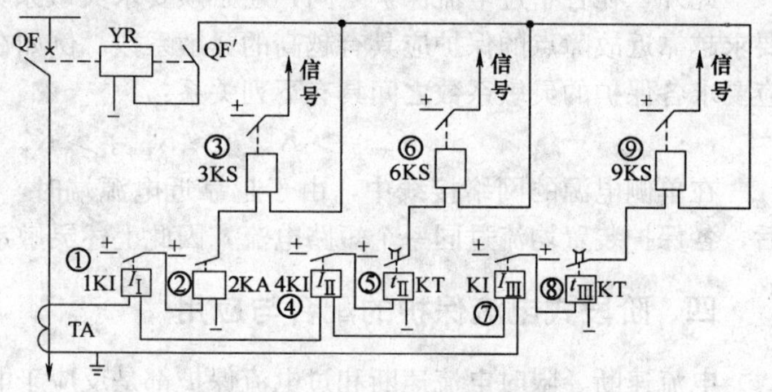

图 3-9　具有三段式电流保护的单相式原理接线图

【例 3-2】 如图 3-10 所示的网络接线，线路 E-F 和 F-G 均装设了三段式电流保护，已知线路正序阻抗 $X_1=0.4\Omega/\text{km}$，线路 E-F 的最大负荷电流 $I_{L.max}=170\text{A}$，可靠系数分别为 $K_{rel}^{I}=1.3$，$K_{rel}^{II}=1.1$，$K_{rel}^{III}=1.2$，负荷自启动系数 $K_{Ms}=1.5$，返回系数 $K_{re}=0.85$，时间阶段 $\Delta t=0.5\text{s}$，线路保护 3 的过电流动作时限为 1.0s，其余参数见图 3-10，计算线路保护 1 电流三段的整定值和动作时限，并校验灵敏度。

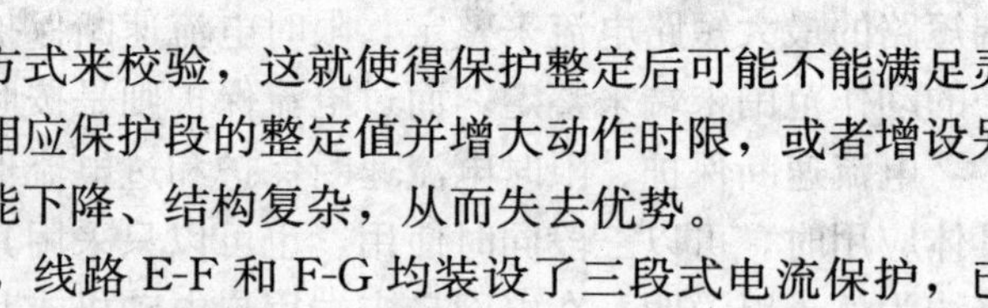

图 3-10　网络接线图

解：（1）保护 1 电流速断的整定及校验

$$I_{\text{set.1}}^{\text{I}} = K_{\text{rel}}^{\text{I}} I_{\text{k.F.max}} = 1.3 \times \frac{115/\sqrt{3}}{2+20\times 0.4}\text{kA} = 8.63\text{kA}$$

$$t_1^{\text{I}} = 0\text{s}$$

$$l_{\min} = \frac{1}{X_{\text{E-F}}}\left(\frac{\sqrt{3}}{2}\times\frac{E_s/\sqrt{3}}{I_{\text{set.1}}^{\text{I}}} - X_{\text{s.max}}\right) = \frac{\frac{115}{2\times 8.63}-3}{20\times 0.4} = 45.8\%$$

(2) 保护 1 限时电流速断的整定及校验

$$I_{\text{set.2}}^{\text{I}} = K_{\text{rel}}^{\text{I}} I_{\text{k.G.max}} = 1.3 \times \frac{115/\sqrt{3}}{2+20\times 0.4+80\times 0.4}\text{kA} = 2.055\text{kA}$$

$$I_{\text{set.1}}^{\text{II}} = K_{\text{rel}}^{\text{II}} I_{\text{set.2}}^{\text{I}} = 1.1 \times 2.055\text{kA} = 2.26\text{kA}$$

$$t_1^{\text{II}} = 0.5\text{s}$$

$$K_{\text{sen}} = \frac{I_{\text{k.F.min}}}{I_{\text{set.1}}^{\text{II}}} = \frac{\frac{115}{\sqrt{3}}\times\frac{\sqrt{3}}{2}/(3+8)}{2.26} = \frac{5.23}{2.26} = 2.31 > 1.5$$

(3) 保护 1 过电流的整定及校验

$$I_{\text{set.1}}^{\text{III}} = \frac{K_{\text{rel}}^{\text{III}} K_{\text{Ms}}}{K_{\text{re}}} I_{\text{L.max}} = \frac{1.2\times 1.5\times 170}{0.85}\text{A} = 360\text{A}$$

$$t_1^{\text{III}} = t_2^{\text{III}} + \Delta t = 1 + \Delta t + \Delta t = 2\text{s}$$

作本线路近后备时的灵敏系数

$$K_{\text{sen}} = \frac{I_{\text{k.F.min}}}{I_{\text{set.1}}^{\text{III}}} = \frac{5230}{360} = 14.53 > 1.3$$

作相邻线路远后备时的灵敏系数

$$K_{\text{sen}} = \frac{I_{\text{k.G.min}}}{I_{\text{set.1}}^{\text{III}}} = \frac{\frac{115}{2}\times 10^3/(3+8+32)}{360} = \frac{1340}{360} = 3.72 > 1.2$$

五、电流保护的接线方式

所谓电流保护的接线方式，就是指电流互感器的二次线圈与电流继电器之间的连接方式，相间短路的电流保护广泛使用以下几种接线方式。

(1) 三相星形接线　接线方式如图 3-11 所示，它是将三个电流互感器与三个电流继电器分别按相连接在一起，电流互感器和电流继电器均接成星形。在中线上流回的电流为$\dot{I}_a+\dot{I}_b+\dot{I}_c$，正常时此电流约为零，在发生接地短路时则为三倍零序电流 $3\dot{I}_0$。三个继电器的触点是并联连结的，相当于“或”回路，当其中任一个触点闭合后均可动作于跳闸或起动时间继电器等。

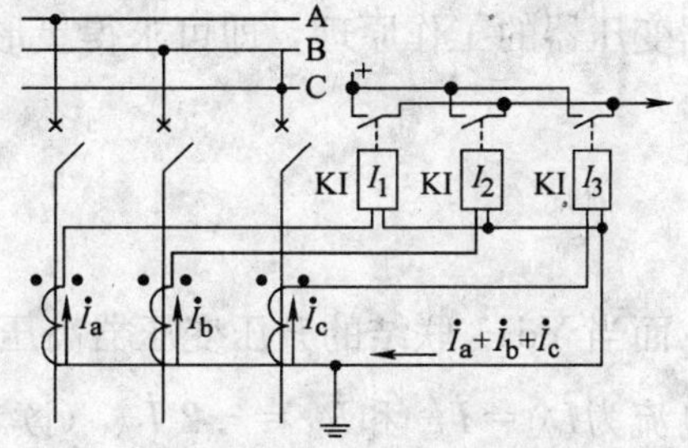

图 3-11　三相星形接线方式的原理接线图

三相星形接线广泛应用于发电机、变压器等大型贵重电气设备的保护中，因为它能提高保护动作的可靠性和灵敏性。由于在每相上均装有电流继电器，因此，它可以反应各种相间短路和中性点直接接地系统中的单相接地短路。但实际上由于单相接地短路都是采用专门的零序电流保护，因而为上述目的而采用三相星形接线方式的并不多。

(2) 两相星形接线　接线方式如图 3-12 所示。用装设在 A、C 上的两个电流互感器与两个电流继电器分别按相连接在一起，它和三相星形联结的主要区别是 B 相上不装设电流互感器和相应的继电器。因此，它不能反应 B 相中所流过的电流。在这种接线中，中性线上流过的电流为$\dot{I}_a+\dot{I}_c$。

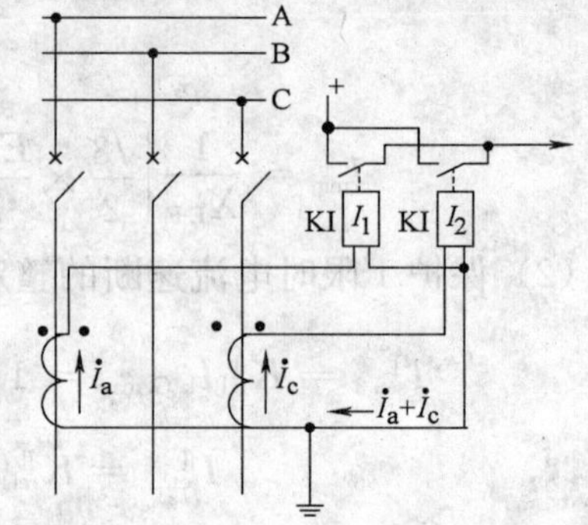

图 3-12　两相星形接线方式的原理接线图

由于两相星形联结较为简单经济，因此，在中性点非直接接地系统中，被广泛应用作为相间短路的保护。当电网中的电流保护采用两相星形接线方式时，应在所有的线路上将保护装置安装在相同的两相上（一般都装于 A、C 两相上），以保证在不同线路上发生两点及多点接地时，能切除故障。

(3) 两相三继电器接线　在 Yd 联结的变压器后面发生两相短路时，若采用两相星形接线方式，在某种情况下，保护灵敏系数会降低，因此可以采用三继电器的接线方式。

图 3-13 为 Yd11 联结的变压器绕组接线图，其中星形侧和三角形侧的电流分别为$\dot{I}_A^Y$、$\dot{I}_B^Y$、$\dot{I}_C^Y$及$\dot{I}_A^{\triangle}$、$\dot{I}_B^{\triangle}$、$\dot{I}_C^{\triangle}$，三角形侧各相绕组中的电流分别为$\dot{I}_a$、$\dot{I}_b$和$\dot{I}_c$，则

$$\left.\begin{aligned}\dot{I}_a-\dot{I}_b&=\dot{I}_A^{\triangle}\\ \dot{I}_b-\dot{I}_c&=\dot{I}_B^{\triangle}\\ \dot{I}_c-\dot{I}_a&=\dot{I}_C^{\triangle}\end{aligned}\right\}\tag{3-20}$$

当 Yd11 联结的降压变压器三角形侧（低压侧）发生 A-B 两相短路时，有$\dot{I}_C^{\triangle}=0$，$\dot{I}_A^{\triangle}=-\dot{I}_B^{\triangle}$，且由于相间短路不会出现零序电流，所以$\dot{I}_a+\dot{I}_b+\dot{I}_c=0$，经推导可得

$$\left.\begin{aligned}\dot{I}_a&=\dot{I}_c=\frac{1}{3}\dot{I}_A^{\triangle}\\ \dot{I}_b&=-2\dot{I}_a=-\frac{2}{3}\dot{I}_A^{\triangle}\end{aligned}\right\}\tag{3-21}$$

根据变压器的工作原理，即可求得星形侧电流的关系为

$$\left.\begin{aligned}\dot{I}_A^Y&=\dot{I}_C^Y\\ \dot{I}_B^Y&=-2\dot{I}_A^Y\end{aligned}\right\}\tag{3-22}$$

而当 Yd11 联结的升压变压器高压（星形）侧 B-C 两相短路时，低压（三角形）侧各相的电流为$\dot{I}_A^{\triangle}=\dot{I}_C^{\triangle}$和$\dot{I}_B^{\triangle}=-2\dot{I}_A^{\triangle}$（读者可自行推导出此结果）。

当过电流保护接于降压变压器的高压侧作为低压侧线路故障的后备保护时，如果保护装置

采用三相星形联结，则接于B相上的继电器由于流过较其他两相大一倍的电流，因此灵敏系数增大一倍，这是十分有利的。如果保护采用两相星形接线，则由于B相上没有装设继电器，因此灵敏系数只能由A相和C相的电流决定，在同样的情况下，其数值要比采用三相星形联结时降低一半。同理，对于接于升压变压器低压侧的过电流保护在作为高压侧故障的后备保护时也有同样的问题。为了克服这个缺点，可以在两相星形接线的中线上再接入一个继电器，间接反应B相电流，如图3-13a所示，利用这个继电器就能提高保护装置的灵敏系数。

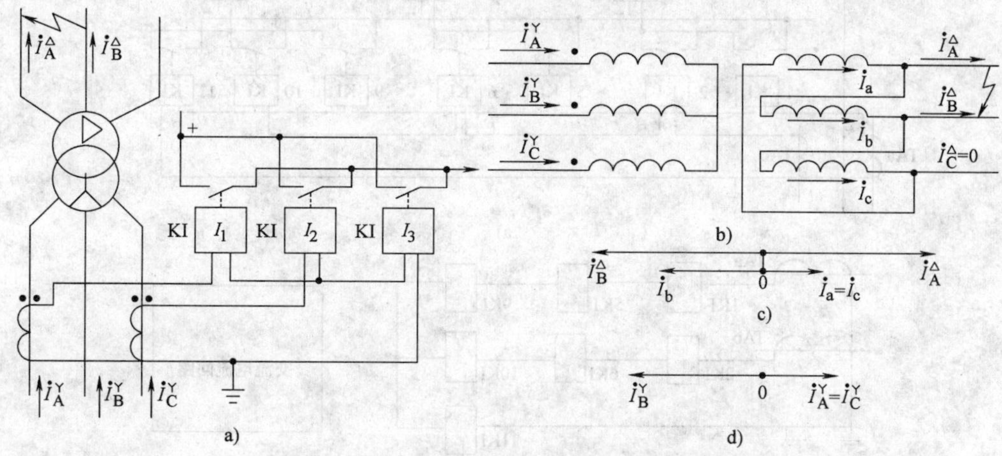

图3-13　Yd11联结降压变压器两相短路时的电流分析及过电流保护的接线

a）接线图　b）电流分布图　c）三角形侧电流相量图　d）星形侧电流相量图

六、三段式电流保护的接线图举例

继电保护的接线图一般可以用原理图和展开图两种形式来表示。

原理接线图包括保护装置的所有元件，如图3-14a所示，每个继电器的线圈和触点都画在一个图形内，所有元件都有符号标注，如图中KI表示电流继电器，KA表示中间继电器，KT表示时间继电器，KS表示信号继电器，XB为连接片等等。原理图对整个保护的工作原理能给出一个完整的概念，使初学者比较容易理解，但是交、直流回路表示在同一张图上，不便于进行回路的分析和检查。

展开图中交流回路和直流回路是分开表示的，如图3-14b和c所示，其特点是每个继电器的线圈和触点根据实际动作的情况分别画在图中不同的位置上，但仍然用同一个符号来标注，以便查对。在展开图中，继电器线圈和触点的连接尽量按照故障后动作的顺序，自左而右、自上而下地依次排列。展开图接线简单，层次清楚，便于阅读和检查，因此，在实际生产中得到了广泛的应用。

图3-14给出了一个三段式电流保护的原理接线图和相应的展开图。图中电流速断和限时电流速断保护采用两相星形的接线方式，而过电流保护采用了两相三继电器的接线方式，以提高Yd11联结变压器后面发生两相短路时的灵敏性。每段保护动作后，都有相应的信号继电器给出信号（俗称“掉牌”）。在每段保护动作跳闸的回路中分别设有连接片XB（俗称“压板”），以便根据运行的需要停用任一段的保护。图中继电器触点的位置，对应于被保护线路正常运行时的工作状态。

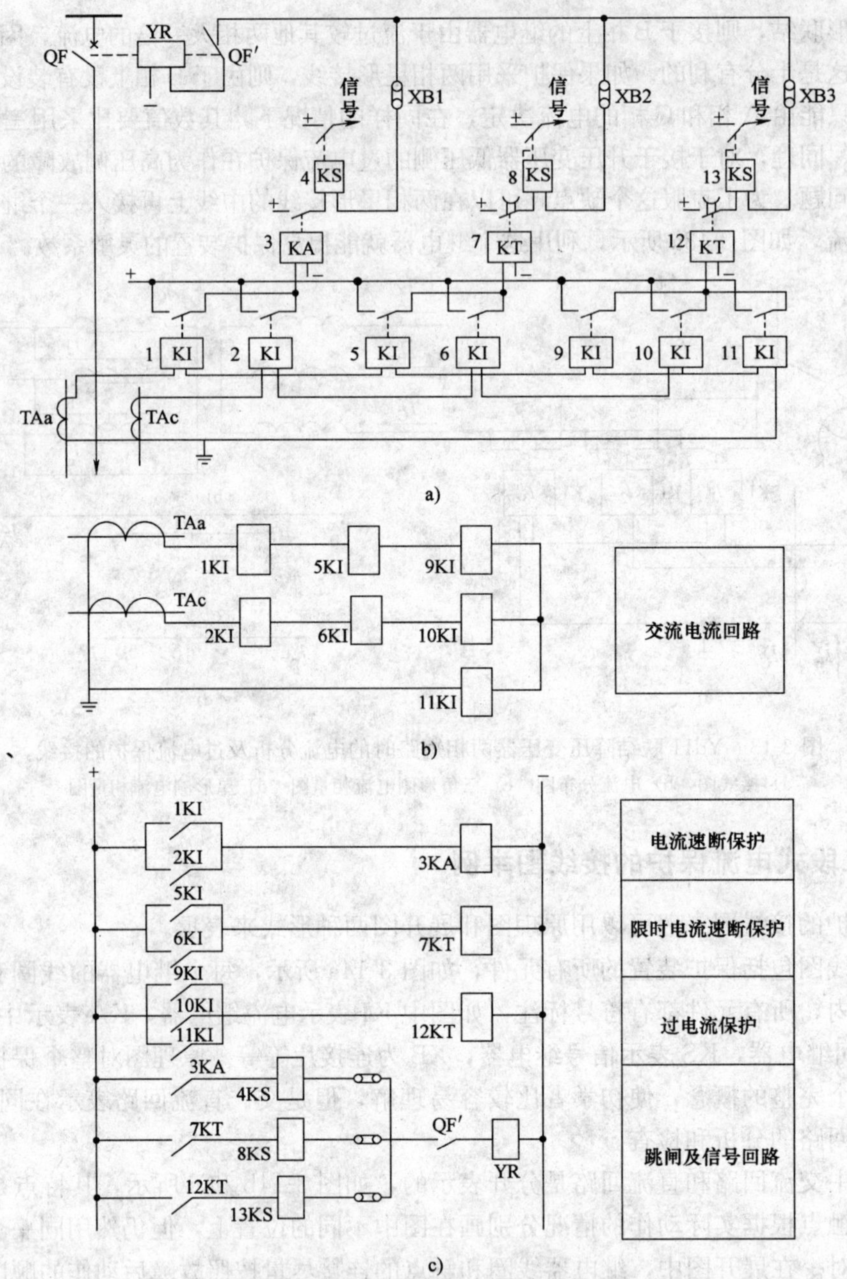

图 3-14 三段式电流保护的接线图

a）原理图 b）交流回路展开图 c）直流回路展开图

第二节 电网相间短路的方向性电流保护

一、方向性电流保护的工作原理

上一节所讲的三段式电流保护仅利用相间短路后电流幅值增大的特征来区分故障与正常运行状态，以动作电流的大小和动作时限的长短配合来保证有选择性地切除故障。这种简单的保护方式在实际的多电源复杂电网使用时会遇到困难。

在图 3-15 所示的双侧电源网络接线中，由于两侧都有电源，因此，在每条线路的两侧均需装设断路器和保护装置。当 k_1 点短路时，如图 3-15a 所示，按照选择性要求，应该由距故障点最近的保护 3 和 7 动作切除故障。然而，由电源$\dot{E}_{\mathrm{II}}$供给的短路电流 I''_{k1}也将通过保护 4，如果保护 4 采用电流速断且 I''_{k1}大于保护装置的起动电流 $I^{\mathrm{I}}_{\mathrm{set.4}}$，则保护 4 的电流速断就要误动作；如果保护 4 采用过电流保护且其动作时限 $t_4 \leqslant t_7$，则保护 4 的过电流保护也将误动。同理，当图 3-15b 中 k_2 点短路时，应该由保护 4 和 6 动作切除故障，但是由电源$\dot{E}_{\mathrm{I}}$供给的短路电流 I'_{k2}也将通过保护 7，如果 $I'_{\mathrm{k2}} > I^{\mathrm{I}}_{\mathrm{set.7}}$，则保护 7 的电流速断要误动作；如果过电流保护的动作时限 $t_7 \leqslant t_4$，则保护 7 的过电流保护也要误动。同样地分析其他地点短路，有关的保护动作也存在类似的问题。

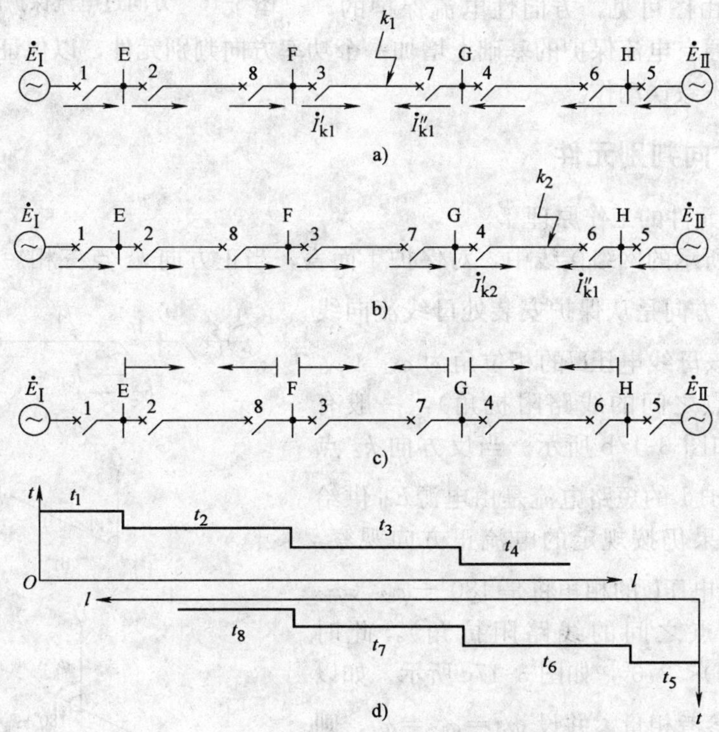

图 3-15　双侧电源网络接线及保护动作方向的规定

a）k_1 点短路时的电流分布　b）k_2 点短路时的电流分布　c）各保护动作方向的规定

d）方向过电流保护的阶梯型时限特性

如果规定短路功率（一般指短路时母线电压与线路电流相乘所得的感性功率）的正方向为从母线流向被保护线路。那么可以发现，对正确动作的保护，实际的短路功率方向就是从母线流向线路的，与假定正方向一致，而对误动作的保护而言，由于是由对侧电源提供的短路电流，实际短路功率方向都是由被保护线路流向母线的，与假定正方向相反。因此，在双侧电源供电时，为了保证动作的选择性，可以在每一个保护上增设一个功率方向闭锁元件，当短路功率方向由母线流向被保护线路时该元件动作，而当短路功率方向由线路流向母线时不动作，从而使继电保护的动作具有一定的方向性。按照这个要求配置的功率方向元件及其规定的动作方向如图 3-15c 所示。

当双侧电源网络上的电流保护装设方向元件以后，就可以把它们拆开看成两个单侧电源网络的保护，保护 1、2、3、4 反应于电源$\dot{E}_{\mathrm{I}}$供给的短路电流而动作，保护 5、6、7、8 反应于电源$\dot{E}_{\mathrm{II}}$供给的短路电流而动作，两组方向保护之间不要求有配合关系。这样上一节所讲的三段式电流保护的工作原理和整定计算原则就仍然可以应用了。

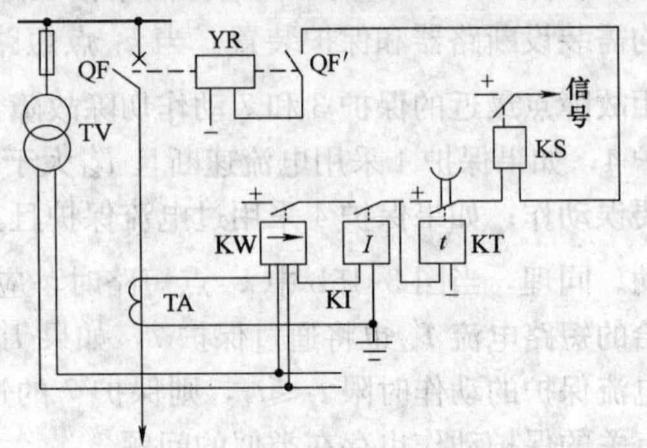

图 3-16　方向过电流保护的原理接线图

具有方向性的过电流保护的单相原理接线如图 3-16 所示，主要由方向元件、电流元件和时间元件组成，由图可见，方向性电流保护的主要特点就是在原有电流保护的基础上增加一个功率方向判别元件，以保证在反方向故障时把保护闭锁使其不致误动作。

二、功率方向判别元件

1. 功率方向元件的工作原理

在图 3-17a 所示的网络接线中，对保护 1 而言，当正方向 k_1 点三相短路时，如果短路电流$\dot{I}_{k1}$的规定正方向是从保护安装处母线流向线路，则它滞后于该母线电压$\dot{U}$的相位角为 φ_{k1}（φ_{k1}为从母线至 k_1 点之间的线路阻抗角），一般有 $0°<\varphi_{k1}<90°$，如图 3-17b 所示。当反方向 k_2 点短路时，通过保护 1 的短路电流是由电源$\dot{E}_{\mathrm{II}}$供给的。对保护 1 如果仍按规定的电流正方向观察，则$\dot{I}_{k2}$滞后于母线电压$\dot{U}$的相角将是 $180°+\varphi_{k2}$（φ_{k2}为从母线至 k_2 点之间的线路阻抗角），此时 $180°<(180°+\varphi_{k2})<270°$，如图 3-17c 所示。如以母线电压$\dot{U}$作为参考相量，并设 $\varphi_{k1}=\varphi_{k2}=\varphi_k$，则$\dot{I}_{k1}$和$\dot{I}_{k2}$的相位相差 180°。

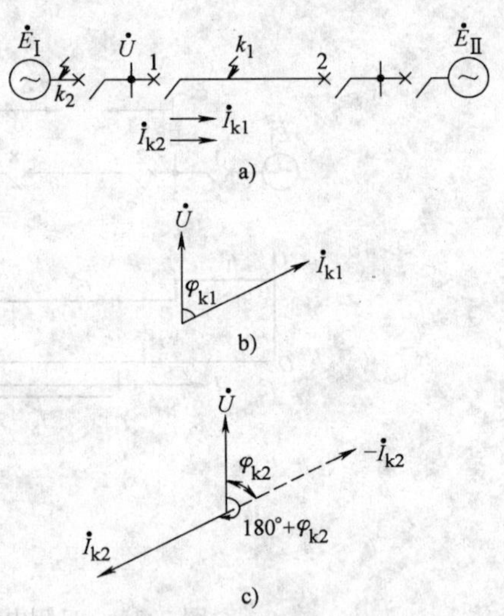

图 3-17　方向元件工作原理的分析

a）网络接线　b）k_1 点短路相量图　c）k_2 点短路相量图

因此，利用判别短路功率的方向或电流、电压之间的相位关系，就可以判别发生故障的方向。用以判别功率方向或测定电流、电压间相位角的元件称为功率方向元件。

对继电保护中功率方向元件的基本要求是：

1）应具有明确的方向性，即在正方向发生各种故障（包括故障点有过渡电阻的情况）时，能可靠动作，而在反方向故障时，可靠不动作。

2）发生故障时动作有足够的灵敏度。

2. 功率方向元件的动作方程

(1) 0°接线方式　如对 A 相功率方向元件，加入电压$\dot{U}_{m}$（$=\dot{U}_{A}$）和电流$\dot{I}_{m}$（$=\dot{I}_{A}$）。则当正方向短路时，如图 3-17b 所示，方向元件中电压和电流之间的相位角为

$$\varphi_{mA}=\arg\frac{\dot{U}_{A}}{\dot{I}_{k1.A}}=\varphi_{k1} \tag{3-23}$$

反方向短路时，如图 3-17c 所示，φ_{mA}为

$$\varphi_{mA}=\arg\frac{\dot{U}_{A}}{\dot{I}_{k2.A}}=180^{\circ}+\varphi_{k2} \tag{3-24}$$

式中，符号 arg 表示分子相量超前于分母相量的角度，此处即相量$\dot{U}_{A}/\dot{I}_{A}$的幅角。如取 $\varphi_{k}=60^{\circ}$，可画出相量关系如图 3-18 所示。一般的功率方向元件当输入电压和电流的幅值不变时，其输出值随两者间相位差的大小而改变，输出最大时的相位差称为最大灵敏角。为了在最常见的短路情况下使方向元件最灵敏，采用上述接线的功率方向元件的最大灵敏角应为$\varphi_{sen}=\varphi_{k}=60^{\circ}$。又为了保证正方向故障，$\varphi_{k}$ 在 0°～90°范围内变化时，方向元件都能可靠动作，方向元件动作的角度范围通常取为（电压超前电流）$\varphi_{sen}\pm90^{\circ}$。此动作特性在复平面上是一条直线，如图 3-19a 所示，阴影部分为动作区，其动作方程可表示为

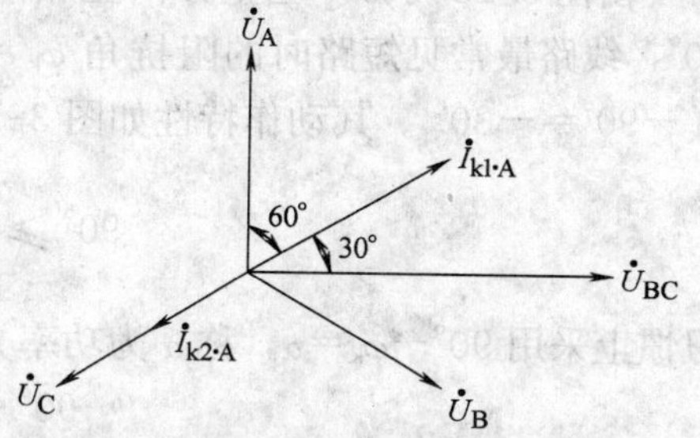

图 3-18　三相短路 $\varphi_{k}=60^{\circ}$时的相量图

$$90^{\circ}\geqslant\arg\frac{\dot{U}_{m}e^{-j\varphi_{sen}}}{\dot{I}_{m}}\geqslant-90^{\circ} \tag{3-25}$$

由于$\varphi_{m}=\arg\dfrac{\dot{U}_{m}}{\dot{I}_{m}}$，式（3-25）可以写成

$$\varphi_{sen}+90^{\circ}\geqslant\varphi_{m}\geqslant\varphi_{sen}-90^{\circ} \tag{3-26}$$

如用功率的形式表示，则为

$$U_{m}I_{m}\cos(\varphi_{m}-\varphi_{sen})>0 \tag{3-27}$$

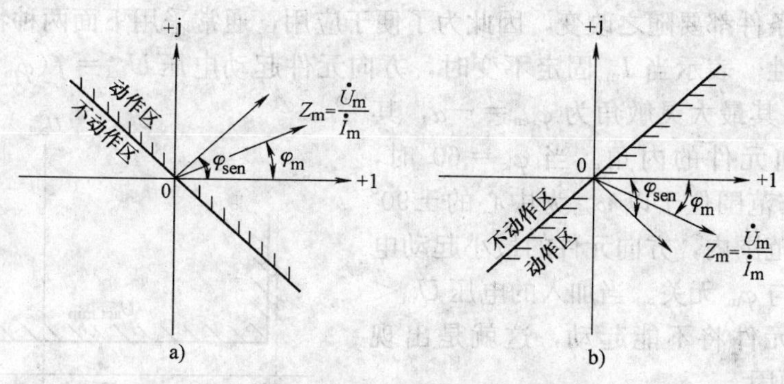

图 3-19　功率方向元件的动作特性

a）0°接线方式　b）90°接线方式

采用这种接线和特性的功率方向元件，在其正方向出口附近发生三相短路、A-B或C-A两相接地短路，以及A相接地短路时，由于$U_A \approx 0$或数值很小，A相功率方向元件将不能动作，称为“电压死区”。当上述故障发生在死区范围以内时，保护将要拒动，这是一个很大的缺点，因而这种接线实际上很少使用。

(2) 90°接线方式　即对A相的方向元件加入电流$\dot{I}_A$和电压$\dot{U}_{BC}$，此时，功率方向元件的测量相位角$\varphi_{mA} = \arg \dfrac{\dot{U}_{BC}}{\dot{I}_A}$。这种采用非故障相的相间电压作为参考量去判别电流的相位，可以减小或消除死区。

由图3-18可知，当正方向三相短路时，$\varphi_m = \varphi_k - 90°$；反方向三相短路时，$\varphi_m = \varphi_k + 90°$，线路最常见短路时的阻抗角$\varphi_k = 60°$，此时功率方向元件的最大灵敏角设计成$\varphi_{sen} = \varphi_k - 90° = -30°$。其动作特性如图3-19b所示，动作方程为

$$90° \geqslant \arg \frac{\dot{U}_m e^{j(90°-\varphi_k)}}{\dot{I}_m} \geqslant -90° \tag{3-28}$$

习惯上采用$90° - \varphi_k = \alpha$，称α为功率方向元件的内角，则式（3-28）可变为

$$90° - \alpha \geqslant \varphi_m \geqslant -90° - \alpha \tag{3-29}$$

功率的形式表示为

$$U_m I_m \cos(\varphi_m + \alpha) > 0 \tag{3-30}$$

对A相的功率方向元件而言，可具体表示为

$$U_{BC} I_A \cos(\varphi_k - 90° + \alpha) > 0 \tag{3-31}$$

除正方向出口附近发生三相短路时（$U_{BC} \approx 0$），方向元件具有很小的电压死区以外，在其他任何包含A相的不对称短路时（I_A的电流很大），U_{BC}的电压很高，因此方向元件不仅没有电压死区，而且动作灵敏度很高。至于如何消除三相短路时的死区，可以采用后面将介绍的电压记忆措施。

为使功率方向元件工作于最灵敏的条件下，应使$\cos(\varphi_k - 90° + \alpha) = 1$，即$\varphi_k + \alpha = 90°$。因此当线路阻抗角$\varphi_k = 60°$时，则应取内角$\alpha = 30°$，如果$\varphi_k = 45°$，则取$\alpha = 45°$等。

3. 功率方向元件的动作特性

在式（3-30）所示的动作方程中，U_m、I_m和φ_m均为变数，当其中任何一个变化时，方向元件的起动条件都要随之改变，因此为了便于应用，通常采用下面两种特性予以表示。

(1) 角度特性　表示当I_m固定不变时，方向元件起动电压$U_{act} = f(\varphi_m)$的关系曲线，如图3-20所示，其最大灵敏角为$\varphi_{sen} = -\alpha$，其中α为功率方向元件的内角。当$\varphi_k = 60°$时，$\varphi_{sen} = -30°$，动作范围位于以φ_{sen}为中心的$\pm 90°$以内。在此动作范围内，方向元件的最小起动电压$U_{act.min}$基本上与φ_m无关。当加入的电压$U_m < U_{act.min}$时，方向元件将不能起动，这就是出现“电压死区”的原因。

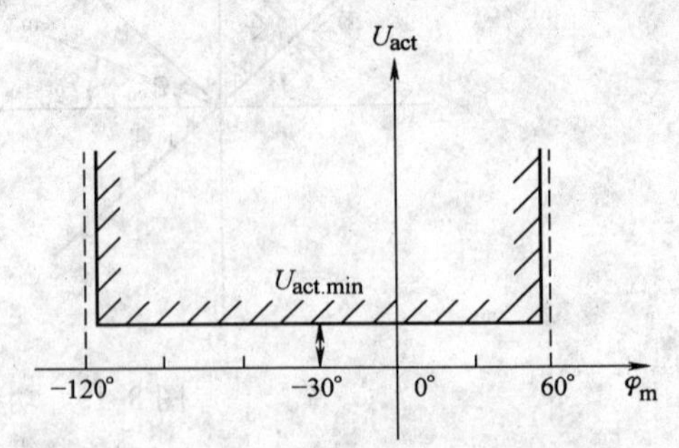

图3-20　$\alpha = 30°$时功率方向元件的角度特性

(2) 伏安特性　表示当固定$\varphi_m = \varphi_{sen}$不变时，方向元件起动电压$U_{act} = f(I_m)$的关系曲

线。在理想情况下，该曲线平行于两个坐标轴，如图 3-21 所示，只要加入的电流和电压分别大于最小起动电流 $I_{act.min}$ 和最小起动电压 $U_{act.min}$，方向元件就可以动作。

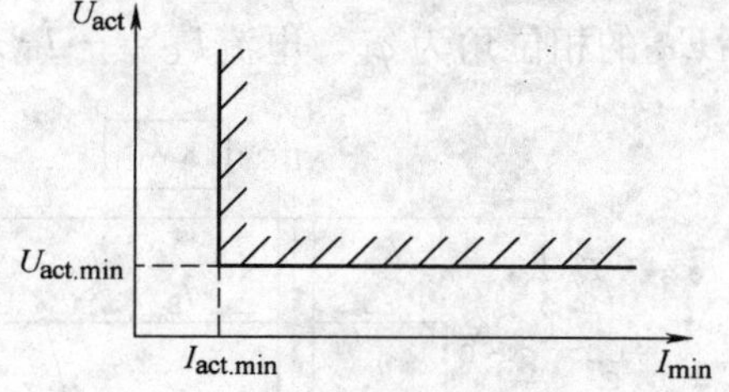

图 3-21　功率方向元件的伏安特性

在分析功率方向元件的动作特性时，还要考虑继电器的“潜动”问题。所谓潜动就是指：在只加入电流或只加入电压的情况下，继电器就能够动作的现象。发生潜动的最大危害是在反方向出口处三相短路时，$U_m \approx 0$，而 I_m 很大，方向元件本应将保护装置闭锁，但由于此时出现了潜动，因而可能使保护装置失去方向性而误动作。

三、相间短路功率方向元件的接线方式

功率方向元件的接线方式，就是指电压互感器和电流互感器的二次线圈与方向元件之间的连接方式。由于功率方向元件的主要任务是判断短路功率的方向，因此对其接线方式提出如下要求：

1）正方向任何类型的故障都能动作，而当反方向故障时不动作。

2）故障后加入方向元件的电压和电流的幅值应尽可能地大一些，并尽可能使电压与电流相位角接近于最大灵敏角 φ_{sen}，以消除和减小死区。

为了满足上述要求，功率方向元件广泛采用 90°接线方式。此时三个功率方向元件分别接于$\dot{I}_A$、$\dot{U}_{BC}$，$\dot{I}_B$、$\dot{U}_{CA}$，$\dot{I}_C$、$\dot{U}_{AB}$。所谓 90°接线方式是指在三相对称情况下，若 $\cos\varphi=1$，加入的电压$\dot{U}_{BC}$和电流$\dot{I}_A$相位相差 90°。这个定义仅仅是为了称呼的方便，没有什么物理意义。

下面对 90°接线方式下，线路上发生各种故障时的动作情况加以讨论。

1. 正方向发生三相短路

由于三相对称，三个功率方向元件的工作情况完全一样，故可只取 A 相元件来分析。由前面的分析可知，A 相元件的动作条件为 $U_{BC}I_A\cos(\varphi_k-90°+\alpha)>0$，显然应该有

$$0°<\varphi_k+\alpha<180°$$

一般而言，电力系统中任何电缆或架空线路的阻抗角（包括含有过渡电阻短路的情况）均为：$0°<\varphi_k<90°$。为使方向元件在任何 φ_k 的情况下均能动作，需要选择一个合适的内角，才能满足要求，即

当 $\varphi_k\approx0°$时，必须选择 $0°<\alpha<180°$

当 $\varphi_k\approx90°$时，必须选择 $-90°<\alpha<90°$

当同时满足上述两个条件时，方向元件在任何情况下均能动作，所以在三相短路时，应选择 α 的取值为 $0°<\alpha<90°$。

2. 正方向发生两相短路

如图 3-22 所示，假定 B-C 两相短路，此时可以有两种极限情况：

1）短路点位于保护安装地点附近，短路阻抗 $Z_k \ll Z_s$（Z_s 为保护安装处到电源间的系统

阻抗），极限时取 $Z_k \approx 0$。此时的相量图如图 3-23 所示。短路电流 $\dot{I}_B$ 由电势 $\dot{E}_{BC}$ 产生，$\dot{I}_B$ 滞后 $\dot{E}_{BC}$ 的相位角为 φ_k，电流 $\dot{I}_C = -\dot{I}_B$，短路点（保护安装地点）的电压为

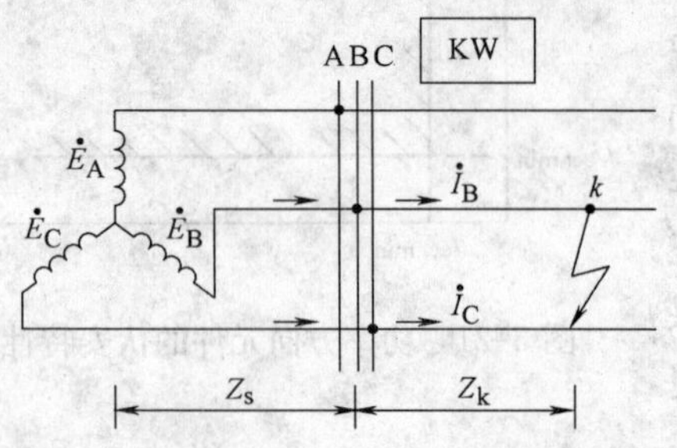

图 3-22　B-C 两相短路的电网接线图

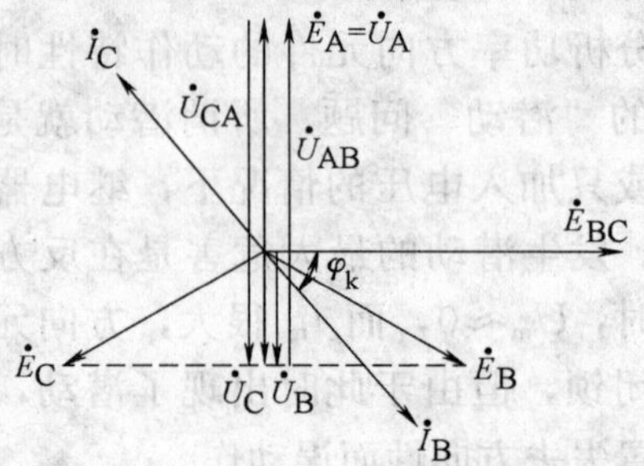

图 3-23　保护安装地点出口处 B-C 两相短路时的相量图

$$\left.\begin{aligned} \dot{U}_A &= \dot{U}_{KA} = \dot{E}_A \\ \dot{U}_B &= \dot{U}_{KB} = -\frac{1}{2}\dot{E}_A \\ \dot{U}_C &= \dot{U}_{KC} = -\frac{1}{2}\dot{E}_A \end{aligned}\right\} \tag{3-32}$$

此时，对于 A 相的方向元件而言，当忽略负荷电流时，$\dot{I}_A \approx 0$，因此，方向元件不动作。

对于 B 相的方向元件，$\dot{I}_{mB} = \dot{I}_B$，$\dot{U}_{mB} = \dot{U}_{CA}$，$\varphi_{mB} = \varphi_k - 90°$，则动作条件应为

$$U_{CA} I_B \cos(\varphi_k - 90° + \alpha) > 0 \tag{3-33}$$

对于 C 相的方向元件，$\dot{I}_{mC} = \dot{I}_C$，$\dot{U}_{mC} = \dot{U}_{AB}$，$\varphi_{mC} = \varphi_k - 90°$，则动作条件应为

$$U_{AB} I_C \cos(\varphi_k - 90° + \alpha) > 0 \tag{3-34}$$

同理，为了使功率方向元件在 $0° < \varphi_k < 90°$ 的范围内均能动作，此时也需要选择内角 α 为：$0° < \alpha < 90°$。

2）短路点远离保护安装地点，且系统容量很大，此时 $Z_k \gg Z_s$，极限时取 $Z_s = 0$，此时的相量图如图 3-24所示。电流 $\dot{I}_B$ 仍由电势 $\dot{E}_{BC}$ 产生，滞后于 $\dot{E}_{BC}$ 的相位角为 φ_k，保护安装处的电压为

$$\left.\begin{aligned} \dot{U}_A &= \dot{E}_A \\ \dot{U}_B &\approx \dot{E}_B \\ \dot{U}_C &\approx \dot{E}_C \end{aligned}\right\} \tag{3-35}$$

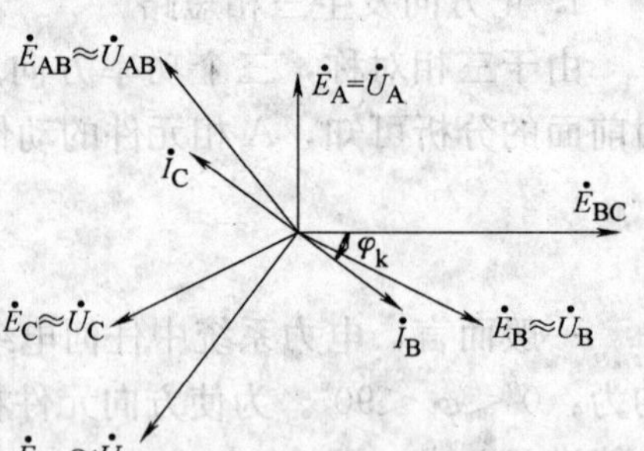

图 3-24　远离保护安装地点 B-C 两相短路时的相量图

对于 B 相的方向元件，由于电压 $\dot{U}_{CA} \approx \dot{E}_{CA}$，由图 3-24 可见，$\dot{I}_B$ 滞后于 $\dot{U}_{CA}$ 的相位角为 $\varphi_{mB} = \varphi_k - 120°$，则动作条件应为

$$U_{CA} I_B \cos(\varphi_k - 120° + \alpha) > 0 \tag{3-36}$$

因此，当 $0° < \varphi_k < 90°$ 时，方向元件能够动作的条件为 $30° < \alpha < 120°$。

对于 C 相的方向元件，由于电压 $\dot{U}_{AB} \approx \dot{E}_{AB}$，由相量图可见，$\dot{I}_C$ 滞后于 $\dot{U}_{AB}$ 的相位角为

$\varphi_{mC}=\varphi_k-60°$，则动作条件应为

$$U_{AB}I_C\cos(\varphi_k-60°+\alpha)>0 \tag{3-37}$$

因此，当 φ_k 在 0°～90°之间变化时，方向元件能够动作的条件是 $-30°<\alpha<60°$。

3）综合以上两种极限情况可得出，在正方向任何地点发生 B-C 两相短路时，B 相方向元件能够动作的条件是 $30°<\alpha<90°$，C 相方向元件能够动作的条件是 $0°<\alpha<60°$。同理分析 A-B 和 C-A 两相短路，也可以得出相应的结论。

综合三相和各种两相短路的分析得出，当 $0°<\varphi_k<90°$ 时，使功率方向元件在一切故障情况下都能动作的条件是

$$30°<\alpha<60° \tag{3-38}$$

应该指出，以上的讨论只是功率方向元件在各种情况下能够动作的条件，而不是动作最灵敏的条件。为了减小死区范围，方向元件动作最灵敏的条件，应根据三相短路时使 $\cos(\varphi_m+\alpha)=1$ 来决定。因此，对某一已经确定了阻抗角的送电线路而言，应采用 $\alpha=90°-\varphi_k$，以使方向元件在短路时能够工作在最灵敏的状态。

由以上分析可见，90°接线方式的主要优点是：第一，对各种两相短路都没有死区，因为方向元件加入的是非故障相的相间电压，其值很高；第二，适当地选择方向元件的内角 α 后，对送电线路上发生的各种故障，都能保证动作的方向性。因此 90°接线得到了广泛的应用。

四、双侧电源网络中电流保护的应用特点

1. 装设方向元件的一般方法

由以上分析可见，在具有两个以上电源的网络接线中，必须采用方向性保护才有可能保证各保护之间动作的选择性，这是方向保护的主要优点。但是装设方向元件将使继电保护装置接线复杂，同时保护安装地点正方向出口处发生三相短路时，由于母线电压降低至零，方向元件将失去判别相位的依据，从而导致整套保护装置拒动。

鉴于上述缺点的存在，在电流保护中应力求不用方向元件。实际上是否能够取消方向元件而同时又不失掉动作的选择性，需要根据电流保护的工作情况和具体的整定计算来确定。例如：

1）对于电流速断保护，如果从整定值上可以躲开反方向的短路，就可以不用装设方向元件。

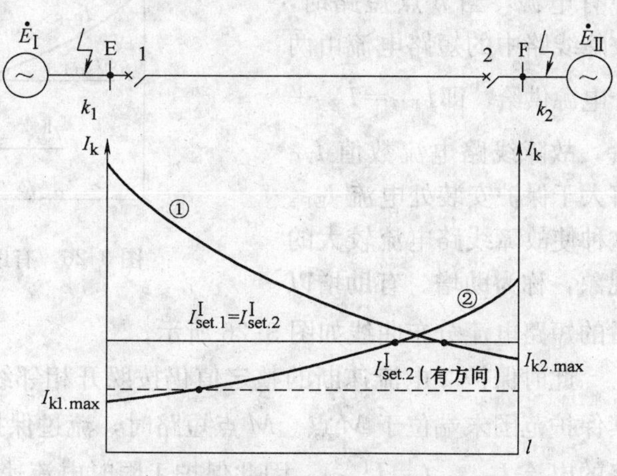

图 3-25　双侧电源线路上电流速断保护的整定

图 3-25 所示为双侧电源网络中线路上各点短路时由两侧电源供给短路点的最大短路电流分布曲线，其中曲线①为由电源 E_{I} 供给的电流，曲线②为由电源 E_{II} 供给的电流。对应用于双侧电源线路上的电流速断保护，当任一侧区外相邻元件出口处，如图 3-25 中的 k_1 点和 k_2 点短路时，短路电流 I_{k1} 和 I_{k2} 要同时流过两侧的保护 1、2，此时按

照选择性的要求，两个保护均不应动作，因此两个保护的起动电流都应按躲开较大的一个短路电流进行整定，例如当 $I_{k2.max}>I_{k1.max}$时，则应取

$$I^{I}_{set.1}=I^{I}_{set.2}=K^{I}_{rel}I_{k2.max} \tag{3-39}$$

这样整定的结果，虽然保证了选择性，但使位于小电源侧保护 2 的保护范围缩小。两端电源容量的差别越大，对保护 2 的影响就越大。

为了增大小电源侧保护的保护范围，可以在保护 2 处装设方向元件，使其只当电流从母线流向被保护线路时才动作，这样保护 2 的起动电流就不需要躲开反方向 k_2 点短路，只需要按照躲开正方向 k_1 点短路来整定，取

$$I^{I}_{set.2}=K^{I}_{rel}I_{k1.max} \tag{3-40}$$

如图 3-25 中的虚线所示，保护 2 的保护范围较之前增加了很多。必须指出，在上述情况下，保护 1 处无需装设方向元件，因为它从定值上已经可靠地躲开了反方向短路时流过保护的最大电流 $I_{k1.max}$。

2）对于过电流保护，一般很难从电流整定值上躲开，如果从动作时限上可以躲开反方向短路，也可以不装设反方向元件。

以图 3-15 中保护 7 为例，如果其过电流保护的动作时限 $t_7\geqslant t_4+\Delta t$，式中 t_4 为保护 4 过电流保护的时限，则保护 7 就可以不用方向元件，因为当反方向线路 G-H 上短路时，它能以较长的时限来保证动作的选择性。但在这种情况下，保护 4 必须装方向元件，否则，当在线路 F-G 上短路时，由于 $t_4<t_7$，它将先于保护 7 而误动作。由以上分析还可以看出，当 $t_4=t_7$ 时，则保护 4 和 7 都需要装设方向元件。

2. 分支电路对限时电流速断保护整定的影响

对应用于双侧电源网络的限时电流速断保护，其基本的整定原则仍应与下一级保护的电流速断相配合，但需要考虑保护安装地点与短路点之间有电源或线路（称为分支电路）时的影响。对此可归纳为以下两种典型情况。

（1）助增电流的影响　如图 3-26 所示，分支电路中有电源，当 k 点短路时，故障线路中的短路电流由两个电源供给，即$\dot{I}_{F\text{-}G}=\dot{I}_{E\text{-}F}+\dot{I}'_{F}$，故障线路电流数值 $I_{F\text{-}G}$ 将大于保护安装处电流 $I_{E\text{-}F}$。这种使故障线路电流较大的现象，称为助增。有助增以后的短路电流分布曲线如图 3-26 所示。

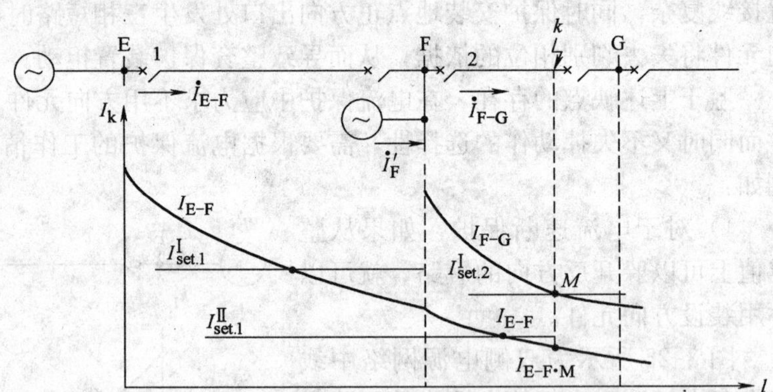

图 3-26　有助增电流时限时电流速断保护的整定

此时保护 2 电流速断的整定值仍按躲开相邻线路出口短路整定为 $I^{I}_{set.2}=K^{I}_{rel}I_{k.G.max}$，设其保护范围末端位于 M 点。M 点短路时，流过保护 1 的电流为 $I_{E\text{-}F.M}$，其值小于此时故障线路的电流 $I_{F\text{-}G.M}$（$=I^{I}_{set.2}$），因此保护 1 限时电流速断的整定值应为

$$I^{II}_{set.1}=K^{II}_{rel}I_{E\text{-}F.M} \tag{3-41}$$

引入分支系数 K_{bra}，其定义为

$$K_{bra}=\frac{\text{故障线路流过的短路电流}}{\text{前一级保护所在线路上流过的短路电流}} \tag{3-42}$$

在图 3-26 中，整定配合点 M 处的分支系数为

$$K_{bra}=\frac{I_{F\text{-}G.M}}{I_{E\text{-}F.M}}=\frac{I_{set.2}^{I}}{I_{E\text{-}F.M}} \tag{3-43}$$

显然，此时 $K_{bra}>1$，代入式（3-41），得

$$I_{set.1}^{II}=\frac{K_{rel}^{II}}{K_{bra}}I_{set.2}^{I} \tag{3-44}$$

与单侧电源线路的整定公式（3-6）相比，在分母上多了一个大于 1 的分支系数的影响。

（2）外汲电流的影响　如图 3-27 所示，分支电路为一并联的线路。k 点短路时，故障线路电流 $I'_{F\text{-}G}$ 将小于前一级保护安装处的电流 $I_{E\text{-}F}$，其关系为 $\dot{I}_{E\text{-}F}=\dot{I}'_{F\text{-}G}+\dot{I}''_{F\text{-}G}$，这种使故障线路的电流比保护安装处电流为小的现象称为外汲。此时分支系数 $K_{bra}<1$，短路电流的分布曲线示于图 3-27 中。

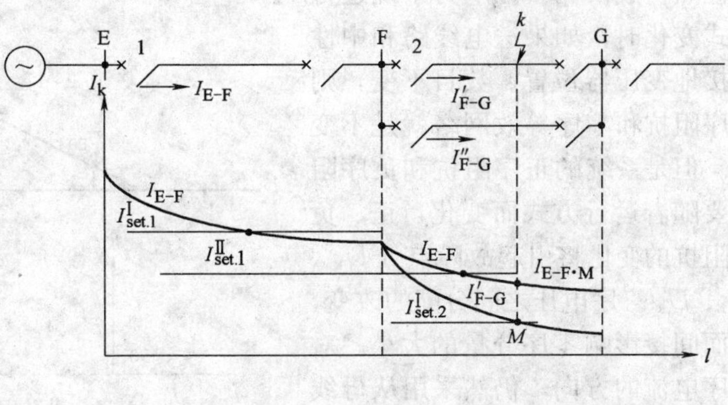

图 3-27　有外汲电流时限时电流速断保护的整定

有外汲电流影响时的分析方法同于有助增电流的情况，限时电流速断保护的动作电流仍按式（3-44）整定。

当变电所 F 母线上既有电源又有并联的线路时，其分支系数可能大于 1 也可能小于 1，此时应根据实际可能的运行方式，选取分支系数的最小值进行整定计算。对单侧电源无分支供电的线路，就是 $K_{bra}=1$ 的一种特殊情况。

第三节　中性点直接接地电网中接地短路的零序电流及其方向保护

电力系统中性点的工作方式有中性点直接接地、中性点经消弧线圈接地、中性点不接地和中性点经小电阻接地等几种方式。在中性点直接接地的系统中，发生一点接地故障时就构成单相接地短路，故障相中流过很大短路电流，故又称之为大接地电流系统。

我国 110kV 及以上等级电网都采用中性点直接接地方式。统计表明，大接地电流系统单相接地短路故障占故障总次数的 60%～70%，甚至更高。所以，针对接地短路故障应设置有效的接地保护。

众所周知，接地短路时必有零序电流，而在正常运行或相间短路时，零序电流没有或很小，因此利用零序电流来构成接地短路的保护就具有显著的优点。

一、接地短路时零序分量的特点

在电力系统中发生接地短路时，如图 3-28a 所示，可利用对称分量法将电流和电压分解为正序、负序和零序分量，并利用复合序网来表示它们之间的关系。短路计算的零序等效网络如图 3-28b所示，零序电流可以看成是在故障点出现一个零序电压$\dot{U}_{k0}$而产生的，它必须经过变压器接地的中性点构成回路。在电力系统运行方式变化时，如果送电线路和中性点接地变压器位置、数目不变，则零序阻抗和零序等效网络就是不变的。但是系统的正序阻抗和负序阻抗要随着运行方式而变化，正、负序阻抗的变化将引起故障点处U_{k1}、U_{k2}、U_{k0}三序电压之间分配的改变，因而间接影响零序分量的大小。对零序电流的方向，仍然采用从母线流向线路或变压器为正，而对零序电压的方向，是电流经电感支路流入大地产生的电压降为正。零序分量的参数具有如下特点：

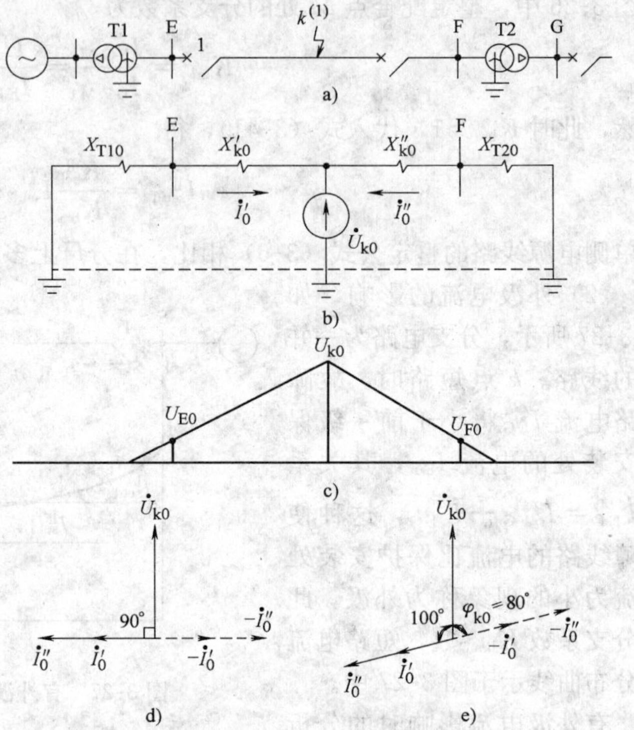

图 3-28　接地短路时的零序等效网络

a）系统接线　b）零序等效网络　c）零序电压的分布

d）忽略电阻时的相量图　e）计及电阻时的相量图（设 $\varphi_{k0}=80°$）

1. 零序电压

零序电源在故障点，所以故障点的零序电压最高，系统中距离故障点越远处的零序电压越低，零序电压的大小取决于测量点到大地间的阻抗，电压分布如图 3-28c 所示。

2. 零序电流

零序电流是由故障点零序电压$\dot{U}_{k0}$产生的，由故障点经由线路流向大地。当忽略回路的电阻时，按照规定的正方向画出的零序电流、电压的相量图如图 3-28d 所示，可见，流过故障点两侧线路保护的电流$\dot{I}'_0$和$\dot{I}''_0$将超前$\dot{U}_{k0}$　90°；而当计及回路电阻时，例如取零序阻抗角为$\varphi_{k0}=80°$，则相量图如图 3-28e 所示，$\dot{I}'_0$和$\dot{I}''_0$将超前$\dot{U}_{k0}$　100°。零序电流的分布，主要决定于送电线路的零序阻抗和中性点接地变压器的零序阻抗，而与电源的数目和位置无关，例如在图 3-28a 中，当变压器 T_2 的中性点不接地时，则$\dot{I}''_0=0$。

3. 零序功率

对于发生故障的线路，两端零序功率方向与正序功率方向相反，零序功率实际上都是由线路流向母线的。

4. 零序电压与电流的相位关系

从任一保护安装处的零序电压与电流之间的关系看，例如对保护 1，由于 E 母线上的零

序电压$\dot{U}_{E0}$实际上是从该点到零序网络中性点之间零序阻抗上的电压降，因此可表示为

$$\dot{U}_{E0}=(-\dot{I}'_0)Z_{T10} \tag{3-45}$$

式中，Z_{T10}为变压器 T_1 的零序阻抗。该处零序电流和零序电压之间的相位角也将由 Z_{T10} 的阻抗角决定，而与被保护线路的零序阻抗及故障点的位置无关。

用零序电流和零序电压的幅值以及它们的相位关系即可实现接地短路的零序电流和方向保护。

二、零序分量的获取

1. 零序电压的获取

由电力系统故障分析的原理可知，三相电压$\dot{U}_a$、$\dot{U}_b$、$\dot{U}_c$ 与零序电压$\dot{U}_0$ 的关系为

$$\dot{U}_a+\dot{U}_b+\dot{U}_c=3\dot{U}_0 \tag{3-46}$$

由此可以获得零序电压。采用三个单相式电压互感器或三相五柱式电压互感器，其二次绕组接成开口三角形就能取得零序电压，如图 3-29a、b 所示。当发电机的中性点经电压互感器或消弧线圈接地时，从它的二次绕组中也能够取得零序电压，如图 3-29c 所示。

在集成电路和微机保护中，由电压形成回路取得三个相电压后，利用加法器将三个相电压相加，如图 3-29d 所示，也可以从内部合成零序电压。

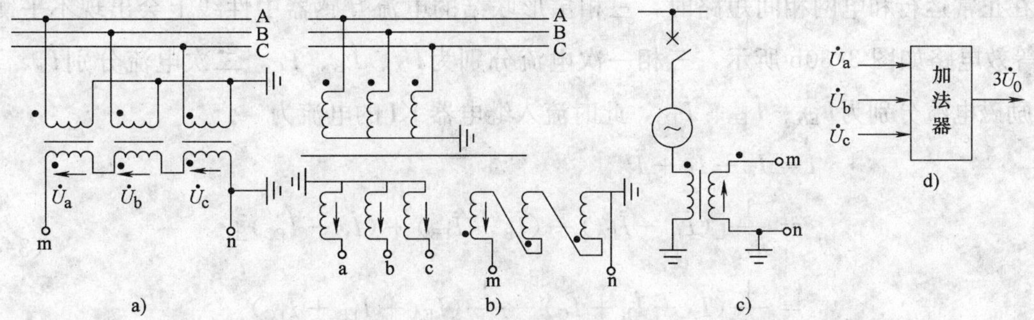

图 3-29　取得零序电压的接线图

a）用三个单相式电压互感器　b）用三相五柱式电压互感器　c）用接于发电机中性点的电压互感器
d）在集成电路和微机保护装置内部合成零序电压

实际上在正常运行和电网相间短路时，由于电压互感器的误差以及三相系统对地不完全平衡，在开口三角形侧也可能有数值不大的电压输出，此电压称为不平衡电压。此外，当系统中存在有三次谐波分量时，一般三相中的三次谐波电压是同相位的，因此，也有三次谐波的电压输出。对反应于零序电压而动作的保护装置，应该考虑躲开它们的影响。

2. 零序电流的获取

同理，利用三相电流$\dot{I}_a$、$\dot{I}_b$、$\dot{I}_c$ 与零序电流$\dot{I}_0$ 的关系可以获取零序电流，即

$$\dot{I}_a+\dot{I}_b+\dot{I}_c=3\dot{I}_0 \tag{3-47}$$

电流互感器采用三相星形联结方式，在中性线上所流过的电流就是 $3\dot{I}_0$，如图 3-30a 所示。因此在实际的使用中，获取零序电流并不需要专门的一组电流互感器，而是接入相间保

护用的电流互感器的中性线上就可以了。在电子式和数字式保护装置中，也可以在形成三个相电流的回路中将电流相量相加获得零序电流。此外，对于由电缆引出的送电线路，还广泛地采用了零序电流互感器的接线以获得 $3\dot{I}_0$，如图 3-31 所示。此电流互感器就套在三相电缆的外面，互感器的一次电流是$\dot{I}_A+\dot{I}_B+\dot{I}_C$，只当一次侧有零序电流时，在互感器的二次侧才有相应的 $3\dot{I}_0$ 输出，这种接线简单且没有不平衡电流。

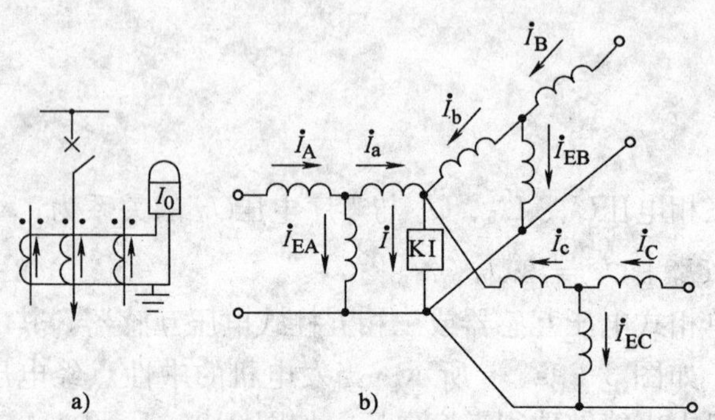

图 3-30　零序电流过滤器
a）原理接线　b）等效电路

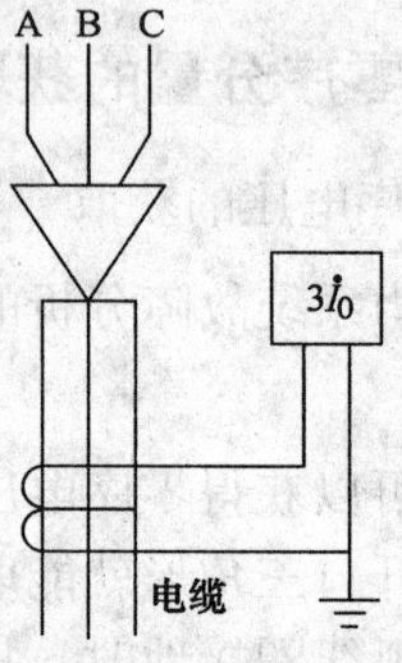

A B C
3İ0
电缆

图 3-31　零序电流互感器接线示意图

在正常运行和电网相间短路时，三相星形联结的电流互感器中性线上会出现不平衡电流。等效电路如图 3-30b 所示，三相一次电流分别为$\dot{I}_A$、$\dot{I}_B$、$\dot{I}_C$，二次电流分别$\dot{I}_a$、$\dot{I}_b$、$\dot{I}_c$，励磁电流分别为$\dot{I}_{EA}$、$\dot{I}_{EB}$、$\dot{I}_{EC}$，此时流入继电器 KI 的电流为

$$\begin{aligned}\dot{I}&=\dot{I}_a+\dot{I}_b+\dot{I}_c\\&=\frac{1}{n_{TA}}[(\dot{I}_A-\dot{I}_{EA})+(\dot{I}_B-\dot{I}_{EB})+(\dot{I}_C-\dot{I}_{EC})]\\&=\frac{1}{n_{TA}}(\dot{I}_A+\dot{I}_B+\dot{I}_C)-\frac{1}{n_{TA}}(\dot{I}_{EA}+\dot{I}_{EB}+\dot{I}_{EC})\end{aligned}\tag{3-48}$$

在正常运行和一切不伴随有接地的相间短路时，三个电流互感器一次侧电流的相量和为零，因此，流入继电器的电流即为

$$\dot{I}=\frac{1}{n_{TA}}(\dot{I}_{EA}+\dot{I}_{EB}+\dot{I}_{EC})=\dot{I}_{ub}\tag{3-49}$$

此处$\dot{I}_{ub}$即为不平衡电流。它是由三个互感器励磁电流不相等而产生的。而励磁电流的不相等，则是由于铁心的磁化曲线不完全相同以及制造过程中的某些差别而引起的。当发生相间短路时，电流互感器一次侧流过的电流值最大并且包含有非周期分量，因此不平衡电流也达到最大值，以$\dot{I}_{ub.max}$表示。

三、阶段式零序电流保护

零序电流保护和相间电流保护一样，广泛采用阶段式。零序Ⅰ段为瞬时动作的零序电流速断，只保护线路的一部分；零序Ⅱ段为零序电流限时速断，可保护线路全长，并与相邻元件保护相配合，动作一般带 0.5s 延时；零序Ⅲ段为零序过电流保护，作为本线路及相邻线路的后备保护。可以根据电网的特点以及灵敏性的要求等，设置更多的零序保护段。

1. 零序电流Ⅰ段保护

在发生单相或两相接地短路时，也可以求出零序电流 $3\dot{I}_0$ 随线路长度 l 变化的关系曲线，然后相似于相间短路电流保护的原则，进行保护的整定计算。零序电流速断保护的整定原则如下：

1）躲开下一条线路出口处单相或两相接地短路时出现的最大零序电流 $3I_{0.\max}$，引入可靠系数 K_{rel}^{I}（一般取为 1.2～1.3），即

$$I_{set}^{\mathrm{I}} = K_{rel}^{\mathrm{I}} 3I_{0.\max} \tag{3-50}$$

2）躲开断路器三相触头不同期合闸时所出现的最大零序电流 $3I_{0.ut}$，引入可靠系数 K_{rel}^{I}，即为

$$I_{set}^{\mathrm{I}} = K_{rel}^{\mathrm{I}} 3I_{0.ut} \tag{3-51}$$

如果保护装置的动作时间大于断路器三相不同期合闸的时间，则可以不考虑这一整定原则，整定值应取上述两种情况下的较大值。

2. 零序电流Ⅱ段保护

零序电流Ⅱ段保护的工作原理与相间短路限时电流速断保护一样，其动作电流首先考虑和下一条线路的零序电流速断配合，即躲过下段线路第Ⅰ段保护范围末端接地短路时，通过本保护装置的最大零序电流。同时还带有高出一个 Δt 的时限，以保证动作的选择性。

但是，当这两个保护之间的变电所母线上接有中性点接地的变压器时（见图 3-32a），则由于这一分支电路的影响，将使零序电流的分布发生变化，此时的零序等效网络（见图 3-32b）零序电流变化曲线如图 3-32c 所示。当线路 F-G 上 k 点发生接地短路时，流过保护 1 和 2 的零序电流分别为 $\dot{I}_{k0.E\text{-}F}$ 和 $\dot{I}_{k0.F\text{-}G}$，两者之差就是从变压器 T_2 中性点流回的电流 $\dot{I}_{k0.T2}$。

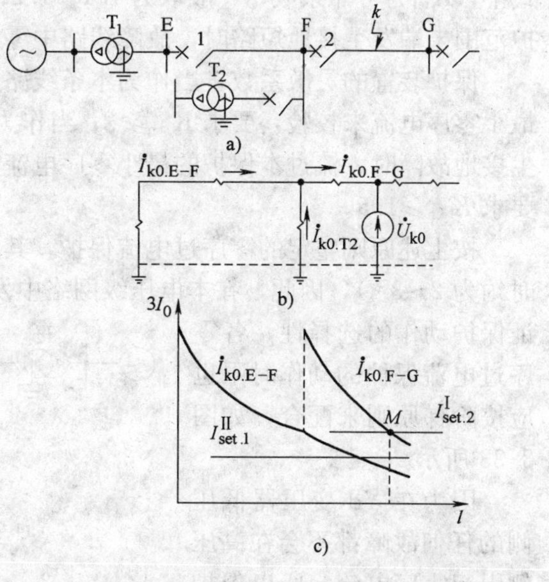

图 3-32　有分支电路时，零序Ⅱ段动作特性分析
a）网络接线　b）零序等效网络　c）零序电流变化曲线

显然可见，这种情况与图 3-26 有助增电流的情况相同，引入零序电流的分支系数 $K_{0.bra}$，则保护 1 的零序Ⅱ段整定为

$$I_{set.1}^{\mathrm{II}} = \frac{K_{rel}^{\mathrm{II}}}{K_{0.bra}} I_{set.2}^{\mathrm{I}} \tag{3-52}$$

当变压器 T_2 切除或中性点改为不接地运行时，则该支路即从零序等效网络中断开，此时 $K_{0.bra}=1$。

零序电流Ⅱ段保护的灵敏系数，应按照本线路末端接地短路时的最小零序电流来检验，并满足 $K_{sen}\geqslant 1.5$ 的要求。当由于线路比较短或运行方式变化比较大，灵敏度不满足要求时，可考虑用下列方式解决：

1）使零序电流Ⅱ段保护与下一条线路的零序电流Ⅱ段保护配合，时限再抬高一级，可以取为1s。

2）保留0.5s的零序电流Ⅱ段保护，同时再增设一个与下一条线路的零序电流Ⅱ段保护配合的动作时限为1s的零序保护段。

3）从电网接线的全局考虑，改用接地距离保护（详见第四章）。

3. 零序电流Ⅲ段保护

零序电流Ⅲ段保护一般情况下是作为本线路和相邻线路的后备保护，在中性点直接接地系统中的终端线路上，它也可以作为主保护使用。

零序电流Ⅲ段保护按如下原则整定：

1）按躲开下一条线路出口处相间短路时所出现的最大不平衡电流$\dot{I}_{ub.max}$来整定，引入可靠系数$K_{rel}^{Ⅲ}$，即为

$$I_{set}^{Ⅲ} = K_{rel}^{Ⅲ} I_{ub.max} \tag{3-53}$$

2）与下一条线路零序Ⅲ段相配合。就是本线路零序Ⅲ段的保护范围，不能超出相邻线路上零序Ⅲ段的保护范围。当两个保护之间具有分支电路时（有中性点接地变压器时），起动电流整定为

$$I_{set.1}^{Ⅲ} = \frac{K_{rel}^{Ⅲ}}{K_{0.bra}} I_{set.2}^{Ⅲ} \tag{3-54}$$

式中，$K_{rel}^{Ⅲ}$为可靠系数，一般取为1.1～1.2；$K_{0.bra}$为分支系数，即在相邻线路的零序Ⅲ段保护范围末端发生接地短路时，故障线路中零序电流与流过本保护装置中零序电流之比。

保护装置的灵敏系数，当作为本条线路近后备保护时，按本线路末端发生接地故障时的最小零序电流来校验，要求$K_{sen}\geqslant 2$；当作为相邻元件的远后备保护时，按相邻元件末端发生接地故障时，流过本保护的最小零序电流（应考虑分支电路使电流减小的影响）来校验，要求$K_{sen}\geqslant 1.5$。

按上述原则整定的零序过电流保护，其起动电流一般都很小（在二次侧额定电流为5A时约为2～3A），因此，在本电压级网络中发生接地短路时，它都可能起动，这时，为了保证保护动作的选择性，各零序过电流保护的动作时限也应按阶梯原则来配合，如图3-33所示。

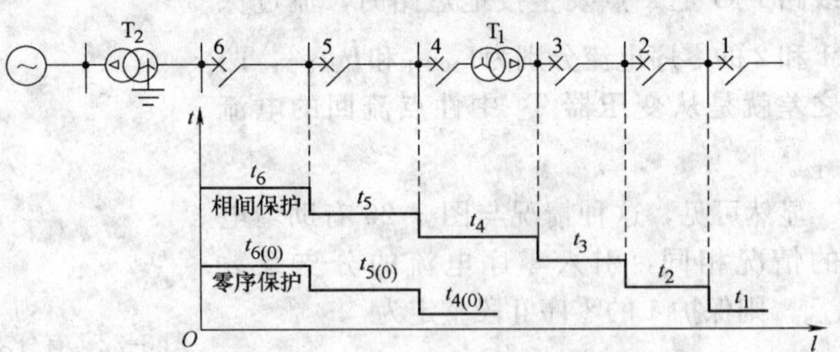

图3-33 零序过电流保护的时限特性

因为在Yd变压器低压侧的任何故障都不会在高压侧引起零序电流，所以保护4的零序过电流保护动作时限不需要与下一级配合，可以是瞬时动作的。这样，零序过电流保护动作时限就从保护4开始逐级向上配合。为便于比较，将反应相间短路的过电流保护动作时限也画在同一图上。由图可见，同一线路上的零序过电流保护动作时限小于反应相间短路的过电流保护动作时限。这是零序过电流保护的一个优点。

四、方向性零序电流保护

在双侧或多侧电源的网络中，电源处变压器的中性点一般至少有一台要接地，由于零序电流的实际流向是由故障点流向各个中性点接地的变压器，因此在变压器接地数目比较多的复杂网络中，就需要考虑零序电流保护动作的方向性问题。

如图 3-34a 所示的网络接线，两侧电源处的变压器中性点均直接接地，当 k_1 点短路时，其零序等效网络和零序电流分布如图 3-34b所示。按照选择性的要求，应该由保护 1 和 2 动作切除故障，但是零序电流 $I''_{0.k1}$ 流过保护 3 时，就可能引起它的误动作；同样，当 k_2 点短路时，其零序等效网络和零序电流分布如图 3-34c 所示，零序电流 $I'_{0.k2}$ 又可能使保护 2 误动作。因此必须在零序电流保护上增加功率方向元件，利用正方向和反方向故障时零序功率方向的差别，来闭锁可能误动作的保护，才能保证零序电流保护动作的选择性。

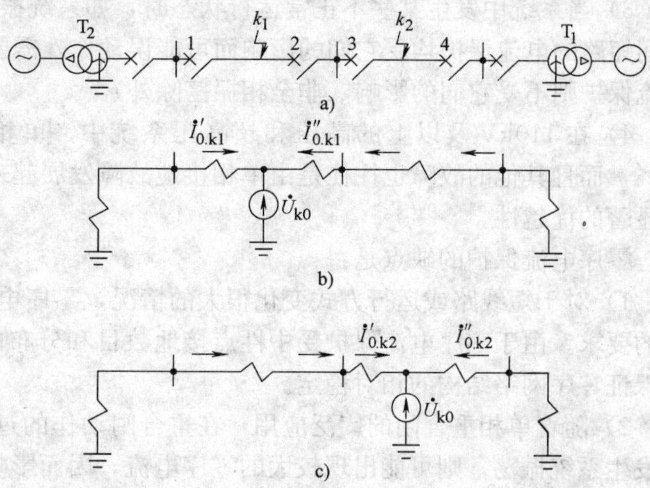

图 3-34　零序方向保护工作原理的分析

a）网络接线　b）k_1 点短路的零序网络　c）k_2 点短路的零序网络

零序功率方向元件接于零序电压 $3\dot{U}_0$ 和零序电流 $3\dot{I}_0$ 之上，反应于零序功率的方向而动作。当保护范围内部故障时，按规定的电流、电压正方向看，$3\dot{I}_0$ 超前于 $3\dot{U}_0$ 为 95°～110°(对应于保护安装地点背后的零序阻抗角为 85°～70°的情况)，此时零序功率方向元件应正确动作，并工作在最灵敏的条件之下。所以零序功率方向元件的最大灵敏角 φ_{sen} 为－95°～－110°。

由于越靠近故障点的零序电压越高，因此零序方向元件没有电压死区。反而是当故障点距保护安装处很远时，由于保护安装处的零序电压较低，零序电流较小，方向元件可能不起动。为此，必须校验方向元件在这种情况下的灵敏系数。

五、对零序电流保护的评价

在中性点直接接地系统中，针对接地短路采用专门的零序电流保护，与利用三相星形联结的电流保护相比较，具有一系列优点：

1）相间短路的过电流保护是按躲开最大负荷电流整定的，二次起动电流一般为 5～7A；而零序过电流保护则按躲开不平衡电流整定，其值一般为 2～3A。由于发生单相接地短路时，故障相的接地电流与零序电流 $3I_0$ 相等，因此，零序过电流保护有较高的灵敏度。而且零序过电流保护的动作时限一般也较相间保护为短。尤其是对于两侧电源的线路，当线路内部靠近任一侧发生接地短路时，本侧零序Ⅰ段动作跳闸后，对侧零序电流增大可使对侧零序Ⅰ段也相继动作跳闸，因而使总的故障切除时间更加缩短。

2）相间短路的电流速断和限时电流速断保护直接受系统运行方式变化的影响很大，而零序电流保护受系统运行方式变化的影响要小得多。而且，由于线路零序阻抗远较正序阻抗为大（$X_0=(2\sim3.5)X_1$），故线路始端与末端接地短路时，零序电流变化显著，曲线较陡，因此零序Ⅰ段的保护范围较大，也较稳定，零序Ⅱ段的灵敏系统也易于满足要求。

3）当系统中发生某些不正常运行状态时，如系统振荡、短时过负荷等，三相是对称的，相间短路的电流保护均受它们的影响而可能误动作，需要采取必要的措施予以防止，而零序电流保护则不受它们的影响（非全相振荡除外）。

4）在110kV及以上的高压和超高压系统中，单相接地故障约占全部故障的70％～90％，而且其他的故障也往往是由单相接地故障发展起来的，因此，采用专门的零序保护具有显著的优越性。

零序电流保护的缺点是：

1）对于短线路或运行方式变化很大的情况，零序电流保护往往不能满足系统运行所提出的要求。由于零序电流保护受中性点接地数目和分布的影响，因此电力系统实际运行时，要保证零序网络结构的相对稳定。

2）随着单相重合闸的广泛应用，在重合闸动作的过程中将出现非全相运行状态，如果再发生系统振荡，则可能出现较大的零序电流，因而影响零序电流保护的正确工作。此时应从整定值上予以考虑，或在单相重合闸动作过程中使保护短时退出运行。

3）当采用自耦变压器联系两个不同电压等级的网络时（例如110kV和220kV电网），则任一网络的接地短路都将在另一网络中产生零序电流，这将使零序保护的整定配合复杂化，并将增大零序Ⅲ段保护的动作时限。

4）现代电网越来越大，网络结构日趋复杂，相邻线路间的零序互感不能忽略。相近线路的运行状态严重影响本线路的零序电流。因此，在零序电流保护的整定中必须计及此种影响，使整定计算工作非常复杂，要使可能出现的运行状态下都能满足选择性和灵敏性的要求往往非常困难。遇到新建线路或改变网络结构时，又需大量的复杂计算，因此在超高压系统中，已出现减少依靠零序电流保护的趋势，改用接地距离保护代替。

在中性点直接接地的简单电网中，由于零序电流保护简单、经济、可靠，因而获得了广泛的应用。

第四节　中性点非直接接地电网中单相接地故障的保护

中性点不接地、中性点经消弧线圈接地等系统，统称为中性点非直接接地系统，又称小接地电流系统。在中性点非直接接地系统中发生单相接地时，由于故障点电流很小，而且三相之间的线电压仍然保持对称，因此一般允许继续运行1～2h，而不必立即跳闸，但此时非故障相的对地电压要升高$\sqrt{3}$倍。为了防止故障进一步扩大造成两点或多点接地，要求继电保护能有选择性地发出信号，以便运行人员及时发现发生接地的线路，采取措施予以消除。能完成这种任务的保护装置也被称为“接地选线装置”。

一、中性点不接地电网发生单相接地故障时的特点

图3-35所示的最简单网络接线中，电源和负荷的中性点均不接地。在正常运行情况下，

三相对地有相同的电容 C_0，在相电压作用下，每相都有一超前于相电压 90°的电容电流流入地中，三相电流之和等于零。假设 A 相发生单相接地，在接地点处 A 相对地电压为零，对地电容被短接，电容电流为零，而其他两相的对地电压要升高$\sqrt{3}$倍，对地电流也相应增大$\sqrt{3}$倍，相量关系如图 3-36 所示。

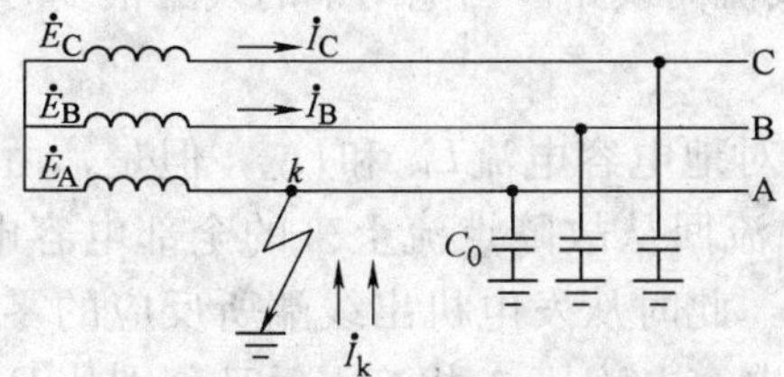

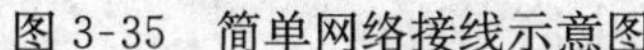

图 3-35　简单网络接线示意图

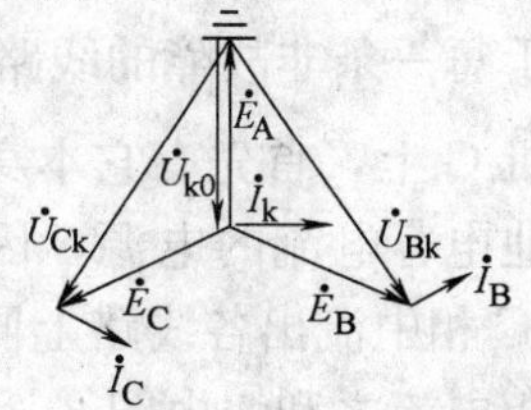

图 3-36　A 相接地故障时的相量图

由于三相线电压和三相负荷电流仍然对称，这里只分析对地关系的变化。在 A 相接地以后，忽略负荷电流和电容电流在线路阻抗上产生的电压降，故障点处各相对地电压为

$$\left.\begin{aligned}\dot{U}_{Ak}&=0\\ \dot{U}_{Bk}&=\dot{E}_B-\dot{E}_A=\sqrt{3}\,\dot{E}_A e^{-j150^\circ}\\ \dot{U}_{Ck}&=\dot{E}_C-\dot{E}_A=\sqrt{3}\,\dot{E}_A e^{j150^\circ}\end{aligned}\right\}\tag{3-55}$$

故障点 k 的零序电压为

$$\dot{U}_{k0}=\frac{1}{3}(\dot{U}_{Ak}+\dot{U}_{Bk}+\dot{U}_{Ck})=-\dot{E}_A\tag{3-56}$$

非故障相中产生的流向故障点的电容电流为

$$\left.\begin{aligned}\dot{I}_B&=j\omega C_0\dot{U}_{Bk}\\ \dot{I}_C&=j\omega C_0\dot{U}_{Ck}\end{aligned}\right\}\tag{3-57}$$

其有效值为 $I_B=I_C=\sqrt{3}U_\varphi\omega C_0$，其中，$U_\varphi$ 为相电压的有效值。

因为全系统 A 相对地的电压均为零，因而各元件 A 相对地的电容电流也为零，此时从故障点流回的电流是全系统非故障相电容电流之和，即 $\dot{I}_k=\dot{I}_B+\dot{I}_C$，由图 3-36 可见，其有效值为 $I_k=3U_\varphi\omega C_0$，是正常运行时单相电容电流的 3 倍。

当网络中有发电机 G 及多条线路存在时（见图 3-37），发电机和每条线路的对地电容以 C_{0G}、$C_{0\text{I}}$、$C_{0\text{II}}$ 等集中电容来表示，假设在线路Ⅱ的 k 点发生 A 相接地，电容电流的分布示意于图 3-37 中。

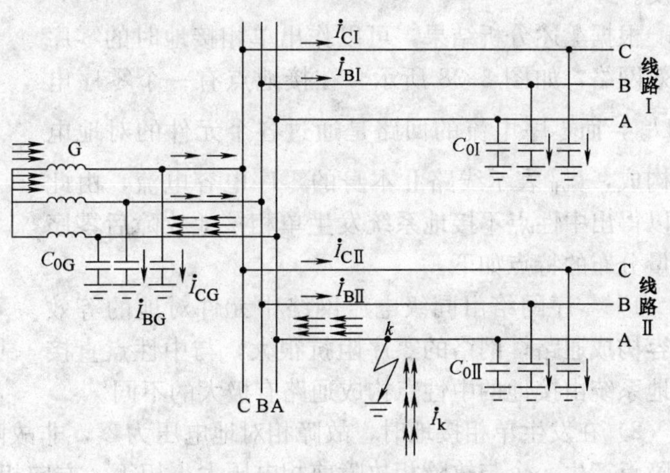

图 3-37　单相接地时，用三相系统表示的电容电流分布图

在非故障线路Ⅰ上，A 相电流为零，B 相和 C 相中流有本身的电容电流，因此在线路Ⅰ始端所反应的零序电流为

$$3\dot{I}_{0\mathrm{I}} = \dot{I}_{\mathrm{BI}} + \dot{I}_{\mathrm{CI}} \tag{3-58}$$

其有效值为 $3I_{0\mathrm{I}} = 3U_{\varphi}\omega C_{0\mathrm{I}}$。可见非故障线路有如下特点：非故障线路中的零序电流为线路Ⅰ本身的电容电流，电容性无功功率的方向为由母线流向线路。当电网中的线路很多时，此结论可适用于每一条非故障的线路。

在发电机 G 上，首先有它本身的 B 相和 C 相的对地电容电流 $\dot{I}_{\mathrm{BG}}$ 和 $\dot{I}_{\mathrm{CG}}$，但是，由于它还是产生其他电容电流的电源，因此，从 A 相中要流回从故障点流上来的全部电容电流，而在 B 相和 C 相中流出各线路上同名相的电容电流，此时从发电机出线端所反应的零序电流仍应为三相电流之和。由图 3-37 可见，各线路的电容电流从 A 相流入后又分别从 B 相和 C 相流出，因此，相加后互相抵消，只剩下发电机本身的电容电流，故

$$3\dot{I}_{0\mathrm{G}} = \dot{I}_{\mathrm{BG}} + \dot{I}_{\mathrm{CG}} \tag{3-59}$$

其有效值为 $3I_{0\mathrm{G}} = 3U_{\varphi}\omega C_{0\mathrm{G}}$。即零序电流为发电机本身的电容电流，其电容性无功功率的方向是由母线流向发电机，这个特点和非故障线路是一样的。

而对于故障线路Ⅱ，在 B 相和 C 相上流有它本身的电容电流 $\dot{I}_{\mathrm{B II}}$ 和 $\dot{I}_{\mathrm{C II}}$，此外，在接地点要流回全系统 B 和 C 相对地电容电流之和，其值为

$$\dot{I}_{\mathrm{k}} = (\dot{I}_{\mathrm{BI}} + \dot{I}_{\mathrm{CI}}) + (\dot{I}_{\mathrm{B II}} + \dot{I}_{\mathrm{C II}}) + (\dot{I}_{\mathrm{BG}} + \dot{I}_{\mathrm{CG}}) \tag{3-60}$$

其有效值为 $I_{\mathrm{k}} = 3U_{\varphi}\omega(C_{0\mathrm{I}} + C_{0\mathrm{II}} + C_{0\mathrm{G}}) = 3U_{\varphi}\omega C_{0\Sigma}$，其中 $C_{0\Sigma}$ 为全系统每相对地电容的总和。此电流要从 A 相流回去，因此，从 A 相流出的电流可表示为 $\dot{I}_{\mathrm{A II}} = -\dot{I}_{\mathrm{k}}$，这样在线路Ⅱ始端所流过的零序电流为

$$3\dot{I}_{0\mathrm{II}} = \dot{I}_{\mathrm{A II}} + \dot{I}_{\mathrm{B II}} + \dot{I}_{\mathrm{C II}} = -(\dot{I}_{\mathrm{BI}} + \dot{I}_{\mathrm{CI}} + \dot{I}_{\mathrm{BG}} + \dot{I}_{\mathrm{CG}}) \tag{3-61}$$

其有效值为 $3\dot{I}_{0\mathrm{II}} = 3U_{\varphi}\omega(C_{0\mathrm{I}} + C_{0\mathrm{G}})$。

由此可见，故障线路中的零序电流，其数值等于全系统非故障元件对地电容电流之总和(但不包括故障线路本身)，其电容性无功功率的方向为由线路流向母线，与非故障线路上的相反。

根据上述分析结果，可以作出单相接地时的零序等效网络，如图 3-38 所示。在接地点有一个零序电压 $\dot{U}_{\mathrm{k0}}$，而零序电流的回路是通过各个元件的对地电容构成，$\dot{I}'_{0\mathrm{II}}$ 表示线路Ⅱ本身的零序电容电流，由此可以得出中性点不接地系统发生单相接地故障后零序分量分布的特点如下：

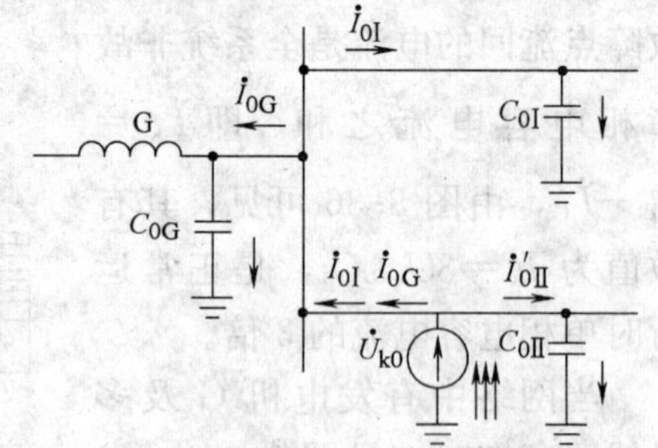

图 3-38　单相接地时的零序等效网络

1）零序网络由同级电压网络中元件对地的等效电容构成通路，网络的零序阻抗很大，与中性点直接接地系统由接地的中性点构成通路有极大的不同。

2）在发生单相接地时，故障相对地电压为零，非故障相对地电压为电网的线电压，在故障点产生一个与故障相故障前相电压大小相等、方向相反的零序电压，从而全系统都将出现零序电压。

3）在非故障元件中流过的零序电流，其数值等于本身的对地电容电流，电容性无功功率的方向为由母线流向线路。

4）在故障元件中流过的零序电流，其数值为全系统非故障元件对地电容电流之总和。电容性无功功率的方向为由线路流向母线。

二、中性点经消弧线圈接地电网发生单相接地故障时的特点

根据以上的分析，当中性点不接地电网中发生单相接地时，在接地点要流过全系统的对地电容电流，如果此电流比较大，就会在接地点燃起电弧，引起弧光过电压，从而使非故障相的对地电压进一步升高，致使绝缘损坏，形成两点或多点接地短路，造成停电事故。为了解决这个问题，通常在中性点接入一个电感线圈，如图 3-39a 所示，这样，当单相接地时，在接地点就有一个电感分量的电流通过，此电流和原系统中的电容电流相抵消，可以减少流经故障点的电流，起熄灭电弧的作用。因此称它为消弧线圈。

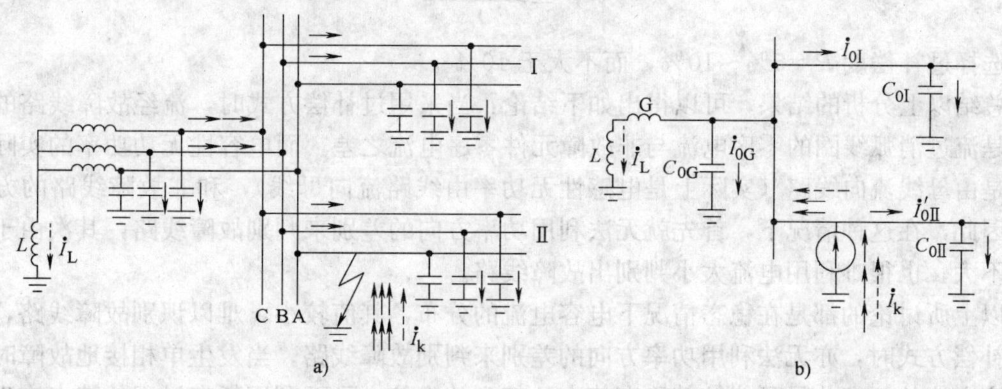

图 3-39　消弧线圈接地电网中，单相接地的电流分布

a）用三相系统表示　b）零序等效网络

如图 3-39a 所示，在电源中性点接入了消弧线圈，当线路Ⅱ上 A 相接地以后，电容电流的大小和分布与不接消弧线圈时是一样的，不同之处是在接地点又增加了一个电感分量的电流$\dot{I}_L$，因此，从接地点流回的总电流为

$$\dot{I}_k = \dot{I}_L + \dot{I}_{C\Sigma} \tag{3-62}$$

式中，$\dot{I}_{C\Sigma}$为全系统的对地电容电流，可用式（3-60）计算；$\dot{I}_L$为消弧线圈的电流，设其电感为 L，则$\dot{I}_L=\dfrac{-\dot{E}_A}{j\omega L}$。

由于$\dot{I}_{C\Sigma}$和$\dot{I}_L$的相位大约相差 180°，因此$\dot{I}_k$将因消弧线圈的补偿而减小。相似地，可以作出它的零序等效网络，如图 3-39b 所示。

根据对电容电流的补偿程度不同，消弧线圈可以有完全补偿、欠补偿及过补偿三种补偿方式。

（1）完全补偿　完全补偿就是使 $I_L = I_{C\Sigma}$，接地点的电流近似为零。从消除故障点的电弧，避免出现弧光过电压的角度来看，这种补偿方式是最好的。但从运行实际来看，则又存

在严重的缺陷。因为完全补偿时，有 $\omega L=\frac{1}{3\omega C_{0\Sigma}}$，这正是电感 L 和三相对地电容 $3C_{0\Sigma}$ 对 50Hz 交流串联谐振的条件。实际运行时，可能会产生很高的谐振过电压，这是不允许的，因此实际上不采用这种方式。

(2) 欠补偿　欠补偿就是使 $I_L<I_{C\Sigma}$，补偿后的接地点电流仍然是电容性的，采用这种方式时，仍然不能避免上述问题的发生，因为当系统运行方式变化时，例如某个元件被切除或因发生故障而跳闸，则电容电流就将减小，这时很可能又出现 I_L 和 $I_{C\Sigma}$ 两个电流相等的情况，从而又引起过电压。因此欠补偿的方式一般也不采用。

(3) 过补偿　过补偿就是使 $I_L>I_{C\Sigma}$，补偿后的残余电流是电感性的，采用这种方法不可能发生串联谐振过电压的问题。因此在实际中获得了广泛的应用。I_L 大于 $I_{C\Sigma}$ 的程度用过补偿度 P 来表示，其关系为

$$P=\frac{I_L-I_{C\Sigma}}{I_{C\Sigma}} \tag{3-63}$$

一般选择过补偿度 $P=5\%\sim10\%$，而不大于 10% 。

总结以上分析的结果，可以得出如下结论：当采用过补偿方式时，流经故障线路的零序电流是流过消弧线圈的零序电流与非故障元件零序电流之差，而电容性无功功率的实际方向仍然是由母线流向线路（实际上是电感性无功功率由线路流向母线），和非故障线路的方向一样。因此，在这种情况下，首先就无法利用功率方向的差别来判别故障线路，其次由于过补偿度不大，也很难利用电流大小判别出故障线路。

以上所讨论的都是在稳态情况下电容电流的分布，其值较小，难以识别故障线路，当采用过补偿方式时，亦无法利用功率方向的差别来判别故障线路。当发生单相接地故障时，接地电容电流的暂态分量可能较其稳态值大几倍到几十倍，可否利用暂态过程的特点实现故障选线，是多年来研究的课题。

三、中性点不接地电网的单相接地保护

根据网络接线的具体情况，可利用以下方式来构成单相接地保护。

1. 零序电压保护

在中性点非直接接地系统中，只要本级电压网络中发生单相接地故障，则在同一电压等级的所有发电厂和变电所的母线上，都将出现零序电压。利用这一特点，在发电厂和变电所的母线上，一般装设网络单相接地的监视装置。它利用接地后出现的零序电压，带延时动作于信号，表明本级电压网络中出现了单相接地。为此，可用一过电压继电器接于电压互感器二次接成开口三角形的一侧，如图 3-40 所示。可见这种方法给出的信号没有选择性，判别故障是在哪条线路上，还需要由运行人员依次短时断开每条线路，并继之将断开线路投入。当断开某条线路时，零序电压的信号消失，即可判定故障是在该线路上。

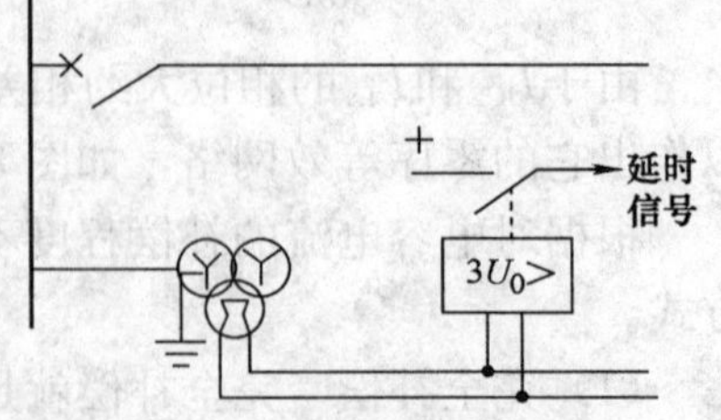

图 3-40　单相接地监视装置的原理接线图

2. 零序电流保护

零序电流保护利用故障线路零序电流较非故障线路零序电流大的特点来实现有选择性地发出信号或动作于

跳闸。这种保护一般使用在有条件安装零序电流互感器的线路（如电缆线路或经电缆引出的架空线路）上；或者当单相接地电流较大，足以克服零序电流过滤器中不平衡电流的影响时，保护装置也可以接于三个电流互感器构成的零序回路中。

根据对图 3-37 的分析，当某一线路上发生单相接地时，非故障线路上的零序电流为本身的电容电流，因此，为了保证动作的选择性，保护装置的动作电流应大于本线路的电容电流，即

$$I_{set} = K_{rel} 3U_{\varphi}\omega C_0 \tag{3-64}$$

式中，K_{rel}为可靠系数；C_0 为被保护线路每相的对地电容。

整定之后，还需要校验在本线路上发生单相接地故障时的灵敏系数。由于流经故障线路上的零序电流为全网络中非故障元件电容电流的总和，因此灵敏系数为

$$K_{sen} = \frac{3U_{\varphi}\omega(C_{0\Sigma} - C_0)}{K_{rel} 3U_{\varphi}\omega C_0} = \frac{C_{0\Sigma} - C_0}{K_{rel} C_0} \tag{3-65}$$

式中，$C_{0\Sigma}$为电网在最小运行方式下，各元件每相对地电容之和。校验时应采用系统最小运行方式时的电容电流，也就是 $C_{0\Sigma}$ 为最小时的电容值。可以看出，当全网络的电容电流越大、或被保护线路的电容电流越小时，零序电流保护的灵敏系数就越容易满足要求。

3. 零序功率方向保护

利用故障线路与非故障线路功率方向的不同可以实现有选择性的零序功率方向保护，动作于信号或跳闸。这种方式适用于零序电流保护不能满足灵敏系数的要求和接线复杂的网络。

中性点非直接接地系统中发生单相接地时，由于流过故障和非故障线路的电流变化仅为对地电容电流的变化，其值都较小，特别是当系统中性点经消弧线圈接地，且采用过补偿方式工作时，利用工频分量的变化难以区分故障线路与非故障线路。直到目前为止，对于中性点非直接接地系统，还没有一种原理完善、动作可靠、实现简单的保护。随着对供电可靠性要求的提高，停电检修时间缩短，城市配电网环网供电和大量采用电缆，对迅速、有选择性地选出单相接地线路的要求日益紧迫，因而对中性点非直接接地系统单相接地保护的研究仍然是一个重要的课题。

习题与思考题

1. 何谓三段式电流保护？其各段是如何保证动作选择性的？试述各段的工作原理、整定原则和整定计算方法、灵敏性校验方法和要求以及原理接线图的特点。画出三段式电流保护各段的保护范围和时限配合特性图。

2. 在什么情况下采用三段式电流保护？什么情况下可以采用两段式电流保护？什么情况下可只用一段定时限过电流保护？Ⅰ、Ⅱ段电流保护能否单独使用？为什么？

3. 过电流保护是如何保证选择性的？在整定计算中为什么要考虑返回系数及自起动系数？

4. 如何确定保护装置灵敏性够不够？何谓灵敏系数？为什么一般总要求它们至少大于 1.2～1.5 以上？是否越大越好？

5. 电流保护的接线方式有几种？它们各自适合于什么情况？

6. 在图 3-41 所示电网中，线路 L1、L2 均装有三段式电流保护，当在线路 L2 的首端 k 点短路时有哪些保护起动？应由哪个保护经过多长时间后动作跳开相应断路器？若该保护或断路器拒动，故障如何切除？

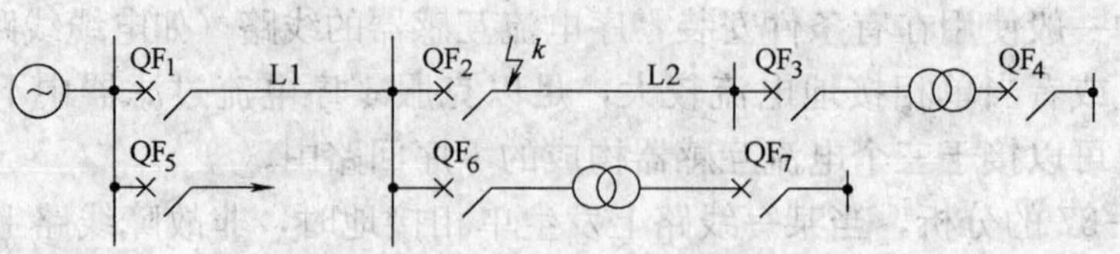

图 3-41　题 6 图

7. 在图 3-42 所示的 35kV 单侧电源辐射形电网中，已知线路的最大负荷电流为 120A，负荷的自启动系数为 2，电流互感器的变比为 200/5，最大运行方式下 k_1 点三相短路电流为 1305A，k_2 点三相短路电流为 530A；最小运行方式下 k_1 点三相短路电流为 1200A，k_2 点三相短路电流为 480A，线路 L2 过电流保护的动作时限为 2.5s。拟定在线路 L1 上装设三段式电流保护。试确定：

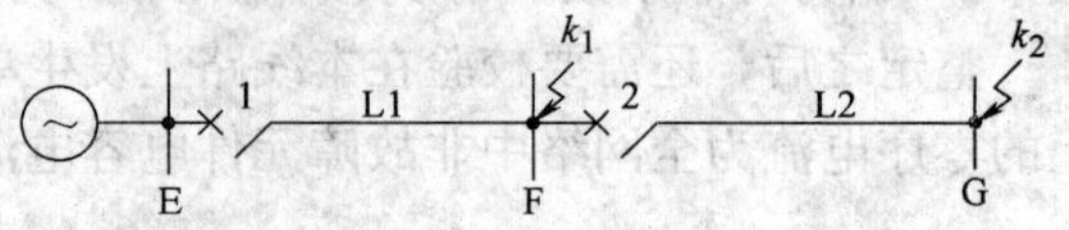

图 3-42　题 7 图

1）保护应采用哪种接线方式？

2）各段保护的动作电流和动作时限。

3）Ⅰ段的最小保护范围，以及Ⅱ段和Ⅲ段的灵敏系数。

8. 如图 3-43 所示的网络接线，线路均装设三段式电流保护，已知线路正序阻抗 $X_1=0.4\Omega/\text{km}$，线路 E-F 的最大负荷电流 $I_{L.max}=170\text{A}$，可靠系数分别为 $K_{rel}^{Ⅰ}=1.3$，$K_{rel}^{Ⅱ}=1.1$，$K_{rel}^{Ⅲ}=1.2$，负荷自启动系数 $K_{Ms}=1.5$，返回系数 $K_{re}=0.85$，时间阶段 $\Delta t=0.5\text{s}$，线路保护 6 的过电流动作时限为 1.0s，计算线路保护 1 电流三段的整定值和动作时限，并校验灵敏度。

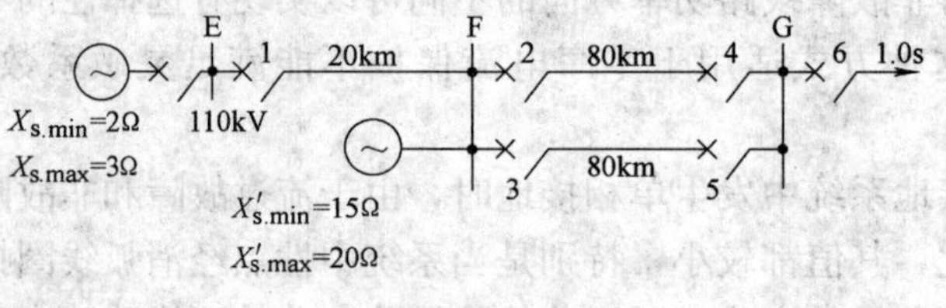

图 3-43　题 8 图

9. 何谓功率方向元件的 90°接线？采用 90°接线的功率方向元件在正方向三相和两相短路时正确动作的条件是什么？采用 90°接线的功率方向元件在相间短路时会不会有死区？为什么？

10. 若线路阻抗角 $\varphi_k=50°$，功率方向元件采用 90°接线，其最大灵敏角应选择为多少比较合适？并用相量图分析，在保护安装处正方向发生 A、B 两相短路时，故障相功率方向元件能否动作？

11. 举例说明在什么情况下电流保护（电流速断和过电流保护）有必要加装方向元件。

12. 整定图 3-44 中各断路器 QF 上定时限过电流保护的动作时限，并指出图 3-44a、b 图中哪些断路器需加装方向元件？

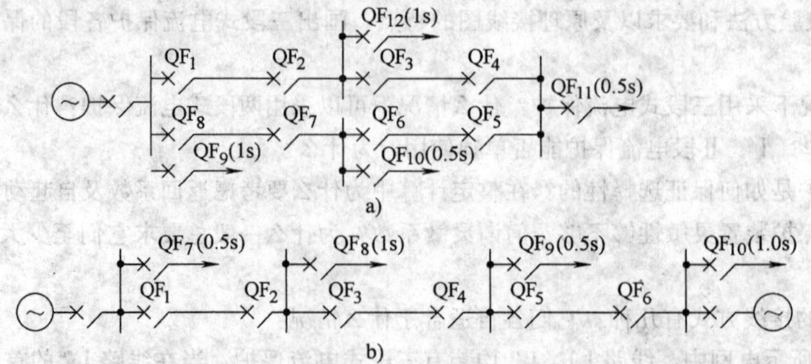

图 3-44　题 12 图

13. 中性点直接接地电网中，当发生单相接地时，其故障分量的特点是什么？如何获取零序电压和零序电流？组成零序电流滤过器的三个电流互感器为什么要求特性一致？

14. 图 3-45 所示的零序电流保护的接线图中，三个电流互感器的极性如图所示。其接线是否正确？正常运行时保护装置是否会误动作？

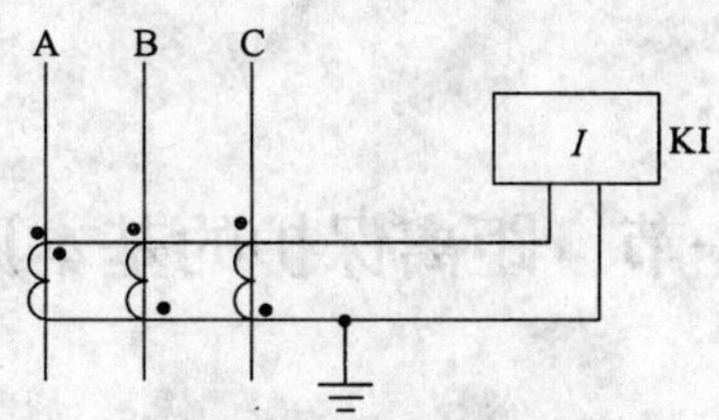

图 3-45　题 14 图

15. 举例说明在零序电流保护中，什么情况下必须考虑保护的方向性？零序功率方向元件有无电压死区？为什么？

16. 中性点非直接接地电网中，发生单相接地故障时，其零序电压、电流变化的特点是什么？

17. 何谓欠补偿、过补偿、完全补偿？一般采用哪一种补偿方式较好？为什么？

第四章　电网的距离保护

第一节　距离保护的基本原理

一、距离保护的作用原理

由于电流保护在整定值的选择、保护范围以及灵敏系数等方面都直接受电网接线方式及系统运行方式的影响，所以在35kV及以上电压的复杂网络中，很难满足选择性、灵敏性以及快速切除故障的要求。为此必须采用性能更加完善的保护装置，距离保护就是适应这种要求的一种保护方法。

如图4-1所示，假设各保护测量元件的输入是保护安装处的电压和流过该线路上的电流。保护安装处的电压$\dot{U}_m$称为保护的测量电压，流经该线路的电流$\dot{I}_m$称为保护的测量电流，两者之比为保护的测量阻抗Z_m，即

$$Z_m=\frac{\dot{U}_m}{\dot{I}_m} \tag{4-1}$$

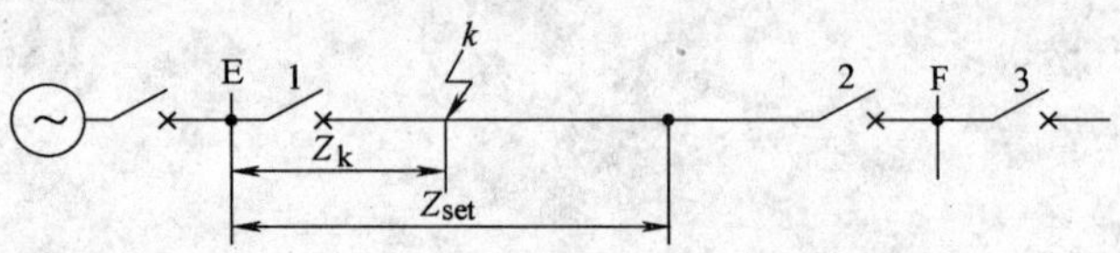

图4-1　距离保护的作用原理图

在电力系统正常运行时，$\dot{U}_m$为正常工作电压$\dot{U}_L$，$\dot{I}_m$为线路的负荷电流$\dot{I}_L$，此时保护的测量阻抗为负荷阻抗Z_L，即

$$Z_m=\frac{\dot{U}_L}{\dot{I}_L}=Z_L \tag{4-2}$$

显然正常运行时的工作电压$\dot{U}_L$在额定值附近，一般说，线路的负荷电流$\dot{I}_L$相对于短路电流要小很多，故线路在负荷状态下的测量阻抗Z_L值较大，且其角度为负荷功率因数角。例如，当线路的负荷功率因数为0.9时，负荷功率因数角$\varphi_L=25.8°$。

当E-F线上k点发生金属性三相短路时，在保护1处所测得的阻抗等于此时的残余电压$\dot{U}_k$与流经该保护线路的短路电流$\dot{I}_k$的比值，就是短路阻抗Z_k，即

$$Z_m=\frac{\dot{U}_k}{\dot{I}_k}=Z_k \tag{4-3}$$

通过适当选择距离保护的接线方式，可以使短路时的测量阻抗大小与短路点到保护安装处的距离l成正比，即

$$Z_m=Z_k=Z_1 l \tag{4-4}$$

式中，Z_1为线路的单位正序阻抗。

由于短路时的残压低而短路电流很大，所以短路阻抗明显小于负荷阻抗。短路阻抗的阻抗角就是线路阻抗角，数值较大。例如对于220kV及以上电压等级的线路，阻抗角一般不

低于 75°。

从以上分析可知，短路时测量阻抗有以下特征：

1）由保护安装处的测量阻抗 Z_m 能区分线路在正常状态还是故障状态，两种状态下测量阻抗在幅值和角度上均有明显的差别。

2）由保护安装处的测量阻抗 Z_m 能区分故障点的远近，故障点离保护安装处的距离越远，测量阻抗 Z_m 越大，反之，测量阻抗越小。

3）金属性短路时的测量阻抗只与故障点至保护安装处的距离有关，而与系统运行方式无关。

为了区分故障点在保护范围内还是在保护范围外，可根据选择性和灵敏度要求事先给定距离保护的保护范围。与这个保护范围对应的阻抗称为距离保护的整定阻抗，用 Z_{set} 表示，见图 4-1。

可见，距离保护装置是反应故障点至保护安装地点之间的距离（或阻抗），并根据距离的远近而确定是否动作以及动作时间的一种保护装置。

二、距离保护的动作特性

为了满足速动性、选择性和灵敏性的要求，距离保护也采用阶段式的动作特性，一般为三段式，并称为距离保护的Ⅰ、Ⅱ、Ⅲ段，可以分别与电流速断、限时电流速断以及过电流保护相对应，如图 4-2 所示。

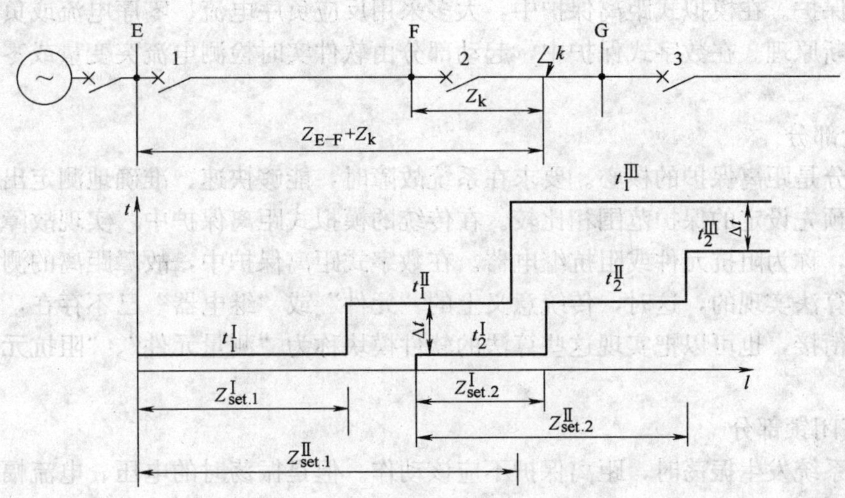

图 4-2　距离保护的动作特性

距离Ⅰ段保护是瞬时动作的，$t^{Ⅰ}$ 是保护的固有动作时间。以保护 1 为例，其第Ⅰ段本应保护线路 E-F 的全长，但为了保证动作的选择性，线路 F-G 出口处短路时，保护 1 的第Ⅰ段不应该动作。为此，其起动阻抗的整定值必须躲开这一点短路时所测量到的阻抗 $Z_{E\text{-}F}$，即 $Z_{set.1}^{Ⅰ} < Z_{E\text{-}F}$。考虑到保护装置和电流、电压互感器的误差，引入可靠系数 $K_{rel}^{Ⅰ}$（一般取为 0.8～0.85），则

$$Z_{set.1}^{Ⅰ} = K_{rel}^{Ⅰ} Z_{E\text{-}F} \tag{4-5}$$

如此整定后，距离Ⅰ段就只能保护本线路全长的 80%～85%。为了切除本线路末端

15%～20%范围以内的故障，就需设置距离Ⅱ段保护。

距离Ⅱ段保护整定值的选择与限时电流速断相似，即应使其不超过下一条线路距离Ⅰ段的保护范围，同时带有高出一个 Δt 的时限，以保证动作的选择性。如图 4-2 所示的单侧电源网络中，当保护 2 距离Ⅰ段保护范围末端短路时，保护 1 的测量阻抗为 $Z_{E\text{-}F}+Z_{set.2}^{I}$，引入可靠系数 K_{rel}^{II}（一般取 0.8)，则保护 1 的距离Ⅱ段整定值为

$$
\begin{aligned}
Z_{set.1}^{II} &= K_{rel}^{II}(Z_{E\text{-}F}+Z_{set.2}^{I}) \\
&= 0.8[Z_{E\text{-}F}+(0.8\sim0.85)Z_{F\text{-}G}]
\end{aligned}
\tag{4-6}
$$

距离Ⅰ段与Ⅱ段的联合工作构成本线路的主保护。为了作为相邻元件保护装置和断路器拒绝动作的远后备保护，同时也作为本线路距离Ⅰ、Ⅱ段的近后备保护，还应该装设距离Ⅲ段保护。

距离Ⅲ段保护的整定与过电流保护相似，其起动阻抗按躲开正常运行时的最小负荷阻抗来选择，而动作时限则按阶梯原则逐级配合。

三、距离保护的构成

距离保护一般由起动、测量、振荡闭锁、电压回路断线闭锁、配合逻辑和出口等几部分组成。

1. 起动部分

起动部分用来判别系统是否发生故障。要求在远后备保护范围内发生故障时，灵敏地瞬间起动整套保护。在模拟式距离保护中，大多采用反应负序电流、零序电流或负序与零序复合电流的判断原理。在数字式保护中，起动部分由软件实时检测电流突变量或零序电流变化量来实现。

2. 测量部分

测量部分是距离保护的核心。要求在系统故障时，能够快速、准确地测定出故障方向和距离，并与预先设定的保护范围相比较。在传统的模拟式距离保护中，实现故障距离测量和比较的元件，称为阻抗元件或阻抗继电器。在数字式距离保护中，故障距离的测量和比较功能是由软件算法实现的，这时，传统意义上的“元件”或“继电器”已不存在，但为了与传统的概念相衔接，也可以把实现这些算法的软件模块称为“测量元件”、“阻抗元件”或“阻抗继电器”。

3. 振荡闭锁部分

在电力系统发生振荡时，距离保护不应该动作。但是振荡时的电压、电流幅值周期性变化，有可能导致距离保护误动作。为防止保护误动作，要求该部分能够准确地判别出系统振荡，并将保护闭锁。

4. 电压回路断线闭锁部分

电压回路断线将会造成保护测量电压的消失，从而可能使距离保护的测量部分出现误判断。因此电压回路断线时应该将保护闭锁，以防止出现误动。

5. 配合逻辑部分

该部分用来实现距离保护各个部分之间的逻辑配合以及三段式距离保护中各段之间的时限配合。

6. 出口部分

出口部分包括跳闸出口和信号出口，在保护动作时接通跳闸回路并发出相应的信号。

第二节　距离保护的接线方式

一、对接线方式的基本要求

根据距离保护的工作原理，加入保护的电压$\dot{U}_m$和电流$\dot{I}_m$应满足以下要求：

1）测量阻抗正比于短路点到保护安装地点之间的距离。

2）测量阻抗应与故障类型无关，也就是保护范围不随故障类型而变化。

距离保护在相间短路和接地短路时广泛采用的接线方式如表 4-1 所示。

表 4-1　距离保护采用不同接线方式时，接入的电压和电流关系

阻抗元件 / 接线方式	M_1		M_2		M_3	
	$\dot{U}_m$	$\dot{I}_m$	$\dot{U}_m$	$\dot{I}_m$	$\dot{U}_m$	$\dot{I}_m$
相间距离保护的 0°接线	$\dot{U}_{AB}$	$\dot{I}_A-\dot{I}_B$	$\dot{U}_{BC}$	$\dot{I}_B-\dot{I}_C$	$\dot{U}_{CA}$	$\dot{I}_C-\dot{I}_A$
接地距离保护接线	$\dot{U}_A$	$\dot{I}_A+K3\dot{I}_0$	$\dot{U}_B$	$\dot{I}_B+K3\dot{I}_0$	$\dot{U}_C$	$\dot{I}_C+K3\dot{I}_0$

二、相间距离保护的 0°接线方式

以下对各种相间短路时保护的测量阻抗进行分析。

1. 三相短路

如图 4-3 所示，三相短路时，三个阻抗元件M_1～M_3 的工作情况完全相同，因此，可以以 M_1 为例分析。设短路点至保护安装地点之间的距离为 l，线路的单位正序阻抗为 Z_1，则保护安装地点的电压$\dot{U}_{AB}$应为

$$\dot{U}_{AB}=\dot{U}_A-\dot{U}_B=\dot{I}_AZ_1l-\dot{I}_BZ_1l=(\dot{I}_A-\dot{I}_B)Z_1l \tag{4-7}$$

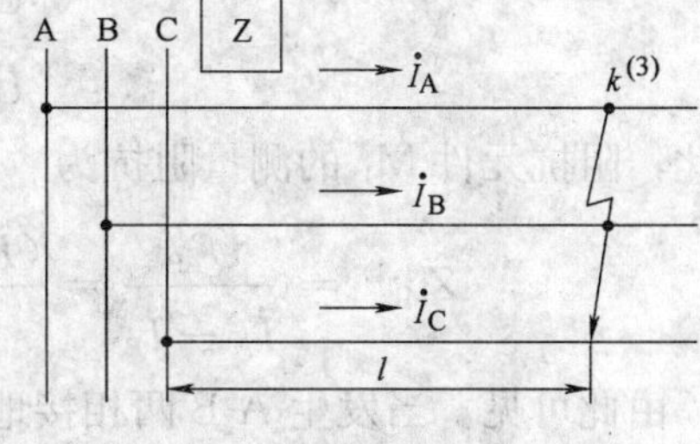

图 4-3　三相短路时测量阻抗的分析

此时 M_1 的测量阻抗为

$$Z_{M1}^{(3)}=\frac{\dot{U}_{AB}}{\dot{I}_A-\dot{I}_B}=Z_1l \tag{4-8}$$

可见三相短路时，三个阻抗元件的测量阻抗均等于短路点到保护安装地点之间的阻抗，三个阻抗元件均能正确动作。

2. 两相短路

如图 4-4 所示，设以 A-B 相间短路为例，则故障环路的电压$\dot{U}_{AB}$为

$$\dot{U}_{AB}=\dot{I}_AZ_1l-\dot{I}_BZ_1l=(\dot{I}_A-\dot{I}_B)Z_1l \tag{4-9}$$

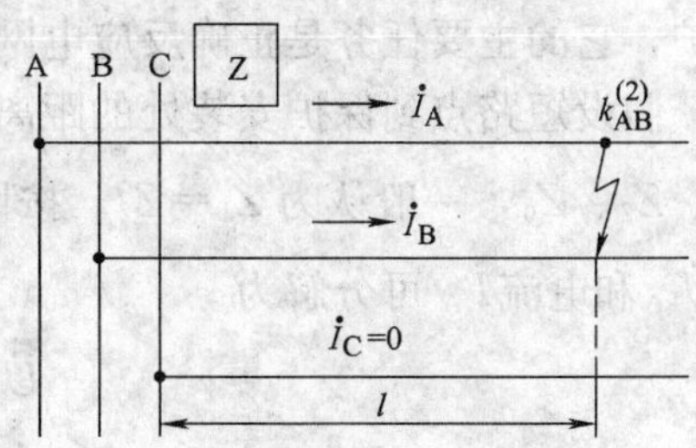

图 4-4　A-B 两相短路时测量阻抗的分析

因此，M_1 的测量阻抗为

$$Z_{M1}^{(2)}=\frac{\dot U_{AB}}{\dot I_A-\dot I_B}=Z_1 l \tag{4-10}$$

与三相短路时的测量阻抗相同，因此，M_1 能正确动作。

在 A-B 两相短路的情况下，对阻抗元件 M_2 和 M_3 而言，由于所加电压为非故障相间的电压，数值较$\dot U_{AB}$高，而电流只是故障相的电流，数值较（$\dot I_A-\dot I_B$）小，因此，其测量阻抗必然大于 M_1 的测量阻抗，所以一般不会起动。

由此可见，在 A-B 两相短路时，只有 M_1 能准确地测量短路阻抗而动作。同理，分析 B-C 和 C-A 两相短路可知，相应地只有 M_2 和 M_3 能准确地测量到短路点的阻抗而动作。

3. 中性点直接接地电网中的两相接地短路

如图 4-5 所示，仍以 A-B 两相故障为例，它与两相短路不同之处是地中有电流流回，因此$\dot I_A\neq-\dot I_B$。

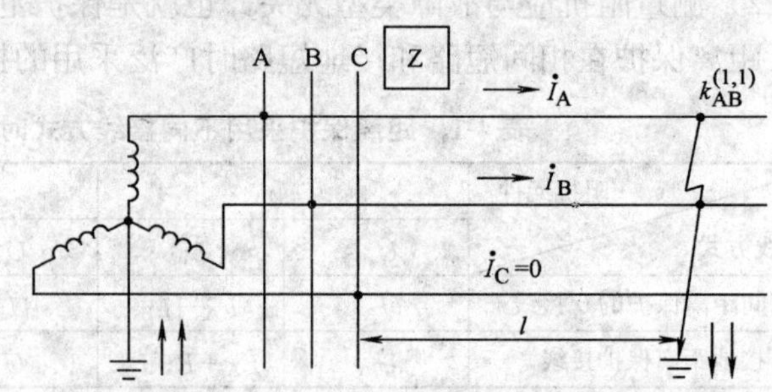

图 4-5　A-B 两相接地短路时测量阻抗的分析

此时，我们可以把 A 相和 B 相看成两个“导线——地”的送电线路并有互感耦合在一起，设以 Z_L 表示输电线单位长度的自感阻抗，Z_M 表示单位长度的互感阻抗，则单位长度的正序阻抗为 $Z_1=Z_L-Z_M$，这样保护安装地点的故障相电压为

$$\left.\begin{aligned}\dot U_A&=\dot I_A Z_L l+\dot I_B Z_M l\\ \dot U_B&=\dot I_B Z_L l+\dot I_A Z_M l\end{aligned}\right\} \tag{4-11}$$

因此，阻抗元件 M_1 的测量阻抗为

$$Z_{M1}^{(1,1)}=\frac{\dot U_{AB}}{\dot I_A-\dot I_B}=\frac{(\dot I_A-\dot I_B)(Z_L-Z_M)l}{\dot I_A-\dot I_B}=(Z_L-Z_M)l=Z_1 l \tag{4-12}$$

由此可见，当发生 A-B 两相接地短路时，M_1 的测量阻抗与三相短路时相同，保护能够正确动作。而对 M_2、M_3 而言，由于在测量电压和电流中含有非故障相的电压、电流量，测量阻抗较大，故一般不起动。

三、接地距离保护的接线方式

在中性点直接接地的电网中，当零序电流保护不能满足要求时，一般考虑采用接地距离保护，它的主要任务是正确反应电网中的接地短路。

假设短路点到保护安装处的距离为 l，被保护线路单位长度的正序、负序、零序阻抗为 Z_1、Z_2、Z_0，一般认为 $Z_1=Z_2$。按照对称分量法，保护安装处的母线电压$\dot U_A$、故障点的电压$\dot U_{kA}$和电流$\dot I_A$ 可分解为

$$\left.\begin{aligned}\dot U_A&=\dot U_{A1}+\dot U_{A2}+\dot U_{A0}\\ \dot I_A&=\dot I_{A1}+\dot I_{A2}+\dot I_{A0}\\ \dot U_{kA}&=\dot U_{k1}+\dot U_{k2}+\dot U_{k0}\end{aligned}\right\} \tag{4-13}$$

根据各序的等效网络，可以求出保护安装处母线上的 A 相电压为

$$\dot{U}_A=\dot{U}_{k1}+I_{A1}Z_1l+\dot{U}_{k2}+\dot{I}_{A2}Z_1l+\dot{U}_{k0}+\dot{I}_{A0}Z_0l$$
$$=\dot{U}_{kA}+\left[(\dot{I}_{A1}+\dot{I}_{A2}+\dot{I}_{A0})+3\dot{I}_{A0}\frac{Z_0-Z_1}{3Z_1}\right]Z_1l \tag{4-14}$$

设零序电流补偿系数 $K=\dfrac{Z_0-Z_1}{3Z_1}$。这样，保护安装处母线的三相电压可表示为

$$\left.\begin{aligned}\dot{U}_A&=\dot{U}_{kA}+(\dot{I}_A+K3\dot{I}_0)Z_1l\\\dot{U}_B&=\dot{U}_{kB}+(\dot{I}_B+K3\dot{I}_0)Z_1l\\\dot{U}_C&=\dot{U}_{kC}+(\dot{I}_C+K3\dot{I}_0)Z_1l\end{aligned}\right\} \tag{4-15}$$

以下对各种接地短路时保护的测量阻抗进行分析。

1. 单相接地短路

以 A 相为例，在发生金属性接地短路时，$\dot{U}_{kA}=0$，因此 M_1 的测量阻抗为

$$Z_{M1}^{(1)}=\frac{\dot{U}_A}{\dot{I}_A+K3\dot{I}_0}=Z_1l \tag{4-16}$$

它能正确地测量从短路点到保护安装地点之间的阻抗，并与相间短路的阻抗元件所测量的阻抗值相同。此时 B 相和 C 相的测量阻抗与负荷阻抗差别不大，一般不会动作。

2. 两相接地短路

仍以 A-B 两相接地短路为例，$\dot{U}_{kA}=\dot{U}_{kB}=0$，由式（4-15）可以得到

$$\left.\begin{aligned}Z_{M1}^{(1,1)}&=\frac{\dot{U}_A}{\dot{I}_A+K3\dot{I}_0}=Z_1l\\Z_{M2}^{(1,1)}&=\frac{\dot{U}_B}{\dot{I}_B+K3\dot{I}_0}=Z_1l\end{aligned}\right\} \tag{4-17}$$

可见 M_1 和 M_2 均能正确动作，此时 M_3 一般不会动作。

3. 三相接地短路

三相对称性短路时，故障点的各相电压均为零，即$\dot{U}_{kA}=\dot{U}_{kB}=\dot{U}_{kC}=0$，所以三相的阻抗元件 M_1、M_2、M_3 均能正确动作，测量阻抗同样是 Z_1l。

第三节　阻抗元件及其动作特性

阻抗元件是距离保护的核心元件，它的动作特性关系到距离保护动作的正确性。下面利用复数平面来分析阻抗元件的动作特性，首先对以下分析中所运用到的三个阻抗值：Z_m、Z_{set}、Z_{act}加以定义和说明。

测量阻抗 Z_m，即为加入阻抗元件的测量电压$\dot{U}_m$ 与测量电流$\dot{I}_m$ 的比值，Z_m 的阻抗角就是$\dot{U}_m$ 和$\dot{I}_m$ 的相位角 φ。

整定阻抗 Z_{set}，是用来界定保护范围的。一般取为保护安装处到保护范围末端的线路阻抗。

起动阻抗 Z_{act}，或称临界动作阻抗，它表示阻抗元件刚好动作时，加入其中的电压$\dot{U}_m$与电流$\dot{I}_m$ 的比值。下面的分析说明，Z_{act}随着相位角 φ 的不同而改变，当测量阻抗的阻抗角刚好等于整定阻抗角时，起动阻抗 Z_{act}就是整定阻抗 Z_{set}。当 φ 改变时，不同的 Z_{act}在复阻抗平面上往往表现为某种几何图形，最常见的是圆或直线。

一、圆和直线特性的阻抗元件

1. 圆特性的阻抗元件

假定圆特性阻抗元件的动作区域如图 4-6 所示，它有两个整定阻抗，即正方向整定阻抗 $Z_{set.1}$和反方向整定阻抗 $Z_{set.2}$。该特性圆的圆心位于 $Z_0=\frac{1}{2}(Z_{set.1}+Z_{set.2})$ 处，半径为 $\left|\frac{1}{2}(Z_{set.1}-Z_{set.2})\right|$。

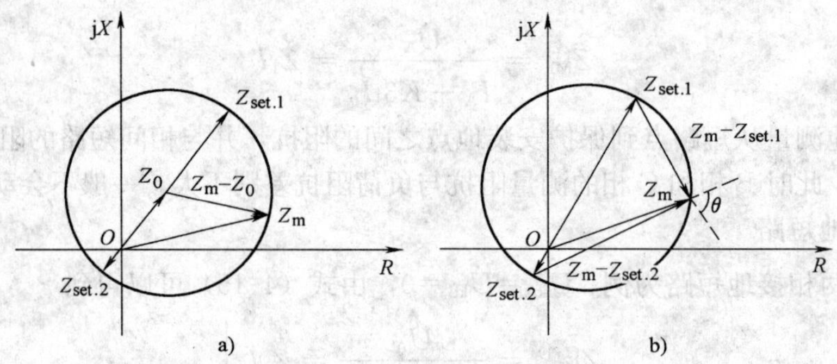

图 4-6 圆特性阻抗元件的动作特性

a）幅值比较式的分析 b）相位比较式的分析

当测量阻抗 Z_m 位于圆内时阻抗元件动作，即圆内为动作区，而圆外为不动作区。当测量阻抗位于圆周上时，阻抗元件刚好动作，对应此时的阻抗就是起动阻抗 Z_{act}。

阻抗元件的动作方程，可以分别采用比较两个量的幅值或两个量的相位方式构成，现分别叙述如下。

（1）幅值比较方式　如图 4-6a 所示，当测量阻抗 Z_m 落在圆内或圆周上时，Z_m 末端到圆心的距离一定小于或等于圆的半径。所以动作方程为

$$\left|Z_m-\frac{1}{2}(Z_{set.1}+Z_{set.2})\right|\leqslant\left|\frac{1}{2}(Z_{set.1}-Z_{set.2})\right| \tag{4-18}$$

式（4-18）两端乘以测量电流$\dot{I}_m$，考虑到$\dot{I}_mZ_m=\dot{U}_m$，有

$$\left|\dot{U}_m-\frac{1}{2}\dot{I}_m(Z_{set.1}+Z_{set.2})\right|\leqslant\left|\frac{1}{2}\dot{I}_m(Z_{set.1}-Z_{set.2})\right| \tag{4-19}$$

（2）相位比较式　以 $Z_{set.1}$和 $Z_{set.2}$的矢量末端连线的直径为界，可将特性圆分为右下部分和左上部分。对于右下部分，当测量阻抗 Z_m 位于圆周上时，矢量（$Z_m-Z_{set.2}$）超前于（$Z_m-Z_{set.1}$）的角度 $\theta=90°$；当 Z_m 位于圆内时，$\theta>90°$；而当 Z_m 位于圆外时，$\theta<90°$，如图 4-6b 所示。当测量阻抗落在左上部分的圆内时，对应于 $\theta\leqslant270°$，因此，阻抗元件的动作

方程为

$$270^\circ \geqslant \arg \frac{Z_m - Z_{set.2}}{Z_m - Z_{set.1}} \geqslant 90^\circ \tag{4-20}$$

将两个矢量均乘以测量电流$\dot{I}_m$，可以得到电压相位比较形式的动作方程为

$$270^\circ \geqslant \arg \frac{\dot{U}_m - \dot{I}_m Z_{set.2}}{\dot{U}_m - \dot{I}_m Z_{set.1}} \geqslant 90^\circ \tag{4-21}$$

(3) 幅值比较式和相位比较式的互换关系　一般而言，设以$\dot{A}$和$\dot{B}$表示比较幅值的两个电压，动作条件为$|\dot{A}| \geqslant |\dot{B}|$，又以$\dot{C}$和$\dot{D}$表示比较相位的两个电压，且动作条件为$270^\circ \geqslant \arg \dfrac{\dot{C}}{\dot{D}} \geqslant 90^\circ$，则它们之间的关系符合下式

$$\left.\begin{aligned} \dot{C} &= \dot{B} + \dot{A} \\ \dot{D} &= \dot{B} - \dot{A} \end{aligned}\right\} \tag{4-22}$$

若已知$\dot{A}$和$\dot{B}$时，可以直接求出$\dot{C}$和$\dot{D}$，反之，如已知$\dot{C}$和$\dot{D}$，可以求出$\dot{A}$和$\dot{B}$，即为

$$\left.\begin{aligned} \dot{B} &= \frac{1}{2}(\dot{C} + \dot{D}) \\ \dot{A} &= \frac{1}{2}(\dot{C} - \dot{D}) \end{aligned}\right\} \tag{4-23}$$

可见幅值比较式和相位比较式之间具有互换性，如图 4-7 所示。此结论可以推广到所有比较两个电气量的阻抗元件，但要求$\dot{A}$、$\dot{B}$、$\dot{C}$、$\dot{D}$为同一频率的正弦交流量，不适于分析短路暂态过程中出现的非周期分量和谐波分量，因为不同比较方式构成的阻抗元件受暂态过程的影响不同。

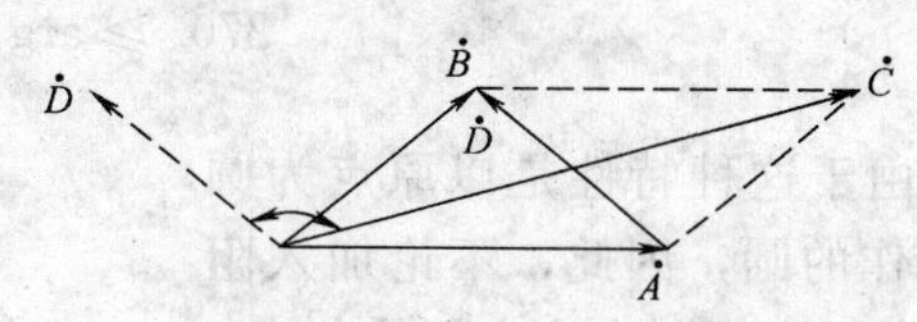

图 4-7　幅值比较式与相位比较式之间的关系

上述圆特性的阻抗元件（见图 4-6）一般称为偏移特性的阻抗元件，它在保护反方向故障时有一定的动作区，通常用在距离保护的后备段（如第Ⅲ段）中。在距离保护中还常常采用以下两种圆特性的阻抗元件。

(1) 方向阻抗元件　在上述的偏移特性中，如果令 $Z_{set.1}=Z_{set}$，$Z_{set.2}=0$，则动作特性变化成方向圆特性，如图 4-8 所示，方向阻抗元件的特性是以整定阻抗 Z_{set}为直径而通过坐标原点的一个圆。方向阻抗元件的幅值比较式动作方程为

$$\left|\dot{U}_m - \frac{1}{2}\dot{I}_m Z_{set}\right| \leqslant \left|\frac{1}{2}\dot{I}_m Z_{set}\right| \tag{4-24}$$

同理，相位比较式动作方程为

$$270^\circ \geqslant \arg \frac{\dot{U}_m}{\dot{U}_m - \dot{I}_m Z_{set}} \geqslant 90^\circ \tag{4-25}$$

当加入阻抗元件的$\dot{U}_m$和$\dot{I}_m$的相位角φ为不同数值时，方向阻抗元件的起动阻抗 Z_{act}也

将随之改变。当 φ 等于 Z_{set} 的阻抗角时，阻抗元件的起动阻抗达到最大，就是整定阻抗，此时，阻抗元件的保护范围最大，工作最灵敏，因此，这个角度称为阻抗元件的最大灵敏角 φ_{sen}。当保护范围内部故障时，$\varphi=\varphi_k$（为被保护线路的阻抗角），因此应该调整阻抗元件的最大灵敏角 $\varphi_{sen}=\varphi_k$，以便使阻抗元件这时能工作在最灵敏的条件下。当反方向发生短路时，测量阻抗 Z_m 位于第三象限，阻抗元件不能动作，因此它本身就具有方向性，故称之为方向阻抗元件。方向阻抗元件一般用于距离保护的主保护段（Ⅰ段和Ⅱ段）中。

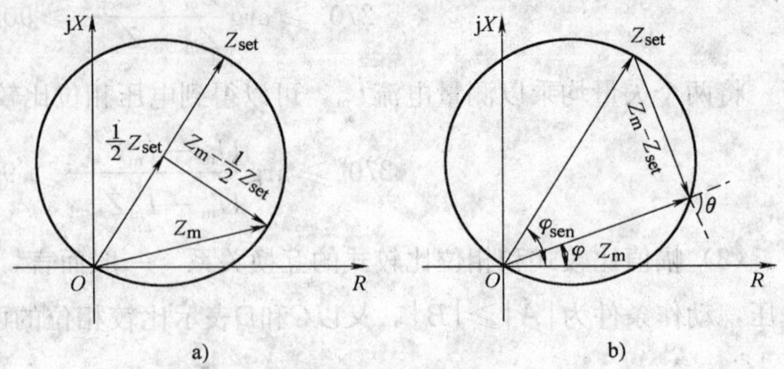

图 4-8　方向阻抗元件的动作特性
a）幅值比较式　b）相位比较式

（2）全阻抗元件　在偏移特性中，如果令 $Z_{set.1}=Z_{set}$，$Z_{set.2}=-Z_{set}$，则动作特性变化成全阻抗圆特性，如图 4-9 所示，全阻抗元件的特性是以保护安装处为圆心，以整定阻抗 Z_{set} 为半径所作的一个圆。全阻抗元件的幅值比较式动作方程为

$$|\dot{U}_m|\leqslant|\dot{I}_m Z_{set}| \tag{4-26}$$

同理，相位比较式动作方程为

$$270^\circ\geqslant\arg\frac{\dot{U}_m+\dot{I}_m Z_{set}}{\dot{U}_m-\dot{I}_m Z_{set}}\geqslant 90^\circ \tag{4-27}$$

由于这种特性是以原点为圆心而作的圆，因此，不论加入阻抗元件的电压与电流之间的角度 φ 为多大，起动阻抗 Z_{act} 在数值上都等于整定阻抗 Z_{set}。具有这种动作特性的阻抗元件在各个方向上动作阻抗都相同，在正方向和反方向故障时具有相同的保护区，即不具有方向性，所以称为全阻抗元件。全阻抗元件可以应用于单侧电源的系统中。

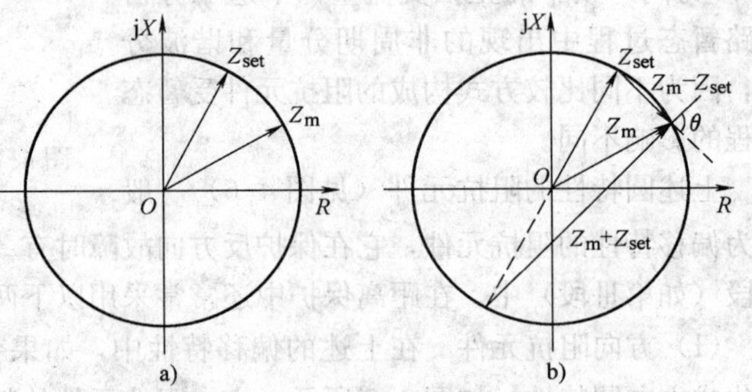

图 4-9　全阻抗元件的动作特性
a）幅值比较式　b）相位比较式

2. 直线特性的阻抗元件

有一种阻抗元件的动作特性为一直线，如图 4-10 所示。由 O 点作动作特性边界线的垂线，其矢量表示为 Z_{set}，测量阻抗 Z_m 位于直线的左侧为动作区，右侧为不动作区。

当用幅值比较方式分析阻抗元件的起动特性时（见图 4-10a），阻抗元件能够起动的条件可表示为

$$|Z_m|\leqslant|2Z_{set}-Z_m| \tag{4-28}$$

两端均以电流$\dot{I}_m$乘之，则变为如下两个电压的比较

$$|\dot{U}_m| \leqslant |2\dot{I}_m Z_{set} - \dot{U}_m| \tag{4-29}$$

如用相位比较方式分析阻抗元件的动作特性（见图 4-10b），则阻抗元件能够起动的条件是矢量Z_{set}超前于（$Z_m - Z_{set}$）的角度为$270° \geqslant \theta \geqslant 90°$，将$Z_{set}$和（$Z_m - Z_{set}$）均以电流$\dot{I}_m$乘之，即可得到相位比较方式的动作方程为

$$270° \geqslant \arg \frac{\dot{I}_m Z_{set}}{\dot{U}_m - \dot{I}_m Z_{set}} \geqslant 90° \tag{4-30}$$

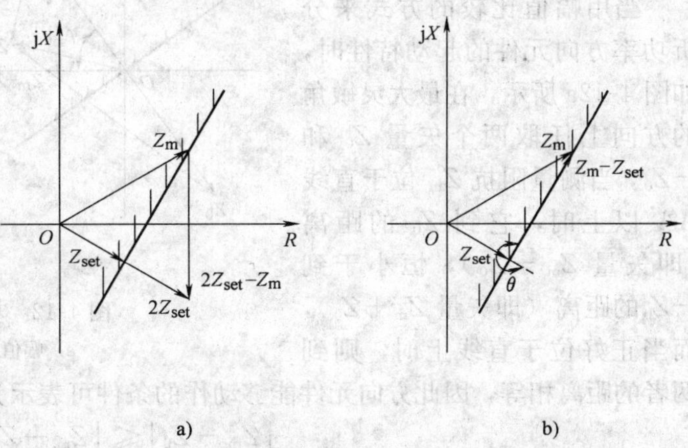

图 4-10　直线特性阻抗元件的动作特性

a）幅值比较式　b）相位比较式

根据直线在阻抗复平面上位置和方向的不同，直线特性可以有电抗特性、电阻特性和方向特性等具体特例。

（1）电抗特性　如图 4-11a 所示，动作边界垂直于 jX 轴，到 R 轴的距离为X_{set}，直线下方为动作区。因此在任意直线特性阻抗元件的动作方程中取$Z_{set} = \mathrm{j}\dot{X}_{set}$，即为电抗型阻抗元件的动作方程。此时只要测量阻抗$Z_m$的电抗部分小于$X_{set}$，就可以动作，而与电阻部分的大小无关，因而具有很强的耐过渡电阻能力。但是它本身不具有方向性，且在负荷阻抗下也能动作，所以通常不能独立应用，而是与其他特性复合，形成具有复合特性的阻抗元件。

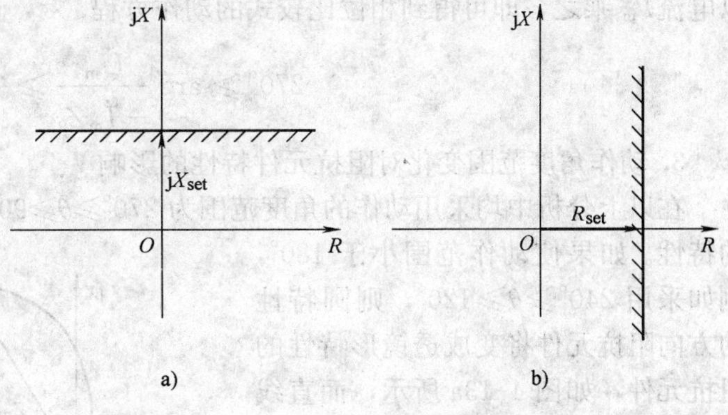

图 4-11　具有电抗和电阻特性的阻抗元件

a）电抗特性　b）电阻特性

（2）电阻特性　如图 4-11b 所示，动作边界垂直于 R 轴，到 jX 轴的距离为R_{set}，直线左侧为动作区。同理，在任意直线特性阻抗元件的动作方程中取$Z_{set} = R_{set}$，即为电阻型阻抗元件的动作方程。此时只要测量阻抗Z_m的电阻部分小于R_{set}，就可以动作，而与电抗部分的大小无关。

（3）方向特性　如果用复数阻抗平面来分析功率方向元件的动作特性，可以把它看成是方向阻抗元件的一个特例，即当整定阻抗Z_{set}趋向于无限大时，原来的特性圆就趋于和直径Z_{set}（见图 4-8）垂直的一条圆的切线，即直线AA'，如图 4-12 所示。因此，如果从阻抗元件的观点来理解功率方向元件，那就意味着只要是正方向的短路（此时电压和电流的比值对应着一个位于第Ⅰ象限的阻抗），而不管测量阻抗的数值大小，功率方向元件都能够起动，

也就是正方向的保护范围理论上是无限大。而真正的方向阻抗元件除了必须是正方向短路外，还必须测量阻抗小于一定数值才能起动，这就是两者的区别。

当用幅值比较的方式来分析功率方向元件的起动特性时，如图 4-12a 所示，在最大灵敏角的方向上任取两个矢量 Z_0 和 $-Z_0$，当测量阻抗 Z_m 位于直线 AA' 以上时，它到 Z_0 的距离（即矢量 Z_m-Z_0），恒小于到 $-Z_0$的距离（即矢量 Z_m+Z_0），而当正好位于直线上时，则到两者的距离相等，因此方向元件能够动作的条件可表示为

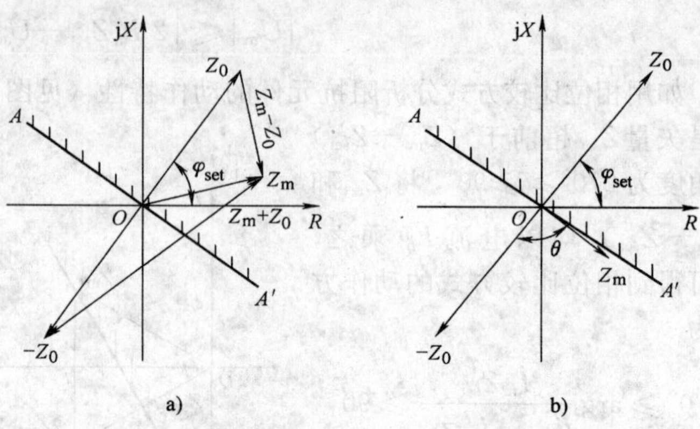

图 4-12 功率方向元件的动作特性

a）幅值比较式 b）相位比较式

$$|Z_m-Z_0|\leqslant|Z_m+Z_0| \tag{4-31}$$

两端均以电流$\dot{I}_m$ 乘之，则变为如下两个电压幅值的比较

$$|\dot{U}_m-\dot{I}_mZ_0|\leqslant|\dot{U}_m+\dot{I}_mZ_0| \tag{4-32}$$

如用相位比较方式来分析功率方向元件的特性，如图 4-12b 所示，只要矢量 Z_m 和 $(-Z_0)$之间的角度 θ 位于 $270°\geqslant\theta\geqslant90°$之间，就是它能够动作的条件。将 Z_m 和 $(-Z_0)$ 均以电流$\dot{I}_m$ 乘之，即可得到相位比较式的动作方程

$$270°\geqslant\arg\frac{\dot{U}_m}{-\dot{I}_mZ_0}\geqslant90° \tag{4-33}$$

3. 动作角度范围变化对阻抗元件特性的影响

在以上分析中均采用动作的角度范围为 $270°\geqslant\theta\geqslant90°$，在复数平面上获得的是圆或直线的特性。如果使动作范围小于 180°，例如采用 $240°\geqslant\theta\geqslant120°$，则圆特性的方向阻抗元件将变成透镜形特性的阻抗元件，如图 4-13a 所示，而直线特性的功率方向元件的动作范围则变成一个小于 180°的折线，如图 4-13b 所示。其他元件特性的变化与此相似，当然也可以使动作范围大于 180°，这里不再阐述。

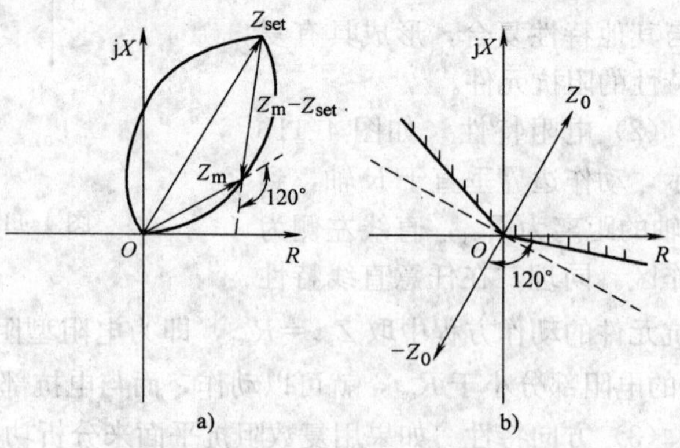

图 4-13 $240°\geqslant\theta\geqslant120°$时的动作特性

a）方向阻抗元件 b）功率方向元件

4. 阻抗元件的极化电压和补偿电压的特征

由以上分析可知，各种圆或直线特性的元件均可用极化电压$\dot{U}_{pol}$与补偿电压$\dot{U}_{com}$进行比相而构成。对各种阻抗元件，均有

$\dot{U}_{com}=\dot{U}_m-\dot{I}_m Z_{set}$。在系统正常运行时，补偿电压$\dot{U}_{com}$就是线路上对应 Z_{set}处的运行电压，在数值上接近额定电压，相位上基本与$\dot{U}_m$ 同相位。

当发生金属性短路时，有 $Z_m=Z_k=\dfrac{\dot{U}_k}{\dot{I}_k}$，若选择阻抗元件的最大灵敏角 $\varphi_{sen}=\varphi_k$，则 Z_k 与 Z_{set}的阻抗角相同。

1）当保护范围正方向外部故障时，$\dot{U}_m=\dot{I}_m Z_k$，$\dot{U}_{com}=\dot{I}_m(Z_k-Z_{set})$，由于 $Z_k>Z_{set}$，因此$\dot{U}_{com}$与$\dot{U}_m$ 同相位，保护不动作。

2）当保护范围反方向外部故障时，$\dot{U}_m=-\dot{I}_m Z_k$，$\dot{U}_{com}=-\dot{I}_m(Z_k+Z_{set})$，因此$\dot{U}_{com}$与$\dot{U}_m$ 同相位，保护不动作。

3）当保护范围内部故障时，$\dot{U}_m=\dot{I}_m Z_k$，$\dot{U}_{com}=\dot{I}_m(Z_k-Z_{set})$，由于 $Z_k<Z_{set}$，因此$\dot{U}_{com}$与$\dot{U}_m$ 相位差 180°，保护动作。

由此可见，阻抗元件正是反应于补偿电压相位的变化而动作。因此在任何特性的阻抗元件中均包含有补偿电压$\dot{U}_{com}$。在正常运行、正方向区外故障以及反方向故障时，$\dot{U}_{com}$电压实际上都是保护范围末端（Z_{set}处）的真实电压，即为补偿到 Z_{set}处的电压。这也是称它为补偿电压的原因。而当保护范围内部金属性短路时，$\dot{U}_{com}$的相位与正常运行或区外故障时相比较变化了约 180°，不再是保护范围末端的真实电压。

为了判别$\dot{U}_{com}$相位的变化，必须有一个参考矢量作为基准，这就是所采用的极化电压$\dot{U}_{pol}$。当$\theta=\arg\dfrac{\dot{U}_{pol}}{\dot{U}_{com}}$满足一定的角度范围时，阻抗元件应该起动，而当 $\theta=180°$时，阻抗元件动作最灵敏。从这一观点出发，可以认为不同特性的阻抗元件的区别只是在于所选的极化电压$\dot{U}_{pol}$不同。例如：

1）当以保护安装处的母线电压$\dot{U}_m$ 作为极化量时，可得到具有方向性的圆特性阻抗元件或直线特性的功率方向元件。当保护安装处出口短路时，$\dot{U}_m=0$，阻抗元件因失去极化电压而不能动作，从而出现电压死区。

2）当以测量电流$\dot{I}_m$ 作为极化量时，可得到动作特性为包括原点在内的各种直线，这些直线特性的元件没有方向性，在反方向短路时也能够动作。

3）当以$\dot{U}_m$ 和$\dot{I}_m$ 的复合电压作为极化量时，则得到偏移特性的阻抗元件。

最后顺便指出，还可以采用非故障相的电压、正序电压、零序电流及负序电流等作为极化量，来构成各种其他特性的阻抗元件。

二、复合特性的阻抗元件

将上述各种特性按“与”、“或”等逻辑复合而得到的动作特性称为复合特性，用以满足实际应用的特殊要求。多边形动作特性可以看作是直线特性与折线特性的“与”复合而成，如图 4-14 所示。

圆特性的阻抗元件在整定值较小时，动作特性圆也就比较小，区内经过渡电阻短路时，测量阻抗容易落在区外，导致测量元件拒动；而当整定值较大时，动作特性圆也较大，负荷阻抗有可能落在圆内，从而导致测量元件误动。具有多边形特性的阻抗元件可以克服这些缺点，能够同时兼顾耐受过渡电阻的能力（防拒动）和躲负荷的能力（防误动）。

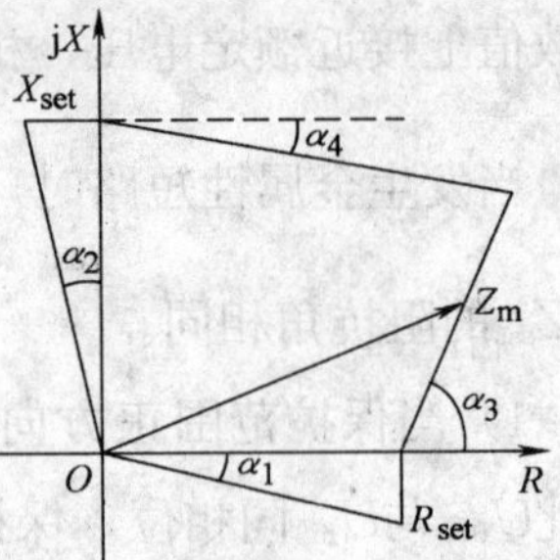

设测量阻抗 Z_m 的实部为 R_m，虚部为 X_m，则图4-14中在第Ⅳ象限部分的特性可以表示为

$$\left.\begin{aligned} R_m &\leqslant R_{set} \\ X_m &\leqslant -R_m\tan\alpha_1 \end{aligned}\right\} \tag{4-34}$$

第Ⅱ象限部分的特性可以表示为

$$\left.\begin{aligned} X_m &\leqslant X_{set} \\ R_m &\geqslant -X_m\tan\alpha_2 \end{aligned}\right\} \tag{4-35}$$

图 4-14　多边形特性的阻抗元件

而第Ⅰ象限部分的特性可以表示为

$$\left.\begin{aligned} R_m &\leqslant R_{set} + X_m\cot\alpha_3 \\ X_m &\leqslant X_{set} - R_m\tan\alpha_4 \end{aligned}\right\} \tag{4-36}$$

综合以上三式，动作特性可以表示为

$$\left.\begin{aligned} -X_m\tan\alpha_2 \leqslant R_m \leqslant R_{set} + \hat{X}_m\cot\alpha_3 \\ -R_m\tan\alpha_1 \leqslant X_m \leqslant X_{set} - \hat{R}_m\tan\alpha_4 \end{aligned}\right\} \tag{4-37}$$

其中

$$\hat{X}_m = \begin{cases} 0, & X_m \leqslant 0 \\ X_m, & X_m > 0 \end{cases}$$

$$\hat{R}_m = \begin{cases} 0, & R_m \leqslant 0 \\ R_m, & R_m > 0 \end{cases}$$

三、方向阻抗元件的特性分析

当在保护安装地点正方向出口处发生相间短路时，故障环路的残余电压将降到零。例如，在三相短路时，$U_{AB}=U_{BC}=U_{CA}=0$，A-B 两相短路时，$U_{AB}=0$ 等。此时，任何具有方向性的阻抗元件将因加入的电压为零而不能动作，从而出现保护装置的“死区”。为克服这个缺点，可以利用记忆回路记忆故障前的电压，作为测量元件比相的极化电压，但其动作特性能否满足要求，需要进一步分析。

对方向阻抗元件，当不采用记忆回路时，极化电压即为保护安装处的母线电压$\dot{U}_k$。当采用记忆回路后，极化电压将短时记忆短路前负荷状态下母线电压$\dot{U}_L$ 相位，因此在短路 $t=0s$ 瞬间的阻抗元件动作条件应为

$$270^\circ \geqslant \arg\frac{\dot{U}_L}{\dot{U}_k - \dot{I}_k Z_{set}} \geqslant 90^\circ \tag{4-38}$$

式中出现三个变量，不能再简单地只用测量阻抗 $Z_m=Z_k=\dfrac{\dot{U}_k}{\dot{I}_k}$来表示。此时阻抗元件的动作特性只能结合具体系统的接线参数和短路点位置进行分析。

1. 保护正方向短路

保护正方向短路时系统的接线及其有关的参数如图 4-15 所示。阻抗元件的测量阻抗包括短路阻抗 Z_k 和过渡电阻 R_t，即$Z=Z_k+R_t$，则

$$\dot{U}_k=\dot{I}_k Z$$

$$\dot{E}=\dot{I}_k(Z_s+Z)$$

$$\dot{I}_k=\frac{\dot{E}}{(Z+Z_s)}$$

$$\dot{U}_{com}=\dot{U}_k-\dot{I}_k Z_{set}=\frac{Z-Z_{set}}{Z+Z_s}\dot{E} \tag{4-39}$$

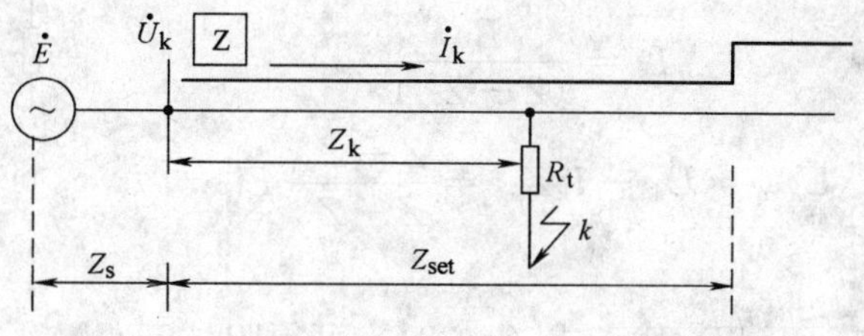

图 4-15 保护正方向短路时，分析记忆回路影响的系统接线

将式（4-39）代入式（4-38）中，可得阻抗元件的动作条件为

$$270^\circ \geqslant \arg\frac{Z+Z_s}{Z-Z_{set}}\frac{\dot{U}_L}{\dot{E}} \geqslant 90^\circ \tag{4-40}$$

如果把$\dot{E}$和$\dot{U}_L$ 看作参变量，其值可由故障前的运行方式确定，则式（4-40）仅剩下一个变量 Z，因此仍可以在复数阻抗平面上进行分析。

假定短路前为空载，$\dot{U}_L=\dot{E}$，则阻抗元件在 $t=0$s 时的动作条件为

$$270^\circ \geqslant \arg\frac{Z+Z_s}{Z-Z_{set}} \geqslant 90^\circ \tag{4-41}$$

此时阻抗元件的动作特性是以矢量 Z_{set}、$-Z_s$ 末端的连线为直径所作的包括坐标原点的偏移圆，圆内为动作区，如图 4-16 所示。此圆又称为方向阻抗元件在 $t=0$s 时的动态特性圆。正方向出口处短路时，测量阻抗落在动作区内，保护能够可靠动作。动态特性圆虽然包括坐标原点在内，但并不意味着会失去方向性，因为式(4-41)是在保护正方向短路的前提下导出的，故不适用于保护反方向短路的情况。当记忆作用消失后，在稳态情况下阻抗元件的动作特性仍是以 Z_{set} 为直径所作的圆，如图 4-16 中虚线所示。

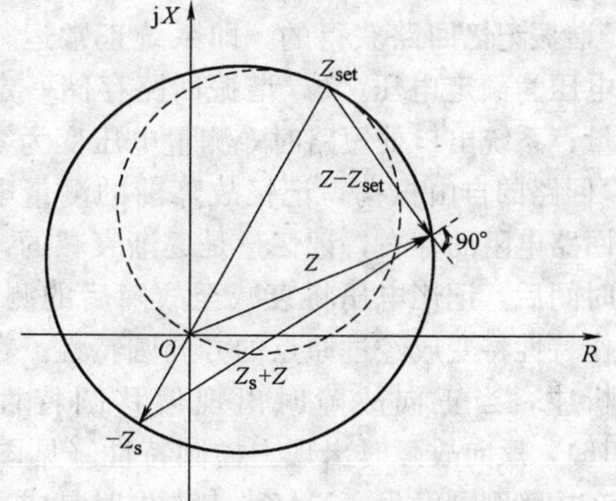

图 4-16 记忆作用下正方向短路时阻抗元件的动作特性

由以上分析可见，在记忆回路作用下的动态特性圆，扩大了动作范围，而又不失去方向性，因此，对消除死区和减少过渡电阻的影响都是有利的。

2. 保护反方向短路

保护反方向短路时系统的接线及参数如图 4-17 所示。此时短路电流由$\dot{E}$供给，仍假定电流的正方向为从母线流向被保护线路，则

$$\dot{U}_{\mathrm{k}}=\dot{I}_{\mathrm{k}}Z$$

$$\dot{E}'=\dot{U}_{\mathrm{k}}-\dot{I}_{\mathrm{k}}Z'_{\mathrm{s}}=\dot{I}_{\mathrm{k}}(Z-Z'_{\mathrm{s}})$$

$$\dot{I}_{\mathrm{k}}=\frac{\dot{E}'}{(Z-Z'_{\mathrm{s}})}$$

$$\dot{U}_{\mathrm{com}}=\dot{U}_{\mathrm{k}}-\dot{I}_{\mathrm{k}}Z_{\mathrm{set}}=\frac{Z-Z_{\mathrm{set}}}{Z-Z'_{\mathrm{s}}}\dot{E}' \tag{4-42}$$

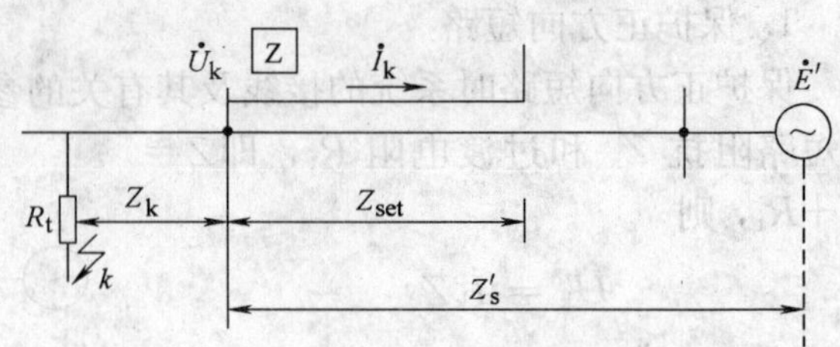

图 4-17　反方向短路时，分析记忆回路影响的系统接线

将式（4-42）代入式（4-38），可得阻抗元件在反方向短路时的动作条件为

$$270^{\circ}\geqslant\arg\frac{Z-Z'_{\mathrm{s}}}{Z-Z_{\mathrm{set}}}\frac{\dot{U}_{\mathrm{L}}}{\dot{E}'}\geqslant 90^{\circ} \tag{4-43}$$

仍假定短路前为空载，$\dot{U}_{\mathrm{L}}=\dot{E}'$，则阻抗元件在 $t=0\mathrm{s}$ 时的动作条件为

$$270^{\circ}\geqslant\arg\frac{Z-Z'_{\mathrm{s}}}{Z-Z_{\mathrm{set}}}\geqslant 90^{\circ} \tag{4-44}$$

此时阻抗元件的动作特性为以矢量（$Z'_{\mathrm{s}}-Z_{\mathrm{set}}$）为直径所作的上抛圆，如图 4-18 所示，圆内为动作区。当反方向短路时，阻抗元件测量到的阻抗是$-(Z_{\mathrm{k}}+R_{\mathrm{t}})$，位于第Ⅲ象限，远离动作区域。因此在反方向短路时的动态过程中，阻抗元件有明确的方向性，可靠不动作。当记忆作用消失后，在稳态情况下的阻抗元件动作特性仍以 Z_{set} 为直径所作的圆，如图 4-18 中虚线所示。

在传统的模拟式距离保护中，记忆电压是通过 LC 谐振记忆回路获得的，即系统正常运行时，测量电压为额定电压，LC 谐振回路存储一定的电磁能量；系统出口处短路时，测量电压变为零，依靠 LC 回路的自由振荡，记忆故障前的测量电压。由于回路电阻的存在，记忆量是逐渐衰减的，故障一定时间后，记忆电压将衰减至故障后的测量电压，动作特性将变成经过原点的方向圆特性。在上面的分析中，当正向故障时出现偏移圆特性（见图 4-16），反向故障时出现上抛圆特性（见图 4-18），仅在故障刚刚发生，记忆尚未消失时是成立的，所以称之为初态特性或动态特性。

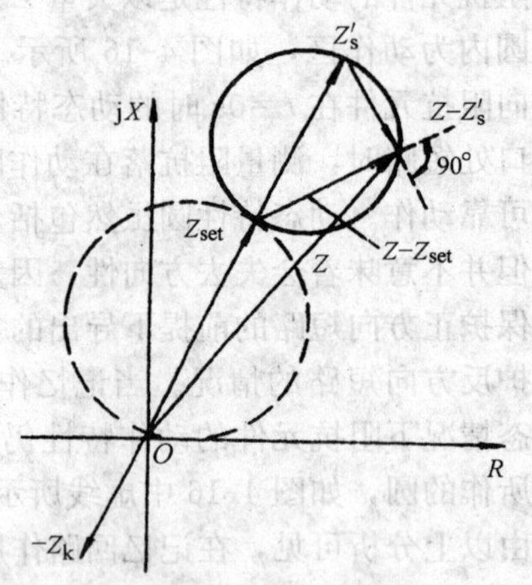

图 4-18　记忆作用下反方向短路时阻抗元件的动作特性

数字式保护中，记忆电压就是存放在存储器中的故障前电压的采样值，不存在衰减问题，所以特性不会随时间的变化而变化。但故障发生一定时间后，电源的电动势变化，将不再等于故障前的记忆电压，再用故障前的记忆电压作为参考电压，特性将会发生变化。所以记忆电压仅能在故障后的一定时间内使用。

第四节　距离保护的整定计算及对距离保护的评价

一、距离保护的整定计算

目前电力系统中应用的距离保护装置，一般都采用阶梯时限配合的三段式配置方式。距离保护的整定计算，就是根据被保护电力系统的实际运行情况，确定计算出距离Ⅰ段、Ⅱ段和Ⅲ段测量元件的整定阻抗以及Ⅱ段和Ⅲ段的动作时限。

1. 距离Ⅰ段保护

距离保护第Ⅰ段是无延时的速动段，一般按躲开下一条线路出口处短路的原则来整定，也即按躲过本线路末端短路时的测量阻抗来整定，如图 4-19 所示。保护 1 的整定阻抗为 $Z_{set.1}^{I}=K_{rel}^{I}Z_{E\text{-}F}$，可靠系数 K_{rel}^{I}一般取 0.8～0.85。所以距离Ⅰ段只能保护本线路全长的 80%～85%。

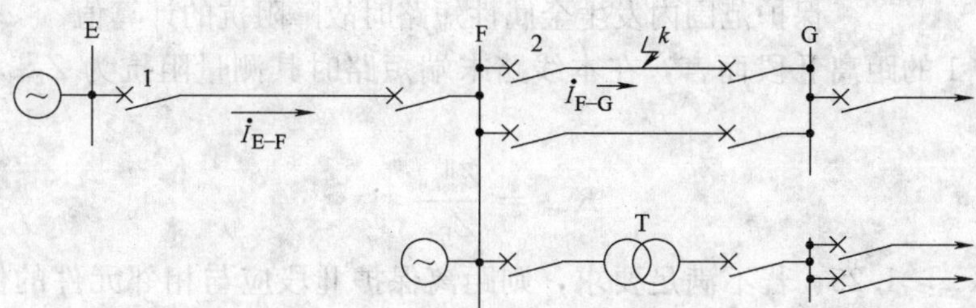

图 4-19　整定计算的网络接线

2. 距离Ⅱ段保护

(1) 第Ⅱ段的整定阻抗　距离保护第Ⅱ段的整定按以下两个原则进行计算。

1) 与相邻线路的距离保护第Ⅰ段相配合。为保证在下级线路上发生故障时，上级线路保护处的保护Ⅱ段不致于越级跳闸，所以其Ⅱ段的动作范围不应该超出下级线路Ⅰ段的动作范围。以保护 1 为例，来说明考虑分支电路影响时距离Ⅱ段的整定方法，如图 4-19 所示。

在 k 点短路时，保护 1 的测量阻抗为

$$Z_{m.1}=\frac{\dot U_E}{\dot I_{E\text{-}F}}=\frac{\dot I_{E\text{-}F}Z_{E\text{-}F}+\dot I_{F\text{-}G}Z_k}{\dot I_{E\text{-}F}}$$

$$=Z_{E\text{-}F}+\frac{\dot I_{F\text{-}G}}{\dot I_{E\text{-}F}}Z_k$$

$$=Z_{E\text{-}F}+K_{bra}Z_k \tag{4-45}$$

当保护 1 的距离Ⅱ段与保护 2 的距离Ⅰ段配合时，可按下式进行整定：

$$Z_{set.1}^{II}=K_{rel}^{II}(Z_{E\text{-}F}+K_{bra.min}Z_{set.2}^{I}) \tag{4-46}$$

式中，K_{rel}^{II}为可靠系数，一般取 0.8；为确保在各种运行方式下保护 1 的Ⅱ段范围不超过保护 2 的Ⅰ段范围，分支系数 K_{bra}取各种情况下的最小值 $K_{bra.min}$。这样整定之后，在 K_{bra}较大的其他运行方式下，前一级线路Ⅱ段的保护范围只会缩小而不可能失去选择性。

2）与相邻变压器的快速保护相配合。若被保护线路的末端母线接有变压器时，其距离

Ⅱ段保护的动作范围不应超出变压器快速保护（一般是差动保护）的范围，即距离Ⅱ段应躲开线路末端变电所变压器低压侧出口处短路时的阻抗值，设变压器的阻抗为 Z_{T}，则起动阻抗整定为

$$Z_{\mathrm{set.1}}^{\mathrm{II}} = K_{\mathrm{rel}}^{\mathrm{II}}(Z_{\mathrm{E\text{-}F}} + K_{\mathrm{bra.min}} Z_{\mathrm{T}}) \tag{4-47}$$

考虑到变压器的阻抗误差较大，此时的可靠系数 $K_{\mathrm{rel}}^{\mathrm{II}}$ 一般取 0.7～0.75。

当被保护线路末端母线上既有出线又有变压器时，距离Ⅱ段的整定阻抗应取上述两种情况的较小者。

（2）动作时限的整定　距离保护Ⅱ段的动作时间应比与之配合的相邻元件保护的动作时间大一个时间级差 Δt。当保护 1 的距离Ⅱ段与保护 2 的距离Ⅰ段配合时，有

$$t_1^{\mathrm{II}} = t_2^{\mathrm{I}} + \Delta t \tag{4-48}$$

（3）灵敏度校验　一般要求距离Ⅱ段保护能够保护线路的全长，因此需要校验本线路末端短路时是否有足够的灵敏度。由于是反应于数值的下降而动作，其灵敏系数定义为

$$K_{\mathrm{sen}} = \frac{\text{保护装置的动作阻抗}}{\text{保护范围内发生金属性短路时故障阻抗的计算值}}$$

具体对保护 1 的距离Ⅱ段而言，在本线路末端短路时其测量阻抗为 $Z_{\mathrm{E\text{-}F}}$，因此灵敏系数为

$$K_{\mathrm{sen}} = \frac{Z_{\mathrm{set.1}}^{\mathrm{II}}}{Z_{\mathrm{E\text{-}F}}} \tag{4-49}$$

一般要求 $K_{\mathrm{sen}} \geqslant 1.25$，若不满足要求，则距离保护Ⅱ段应与相邻元件的保护Ⅱ段相配合，进一步延伸保护范围，并延长动作时限。

3. 距离Ⅲ段保护

（1）第Ⅲ段的整定阻抗　按躲过正常运行时的最小负荷阻抗整定，当线路上流过最大负荷电流 $\dot{I}_{\mathrm{L.max}}$ 且母线电压最低时（用 $\dot{U}_{\mathrm{L.min}}$ 表示），在线路始端所测量到的负荷阻抗最小，其值为

$$Z_{\mathrm{L.min}} = \frac{\dot{U}_{\mathrm{L.min}}}{\dot{I}_{\mathrm{L.max}}} \tag{4-50}$$

其中，正常运行时母线电压的最小值 $\dot{U}_{\mathrm{L.min}}$，一般取 0.9 的额定电压。参照过电流保护的整定原则，考虑到外部故障切除后，在电动机自起动的情况下，保护第Ⅲ段必须立即返回的要求，当采用全阻抗特性时，其整定值为

$$Z_{\mathrm{set.1}}^{\mathrm{III}} = \frac{1}{K_{\mathrm{rel}}^{\mathrm{III}} K_{\mathrm{Ms}} K_{\mathrm{re}}} Z_{\mathrm{L.min}} \tag{4-51}$$

式中，Ⅲ段可靠系数 $K_{\mathrm{rel}}^{\mathrm{III}}$ 一般取 1.2～1.25；电动机自起动系数 K_{Ms} 一般取 1.5～2.5；阻抗元件的返回系数 K_{re} 一般取 1.15～1.25。

当距离保护第Ⅲ段采用方向阻抗元件时，需要考虑其动作阻抗随阻抗角 φ_{k} 的变化关系以及正常运行时负荷潮流和功率因数的变化，整定值为

$$Z_{\mathrm{set.1}}^{\mathrm{III}} = \frac{1}{K_{\mathrm{rel}}^{\mathrm{III}} K_{\mathrm{Ms}} K_{\mathrm{re}} \cos(\varphi_{\mathrm{sen}} - \varphi_{\mathrm{L}})} Z_{\mathrm{L.min}} \tag{4-52}$$

其中，阻抗元件的最大灵敏角 φ_{sen} 取线路阻抗角 φ_{k}，φ_{L} 取正常运行时负荷阻抗角的最大值，

以保证选择性。如图 4-20 所示，采用方向阻抗元件能得到较好的躲负荷性能。

(2) 动作时限的整定　距离保护Ⅲ段的动作时间，应比与之配合的相邻元件保护动作时间大一个时间级差 Δt，但考虑到距离Ⅲ段一般不经振荡闭锁，所以动作时间不应该小于最大的振荡周期（1.5～2s）。

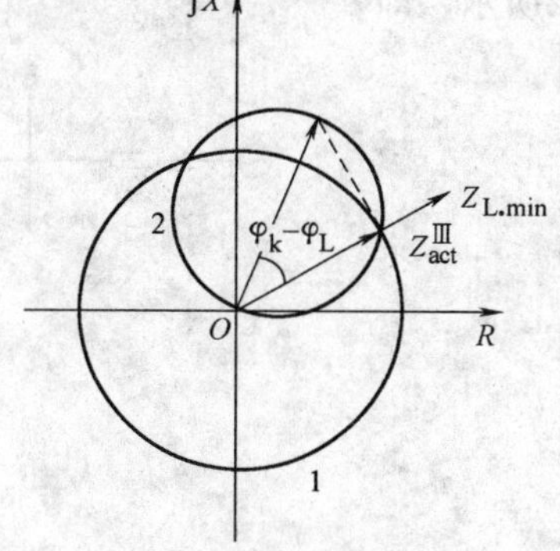

图 4-20　距离保护第Ⅲ段的整定

(3) 灵敏度校验　距离保护第Ⅲ段既作为本线路Ⅰ、Ⅱ段保护的近后备，又作为相邻元件的远后备。灵敏度应分别进行校验。以图 4-19 所示网络接线的保护 1 为例：

作为近后备时，按本线路末端短路校验，即

$$K_{sen.1.L}=\frac{Z_{set.1}^{III}}{Z_{E\text{-}F}} \tag{4-53}$$

作为远后备时，按相邻元件末端短路校验，即

$$K_{sen.1.R}=\frac{Z_{set.1}^{III}}{Z_{E\text{-}F}+K_{bra.max}Z_{next}} \tag{4-54}$$

式中，Z_{next} 为相邻元件（线路，变压器等）的阻抗；为保证在各种运行方式下保护动作的灵敏性，$K_{bra.max}$ 取相邻元件末端短路时对应的分支系数最大值。

【例 4-1】 图 4-21 所示网络中，各段线路均装有距离保护，试对三段式距离保护 1（拟采用全阻抗元件）进行整定计算，并校验其灵敏系数。如果距离Ⅲ段灵敏系数不满足要求，应采用什么措施？已知线路 E-F 的 $I_{L.max}=300\text{A}$，$\cos\varphi_L=0.866$，$\varphi_{sen}=75°$，$K_{rel}^{I}=0.85$，$K_{rel}^{II}=0.8$，$K_{rel}^{III}=1.2$，$K_{Ms}=1.5$，$K_{re}=1.15$，$\Delta t=0.5\text{s}$，单位线路阻抗为 0.4Ω/km。

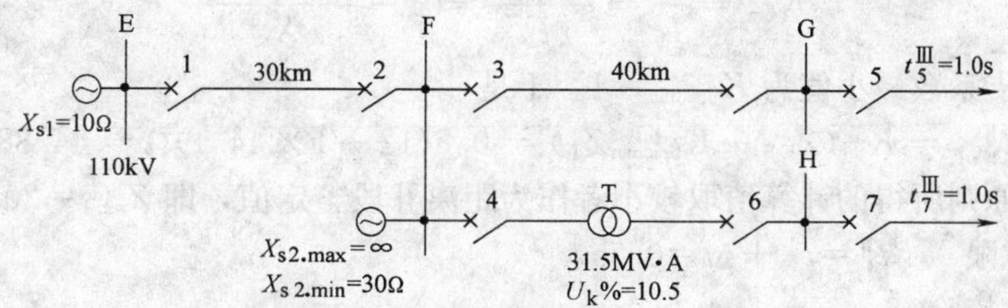

图 4-21　例 4-1 图

解：(1) 相关元件阻抗计算

$$Z_{E\text{-}F}=0.4\times30\Omega=12\Omega$$

$$Z_{F\text{-}G}=0.4\times40\Omega=16\Omega$$

$$Z_T=10.5\%\times\frac{115^2}{31.5}\Omega=44.1\Omega$$

(2) 距离Ⅰ段的整定与校验

1）整定阻抗：$Z_{set.1}^{I}=K_{rel}^{I}\times Z_{E\text{-}F}=0.85\times12\Omega=10.2\Omega$。

2）动作时限：$t_1^{I}=0\text{s}$。

3）保护范围：保护本线路全长的 85%。

(3) 距离Ⅱ段的整定与校验

1）整定阻抗。按下面两个原则进行整定：

① 与相邻线路 F-G 保护 3 距离Ⅰ段配合（设 k_1 点为保护 3 的Ⅰ段保护末端），如图 4-22所示，即

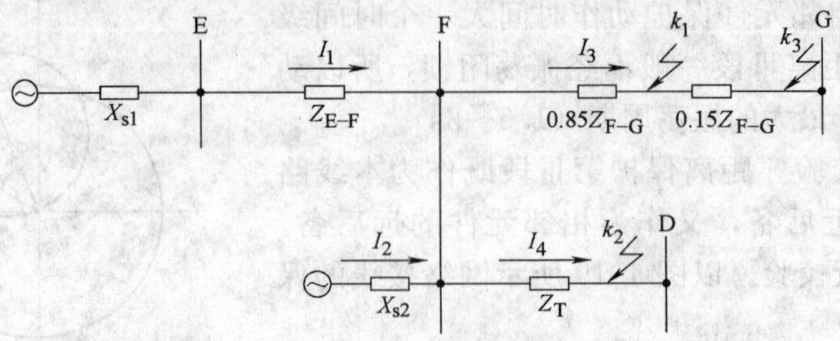

图 4-22 例题解答图

$$Z_{set.3}^{I} = K_{rel}^{I} \times Z_{F\text{-}G} = 0.85 \times 16\Omega = 13.6\Omega$$

保护 1 的Ⅱ段整定公式为

$$Z_{set.1}^{II} = K_{rel}^{II}(Z_{E\text{-}F} + K_{bra.min} \times Z_{set.3}^{I})$$

在 k_1 点短路时，与保护 1 配合的分支系数为

$$K_{bra} = \frac{I_3}{I_1} = \frac{I_1 + I_2}{I_1} = 1 + \frac{X_{s1} + X_{E\text{-}F}}{X_{s2}}$$

可以看出当两系统阻抗分别取 $X_{s1.min}$ 和 $X_{s2.max}$ 时，分支系数为最小，此时有 $K_{bra.min}=1$。所以可求得

$$Z_{set.1}^{II} = K_{rel}^{II}(Z_{E\text{-}F} + K_{bra.min} \times Z_{set.3}^{I}) = 0.8 \times (12 + 1 \times 13.6)\Omega = 20.48\Omega$$

② 躲过变压器低压侧出口短路（k_2 点）。在 k_2 点短路时，与保护 1 配合的分支系数为

$$K_{bra} = \frac{I_4}{I_1} = \frac{I_1 + I_2}{I_1} = 1 + \frac{X_{s1} + X_{E\text{-}F}}{X_{s2}}$$

同理，分支系数最小值为 $K_{bra.min}=1$。于是

$$Z_{set.1}^{II} = K_{rel}^{II}(Z_{E\text{-}F} + K_{bra.min} Z_T) = 0.8(12 + 1 \times 44.1)\Omega = 44.88\Omega$$

以上两个原则所得的计算值取较小者作为距离Ⅱ段整定值，即 $Z_{set.1}^{II}=20.48\Omega$

2）动作时限　$t_1^{II} = t_3^{I} + \Delta t = 0.5s$

3）灵敏性校验

$$K_{sen} = \frac{Z_{set.1}^{II}}{Z_{E\text{-}F}} = \frac{20.48}{12} = 1.71 > 1.3 \quad 满足要求$$

（4）距离Ⅲ段的整定与校验

1）整定阻抗。$U_{L.min}$ 取母线额定电压的 0.9，母线额定电压取 110kV 的平均额定电压 115kV，则最小负荷阻抗为

$$Z_{L.min} = \frac{U_{L.min}}{I_{L.max}} = \frac{0.9 \times 115}{\sqrt{3} \times 0.3}\Omega = 199.2\Omega$$

当采用全阻抗元件时，整定值为

$$Z_{set.1}^{III} = \frac{Z_{L.min}}{K_{rel}^{III} \times K_{Ms} \times K_{re}} = \frac{199.2}{1.2 \times 1.5 \times 1.15}\Omega = 96.2\Omega$$

2）动作时限　$t_1^{III} = \max\{t_5^{III}, t_7^{III}\} + 2\Delta t = 1 + 0.5 + 0.5s = 2.0s$

3）灵敏性校验

近后备：　$K_{\text{sen.1.L}}=\dfrac{Z_{\text{set.1}}^{\text{Ⅲ}}}{Z_{\text{E-F}}}=\dfrac{96.2}{12}=8.02>1.5$　满足要求

远后备：

按 F-G 线路末端短路（如图 4-22 所示的 k_3 点）校验：

当 k_3 点短路时，与保护 1 配合的分支系数最大值为

$$K_{\text{bra.max}}=1+\frac{X_{\text{s1.max}}+Z_{\text{E-F}}}{X_{\text{s2.min}}}=1+\frac{10+12}{30}=1.73$$

$$K_{\text{sen.1.R}}=\frac{Z_{\text{set.1}}^{\text{Ⅲ}}}{Z_{\text{E-F}}+K_{\text{bra.max}}Z_{\text{F-G}}}=\frac{96.2}{12+1.73\times 16}=2.42>1.2\quad\text{满足要求。}$$

按变压器 T 低压侧出口短路（如图 4-22 所示的 k_2 点）校验：

可求得 k_2 点短路时，与保护 1 配合的分支系数最大值仍然是 $K_{\text{bra.max}}=1.73$

$$K_{\text{sen.1.R}}=\frac{Z_{\text{set.1}}^{\text{Ⅲ}}}{Z_{\text{E-F}}+K_{\text{bra.max}}Z_{\text{T}}}=\frac{96.2}{12+1.73\times 44.1}=1.09<1.2\quad\text{不满足要求}$$

即保护 1 在采用全阻抗元件时，作为变压器 T 低压侧出口短路的Ⅲ段远后备不满足要求。为解决此问题，可采用方向阻抗元件，由 $\cos\varphi_{\text{L}}=0.866$，得 $\varphi_{\text{L}}=30°$。此时

$$Z_{\text{set.1(方向阻抗元件)}}^{\text{Ⅲ}}=\frac{Z_{\text{set.1(全阻抗元件)}}^{\text{Ⅲ}}}{\cos(\varphi_{\text{sen}}-\varphi_{\text{L}})}=\frac{96.2}{\cos(75°-30°)}\Omega=136\Omega$$

$$K_{\text{sen.1.R(方向阻抗元件)}}=\frac{Z_{\text{set.1(方向阻抗元件)}}^{\text{Ⅲ}}}{Z_{\text{E-F}}+K_{\text{bra.max}}Z_{\text{T}}}=\frac{136}{12+1.73\times 44.1}=1.54>1.2\quad\text{满足要求}$$

二、对距离保护的评价

根据对继电保护所提出的基本要求和实际运行经验，对距离保护可以作出如下的评价：

1）距离保护可以在多电源复杂网络中保证动作的选择性。除可以应用于输电线路的保护外，还可以作为发电机、变压器等元件的后备保护。

2）距离保护与电流、电压保护相比较具有更高的灵敏度、更稳定的保护范围，且受系统运行方式的影响较小。但是由于接线和算法较复杂，因而可靠性较低。

3）距离保护由于只反应于线路一侧的电气量，与其他的阶段式保护如电流保护相似，不能从线路两侧瞬时切除内部故障。这在 220kV 及以上电压等级的网络中，有时不能满足系统稳定运行的要求，因而不能作为主保护应用。

第五节　影响距离保护正确工作的因素及对策

一、短路点过渡电阻对距离保护的影响

电力系统中的短路一般都不是金属性的，短路点通常存在过渡电阻。短路点的过渡电阻 R_{t} 是指当相间短路或接地短路时，短路电流从一相流到另一相或从相导线流入地的路径中所通过物质的电阻。包括电弧电阻、中间物质的电阻、相导线与大地之间的接触电阻、金属杆塔的接地电阻等。在相间短路时，过渡电阻主要由电弧电阻构成。电弧电阻具有非线性的性质，其大小与电弧长度成正比，而与电弧电流的大小成反比。在一般情况下，短路初瞬

间，电弧电流最大，弧长最短，这时弧阻最小。几个周期后，电弧逐渐伸长，弧阻有急速增大之势。相间短路的电弧电阻一般在数欧至十几欧之间。

在导线对铁塔放电的接地短路时，铁塔及其接地电阻构成过渡电阻的主要部分。铁塔的接地电阻与大地导电率有关。对于跨越山区的高压线路，铁塔的接地电阻可达数十欧以上。此外，当导线通过树木或其他物体对地短路时，过渡电阻可能更高，难以准确计算。目前我国对 500kV 线路接地短路的最大过渡电阻按 300Ω 估计，对 220kV 线路则按 100Ω 估计。

过渡电阻的存在，将使距离保护的测量阻抗发生变化，从而可能造成保护的不正确动作。

1. 单侧电源线路上过渡电阻的影响

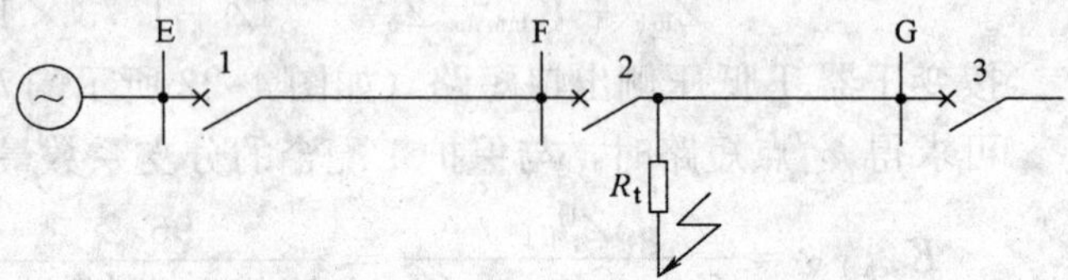

图 4-23　单侧电源线路经过渡电阻 R_t 短路的接线图

如图 4-23 所示，当线路 F-G 始端经 R_t 短路，则保护 2 的测量阻抗为 $Z_{m.2}=R_t$，保护 1 的测量阻抗为 $Z_{m.1}=Z_{E\text{-}F}+R_t$。显然测量阻抗 $Z_{m.1}$ 受 R_t 的影响较小。当 R_t 较大时，可能出现 $Z_{m.2}$ 已超出保护 2 第Ⅰ段整定的特性圆范围；而 $Z_{m.1}$ 仍位于保护 1 第Ⅱ段整定的特性圆范围以内的情况，如图 4-24 所示，此时两个保护均以第Ⅱ段的时限动作，可能会导致无选择性的跳闸。

由以上分析可见，短路点的过渡电阻 R_t 总是使阻抗元件的测量阻抗增大，从而使保护范围缩短。保护装置距短路点越近，受过渡电阻的影响越大。同时，保护装置的整定值越小，受过渡电阻的影响也越大。因此对短线路的距离保护应特别注意过渡电阻的影响。

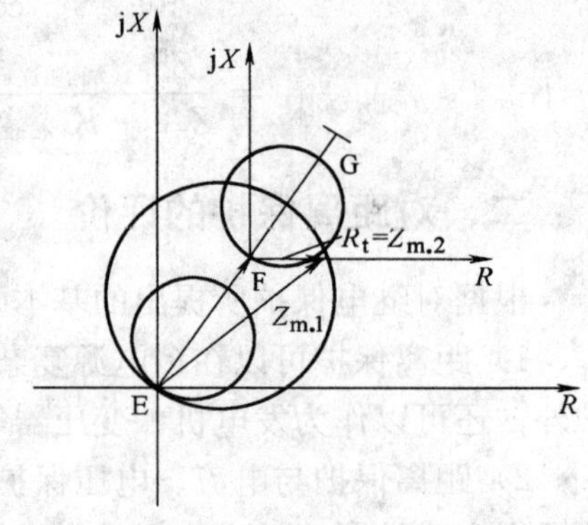

图 4-24　过渡电阻对不同安装地点距离保护影响的分析

2. 双侧电源线路上过渡电阻的影响

如图 4-25 所示的双侧电源线路上，如在线路 F-G 的始端经过渡电阻 R_t 三相短路时，$\dot{I}'_k$和 $\dot{I}''_k$分别为两侧电源供给的短路电流，则流经 R_t 的电流为 $\dot{I}_k=\dot{I}'_k+\dot{I}''_k$，此时母线 E 和 F 上的残余电压为

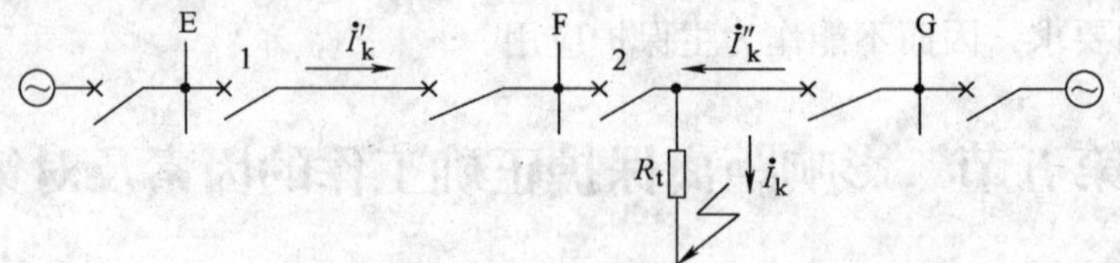

图 4-25　双侧电源线路经过渡电阻 R_t 短路的接线图

$$\dot{U}_F=\dot{I}_kR_t \tag{4-55}$$

$$\dot{U}_E=\dot{I}_kR_t+\dot{I}'_kZ_{E\text{-}F} \tag{4-56}$$

则保护 2 和 1 的测量阻抗为

$$Z_{m.2}=\frac{\dot{U}_F}{\dot{I}'_k}=\frac{\dot{I}_k}{\dot{I}'_k}R_t=\frac{I_k}{I'_k}R_t e^{j\alpha} \tag{4-57}$$

$$Z_{m.1}=\frac{\dot{U}_E}{\dot{I}'_k}=Z_{E\text{-}F}+\frac{I_k}{I'_k}R_t e^{j\alpha} \tag{4-58}$$

其中，α 表示$\dot{I}_k$ 超前于$\dot{I}'_k$的角度。当 α 为正时，测量阻抗的电抗部分增大，从而使保护范围缩短，有可能造成保护拒动；而当 α 为负时，测量阻抗的电抗部分减小，使得保护范围延长，有可能引起保护误动作，导致距离保护的稳态超越。

3. 克服过渡电阻影响的措施

在图 4-26a 所示的网络中，假定保护 1 的距离Ⅰ段采用不同特性的阻抗元件，它们的整定值都选择为 $0.85Z_{E\text{-}F}$。假设在距离Ⅰ段保护范围内阻抗为 Z_k 处经过渡电阻 R_t 短路，则保护 1 的测量阻抗为 $Z_{m.1}=Z_k+R_t$。由图 4-26b 可见，当过渡电阻分别达到 R_{t1}、R_{t2}和 R_{t3}时，具有透镜型特性的阻抗元件、方向阻抗元件和全阻抗元件依次开始拒动。一般来说，在整定值相同的情况下，阻抗元件的动作特性在 $+R$ 轴方向所占的面积越小，受过渡电阻的影响越大。

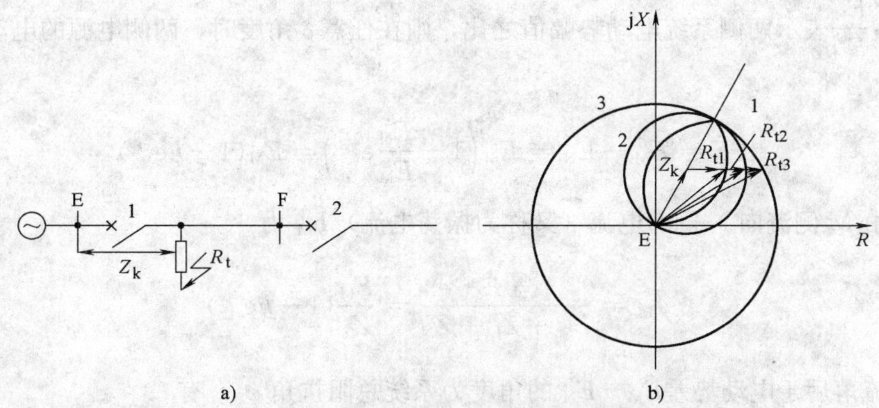

图 4-26　过渡电阻对不同动作特性阻抗元件影响的比较

a）网络接线　b）对不同动作特性阻抗元件的影响

因此，可以采用能容许较大的过渡电阻而不致拒动的阻抗特性元件，来克服过渡电阻的影响。如图 4-14 所示的四边形特性阻抗元件在 $+R$ 轴方向所占的面积足够大，且在保护区的始端和末端都有比较大的动作区，所以有较好的承受过渡电阻的能力。四边形的上边适当地向下倾斜一个角度，可以防止过渡电阻使测量电抗减少时阻抗元件的稳态超越。对于接地短路时可能出现的较大过渡电阻，可以利用不同动作特性的复合，以便获得较好的抗过渡电阻性能。

二、电力系统振荡对距离保护的影响及振荡闭锁回路

电力系统运行时，由于输电线路输送功率过大而超过静稳定极限、无功功率不足而引起系统电压降低、短路故障切除缓慢或非同期自动重合闸不成功等原因，都可能引起系统振荡。当电力系统振荡时，系统中各点的电压、线路电流和功率的大小、方向都将发生周期性地变化，因而阻抗元件的测量阻抗也将周期性地变化。当测量阻抗进入阻抗元件的动作区域时，距离保护将可能动作。

电力系统振荡虽然属于严重的不正常运行状态，但是大多数情况下能够通过自动装置的

调节自行恢复同步，或者在预定的地点由专门的振荡解列装置动作解开已经失步的系统。如果在振荡过程中继电保护装置动作切除了重要的联络线，或断开电源和负荷，不仅不利于振荡的自动恢复，而且有可能使事故扩大，造成更为严重的后果。

因此对于距离保护需要考虑电力系统振荡对其工作的影响，而且必须有振荡闭锁措施，以防止系统振荡时保护装置的误动。

1. 电力系统振荡时电流、电压的变化规律

现以图 4-27 所示的双侧电源网络为例，分析系统振荡时各种电气量的变化规律。假设在系统全相运行时发生系统振荡，由于三相系统仍然对称，故可以按照单相系统来研究。

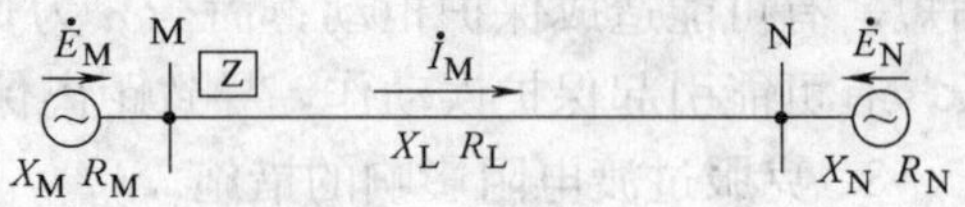

图 4-27　双侧电源系统接线

如以电动势$\dot{E}_M$为参考相量，则$\dot{E}_M=E_M$。在系统振荡时，可认为 N 侧系统等值电动势$\dot{E}_N$围绕$\dot{E}_M$旋转或摆动。因此$\dot{E}_N$落后于$\dot{E}_M$的角度δ在 0°～360°之间变化

$$\dot{E}_N = E_M e^{-j\delta} \tag{4-59}$$

设$h=\dfrac{E_N}{E_M}$表示两侧系统电动势幅值之比，则在任意δ角度时，两侧电源的电动势差可以表示为

$$\Delta \dot{E} = \dot{E}_M - \dot{E}_N = E_M\left(1-\frac{E_N}{E_M}e^{-j\delta}\right) = E_M(1-he^{-j\delta}) \tag{4-60}$$

此时由 M 侧流向 N 侧的电流（又称为振荡电流）$\dot{I}_M$为

$$\dot{I}_M = \frac{\Delta \dot{E}}{Z_M+Z_L+Z_N} = \frac{E_M}{Z_\Sigma}(1-he^{\ j\delta}) \tag{4-61}$$

此电流落后于电动势差$\dot{E}_M-\dot{E}_N$的角度为系统总阻抗角φ_Σ，有

$$\varphi_\Sigma = \arctan\frac{X_M+X_L+X_N}{R_M+R_L+R_N} = \arctan\frac{X_\Sigma}{R_\Sigma} \tag{4-62}$$

由此可见，振荡电流的幅值与相位都与振荡角度δ有关。只有当δ恒定不变时，振荡电流才是纯正弦函数。假设两侧系统电动势幅值相等，即$h=1$，则振荡电流的幅值为$I_M=\dfrac{2E_M}{Z_\Sigma}\sin\dfrac{\delta}{2}$，如图 4-28 所示。

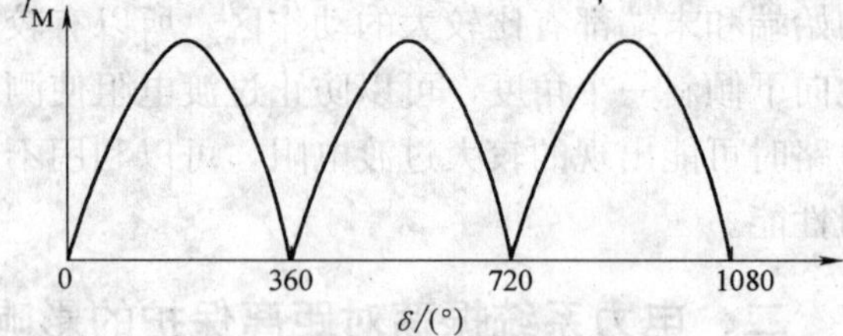

图 4-28　电力系统振荡时电流幅值的变化（$h=1$）

振荡时系统中性点电位仍保持为零，故线路两侧母线的电压$\dot{U}_M$和$\dot{U}_N$为

$$\dot{U}_M = \dot{E}_M - \dot{I}_M Z_M \tag{4-63}$$

$$\dot{U}_N = \dot{E}_M - \dot{I}_M(Z_M+Z_L) = \dot{E}_N + \dot{I}_M Z_N \tag{4-64}$$

当全系统的阻抗角相等且$h=1$时，按照上述关系式可画出相量图如图 4-29a 所示。如果输电线是均匀的，则输电线上各点电压矢量的端点沿着直线（$\dot{U}_M-\dot{U}_N$）移动。从原点与此直线上任一点连线所作成的矢量即代表输电线上该点的电压。从原点作直线（$\dot{U}_M-\dot{U}_N$）的垂线所得的矢量最短，垂足z所代表的输电线上那一点在振荡角度δ下的电压最低，该点

称为系统在振荡角度为δ时的电气中心或称振荡中心。此时系统中M、N和z点的电压幅值随δ变化的曲线如图4-29b所示。U_z相邻两个过零点所对应的时间即为振荡周期。

当全系统阻抗角均相等且两侧电势幅值相等时，电气中心不随δ的改变而移动，始终位于系统纵向总阻抗（$Z_M+Z_L+Z_N$）之中点，电气中心的名称即由此而来。当$\delta=180°$，振荡中心的电压降为零。从电压电流的幅值看，这和在该点发生三相短路类似。但是系统振荡属于不正常运行状态而非故障，继电保护装置不应动作切除振荡中心所在的线路。因此，继电保护装置必须具备区别三相短路和系统振荡的能力，才能保证在系统振荡状态下的正确工作。

应当指出，如果系统各部分阻抗角不相同，那么振荡中心的位置会随着δ变化而变化，有时可能移出线路，甚至进入变压器或发电机内部。

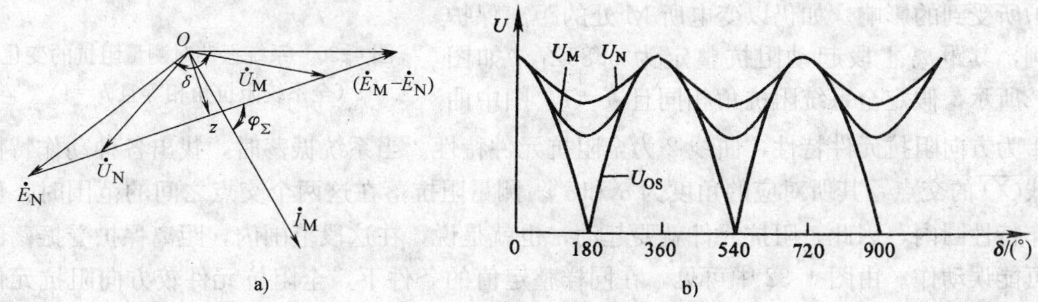

图4-29　电力系统振荡时电压的变化（全系统阻抗角相等且$h=1$）

a）相量图　b）各点电压幅值的变化

2. 电力系统振荡对距离保护的影响

设距离保护安装在图4-27所示的变电所M侧的线路上。根据前面的分析可知，M侧阻抗元件的测量阻抗Z_m为

$$Z_m=\frac{\dot{U}_M}{\dot{I}_M}=\frac{\dot{E}_M-\dot{I}_M Z_M}{\dot{I}_M}=\frac{\dot{E}_M}{\dot{I}_M}-Z_M=\frac{\dot{E}_M}{\dot{E}_M-\dot{E}_N}Z_\Sigma-Z_M$$

$$=\frac{1}{1-h\mathrm{e}^{-\mathrm{j}\delta}}Z_\Sigma-Z_M \tag{4-65}$$

在近似计算中，假定$h=1$且系统和线路的阻抗角相同，则测量阻抗Z_m随δ的变化关系为

$$Z_m=\frac{1}{1-\mathrm{e}^{-\mathrm{j}\delta}}Z_\Sigma-Z_M=\frac{1}{2}Z_\Sigma(1-\mathrm{j}\cot\frac{1}{2}\delta)-Z_M$$

$$=\left(\frac{1}{2}Z_\Sigma-Z_M\right)-\mathrm{j}\,\frac{1}{2}Z_\Sigma\cot\frac{1}{2}\delta \tag{4-66}$$

将此测量阻抗Z_m随δ变化的关系，画在以保护安装地点M为原点的复数阻抗平面上，如图4-30所示，当全系统所有阻抗角都相同时，测量阻抗Z_m将在Z_Σ的垂直平分线$\overline{OO'}$上移动。当$\delta=0°$时，$Z_m=\left(\frac{1}{2}Z_\Sigma-Z_M\right)-\mathrm{j}\infty$，对应$O$点；当$\delta=180°$时，$Z_m=\frac{1}{2}Z_\Sigma-Z_M$，即等于保护安装地点到振荡中心之间的阻抗；当$\delta=360°$时，$Z_m=\left(\frac{1}{2}Z_\Sigma-Z_M\right)+\mathrm{j}\infty$，对应$O'$

点。此分析结果表明，当δ改变时，不仅测量阻抗的数值在变化，而且阻抗角也在变化，其变化的范围在（$\varphi_k-90°$）到（$\varphi_k+90°$）之间。

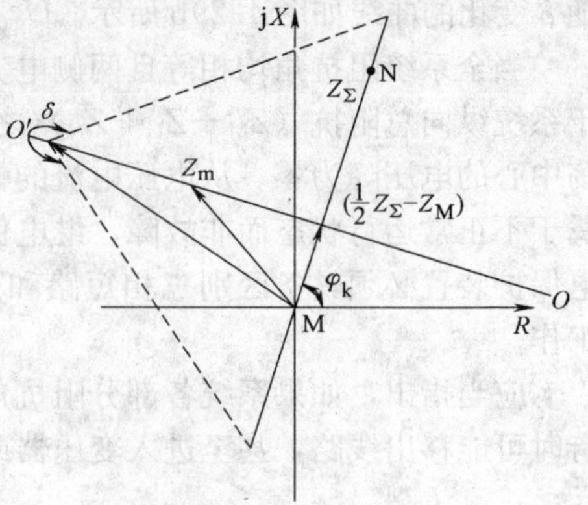

图 4-30　系统振荡时测量阻抗的变化（全系统阻抗角相等且 $h=1$）

当两侧系统的电动势不相等，即$h\neq1$时，可以证明测量阻抗的变化轨迹应是位于直线$\overline{OO'}$某一侧的一个圆，如图 4-31 所示，当$h>1$时，为位于$\overline{OO'}$上面的圆周 1，而当$h<1$时，则为下面的圆周 2。在这种情况下，当$\delta=0°$时，由于两侧电动势不相等而产生一个环流，因此测量阻抗不等于∞，而是一个位于圆周上的有限数值。

引用以上推导结果，可以分析系统振荡时距离保护所受到的影响。如仍以变电所 M 处的距离保护为例，其距离Ⅰ段起动阻抗整定为 $0.85Z_L$，如图 4-32所示，假定全系统阻抗角相同且$h=1$，图中曲线 1 为方向阻抗元件特性，曲线 2 为全阻抗元件特性。当系统振荡时，找出各种动作特性与直线$\overline{OO'}$的交点，其所对应的角度为δ'和δ''。测量阻抗落在这两个交点之间的范围时，位于动作特性圆内，因此，阻抗元件就要起动，也就是说，在这段范围内，距离保护受振荡的影响可能误动作。由图 4-32 中可见，在同样整定值的条件下，全阻抗元件较方向阻抗元件受系统振荡的影响大。一般而言，阻抗元件的动作特性在阻抗平面上沿$\overline{OO'}$方向所占的面积越大，受振荡的影响就越大。但是如果保护的动作带有较大的延时（如距离Ⅲ段），就可以利用延时躲开振荡的影响。

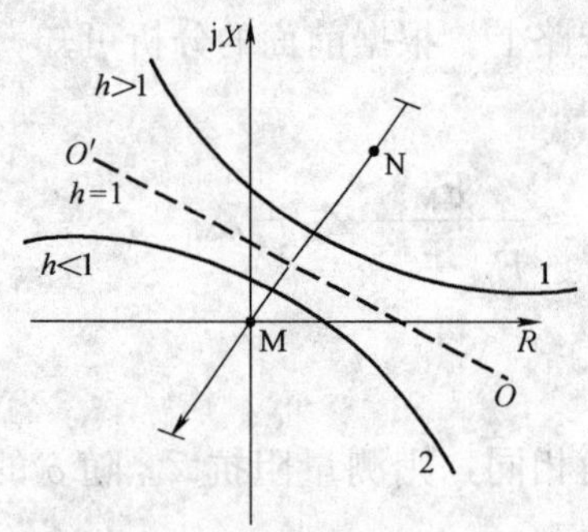

图 4-31　当$h\neq1$时，测量阻抗的变化轨迹

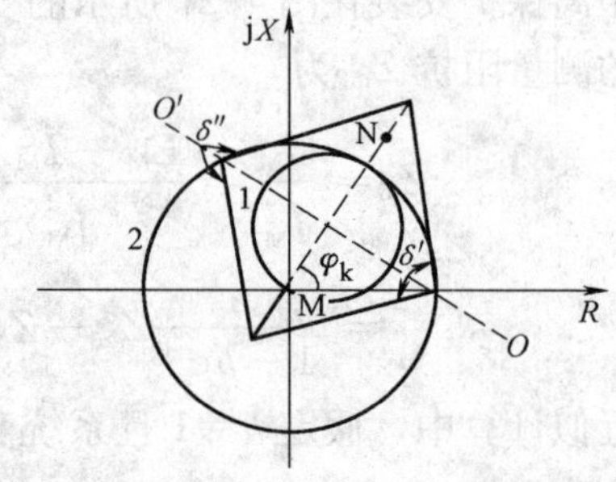

图 4-32　不同阻抗特性元件受系统振荡的影响

3. 振荡闭锁回路

对于在系统振荡时可能误动作的保护装置，应该装设专门的振荡闭锁回路，以防止系统振荡时误动作。当系统振荡使两侧电源之间的角度摆到$\delta=180°$时，保护所受到的影响与在系统振荡中心处发生三相短路时的效果是一样的，因此，就必须要求振荡闭锁回路能够有效地区分系统振荡和发生三相短路这两种不同情况。

电力系统发生振荡和短路时的主要区别如下：

1）振荡时，电流和各点电压的幅值均作周期性变化，只在$\delta=180°$时才出现最严重的现象；而短路后，短路电流和各点电压的值，当不计其衰减时，是不变的。此外，振荡时电流和各点电压幅值的变化速度$\left(\frac{\mathrm{d}i}{\mathrm{d}t}和\frac{\mathrm{d}u}{\mathrm{d}t}\right)$较慢，而短路时电流是突然增大，电压也突然降低，变化速度很快。

2）振荡时，任一点电流与电压之间的相位关系都随δ的变化而改变；而短路时，电流和电压之间的相位是不变的。

3）振荡时，系统保持对称，不会出现负序分量；而短路时，总要长期（在不对称短路过程中）或瞬间（在三相短路开始时）出现负序分量。

根据以上区别，振荡闭锁回路从原理上可分为两种，一种是利用负序分量的出现与否来实现，另一种是利用电流、电压或测量阻抗变化速度的不同来实现。

构成振荡闭锁回路时应满足以下基本要求：

1）系统发生振荡而没有故障时，应可靠地将保护闭锁，且只要振荡不停息，闭锁都不应解除。

2）系统发生各种类型的故障（包括转换性故障——指先发生某一类型的故障，如单相接地等，而后又转换为另一种类型的故障，如两相接地或三相短路接地等）时，保护不应被闭锁而能可靠地动作。

3）在振荡的过程中发生故障时，保护应能正确地动作。

4）先故障而后又发生振荡时，保护不致无选择性的动作。

三、串联电容补偿对距离保护的影响

高压输电线路的串联电容补偿可以大大缩短其所连接的两电力系统间的电气距离，提高输电线的输送功率，对于提高电力系统运行的稳定性有很大作用，有重大的技术经济价值。然而它对距离保护装置的工作将产生不利的影响。其影响与串联补偿电容器在线路上装设的位置及对线路电感的补偿度有关。现分别分析如下。

1. 串补电容装于线路一侧

图 4-33 示出了串补电容装设于线路 M 侧的情况。对于装设于 M 侧的距离保护 1，其方向阻抗元件Ⅰ段的动作特性和在电容器后的 F 点、保护范围末端的 G 点和对端母线 N 点短路时的测量阻抗示于图 4-33b 中。图中所示为电压互感器接于母线的情况。从图中可见，当在 F 点及其附近一段线路上短路时，由于测量阻抗Z_{MF}为容性的，保护 1 将拒动。在 G 点短路时，测量阻抗$Z_{MG}=Z_{MF}+Z_{FG}$的端点正好位于特性圆上，保护能够动作。当对端母线或相邻线路出口短路时，测量阻抗Z_{MN}的端点位于特性圆外，保护 1 不会动作。因此，为了保证保护动作的选择性，其Ⅰ段定值只能按下列公式选择：

$$Z_{set.1}^{\mathrm{I}}=K_{rel}^{\mathrm{I}}(Z_L-\mathrm{j}X_C) \quad (4\text{-}67)$$

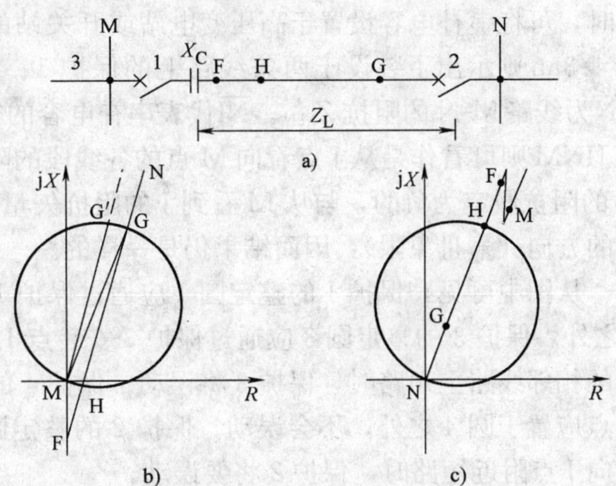

图 4-33　串补电容装于线路一侧时对距离保护的影响
a）串补电容和保护装置位置示意图　b）保护 1 的测量阻抗
c）保护 2 的测量阻抗

X_C 为串补电容的电抗，可靠系数 K_{rel}^{I} 可取为 0.8～0.85。不难看到，在这样整定的情况下，当线路短路而且串补电容被短接，测量阻抗将位于 MG' 直线上，保护范围将大大缩短。当串补电容未被短接时，则测量阻抗将位于 FHG 直线上，此时在 FH 段上短路时保护将拒动。

图 4-33c 示出线路对侧保护 2 的动作特性和测量阻抗相量图。为了保证保护动作的选择性，其Ⅰ段定值也应按式（4-67）选择。只有这样才能保证在母线 M 上短路时，保护 2 可靠不动作。但如此整定将使得保护范围大大缩短。补偿度 X_C/X_L 越大时（X_L 为线路全长的感抗），X_C 越大，则保护范围越小。

2. 串补电容装设于线路中点

如图 4-34 所示，为了保证保护 1 和保护 2 的动作选择性，其Ⅰ段定值仍应按式（4-67）选择。此时，对于保护 1 而言，如果补偿度小于 50%，即 $X_C<\frac{1}{2}X_L$，则在电容器前后的 F 点和 H 点短路时，测量阻抗 Z_{MF} 和 Z_{MH} 都将位于圆内，保护能够动作。保护末端 G 点正好位于圆上，N 点位于圆外，因而保护动作的选择性是能够保证的。但如果线路上电容器后短路且电容器被短接时，则测量阻抗将沿虚线 FG′变化，保护范围将大大缩短。如果补偿度大于 50%，FH 将向下伸出圆外，电容器后 H 点附近将有一段线路不能保护。对于保护 2 可作同样的分析。

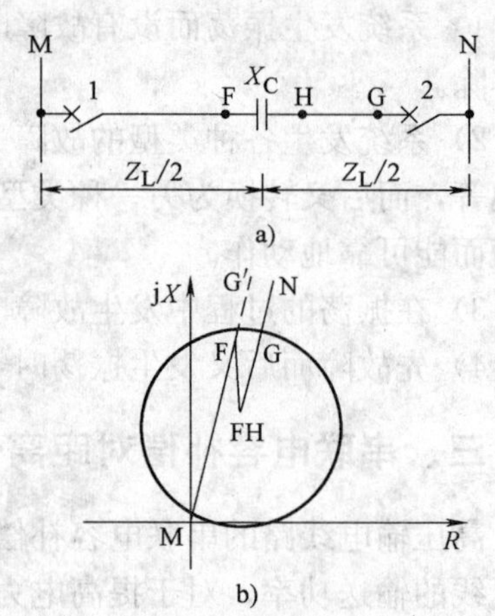

图 4-34 串补电容装于线路中点时对距离保护的影响
a) 串补电容和保护装置位置示意图
b) 保护 1 的测量阻抗

串补电容设置于线路中点对保护工作较为有利，但为此应在线路中点处建立专门的补偿站，因而在经济上是不可取的。

3. 串补电容装设于变电站母线之间

当多段高压输电线串联，或高压输电线上设有开关站时，可将串补电容设置于高压变电站或开关站的母线之间。图 4-35a 示出了系统接线图，图 4-35b 则示出了装设于两条线路上的保护 1、2、3、4 的整定特性圆和测量阻抗。矢量 $\overline{MN}$ 为线路 M-N 的阻抗 $Z_{M\text{-}N}$。$\overline{NI}$ 代表串补电容的容抗 $Z_{N\text{-}I}$，$\overline{IJ}$ 则代表线路 I-J 的阻抗 $Z_{I\text{-}J}$。折线 JINM 则可看作是从 J 点看向 M 点的各线段的阻抗。不过为了表示在同一个图上，从 J 向 M 的阻抗假定为负的，与从 M 看到 J 的阻抗矢量方向相反。保护 2 和 4 的整定圆也画在相反的方向（第Ⅲ象限），因而结果仍是一样的。

从图中可见，保护 1 的整定圆 1 应通过保护 1 安装点。为了保证选择性，I 点应位于圆 1 之外。保护 3 的整定圆 3 应通过保护 3 安装点 I。因 N 点位于圆 3 之内，故在 N 点及其附近的相邻线路上短路时，保护 3 将误动。保护 4 的整定圆 4 应通过保护 4 安装点 J 向下画。N 点应置于圆 4 之外，不会误动。保护 2 的整定圆 2 应通过保护 2 安装点 N 向下画。在反方向 I 点附近短路时，保护 2 将要误动。

由上述可知，当串补电容设置于变电所或开关站母线之间时，在远离串补电容的两端，距离保护Ⅰ段的保护范围将大大缩短。而在靠近电容端的两端，距离保护Ⅰ段的保护范围虽较长，和没有电容器时一样，但在反方向电容器背后及其附近的相邻线路上短路时，保护将要误动，必须采取措施加以防止。

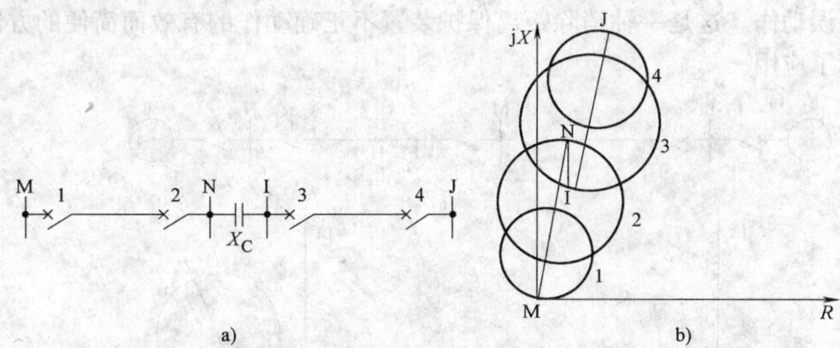

图 4-35　串补电容装于变电站或开关站母线之间时对距离保护的影响

a）串补电容和保护位置示意图　b）各保护装置的测量阻抗

防止电容器后短路时保护误动作的措施有以下几种：

（1）用直线型阻抗元件或功率方向元件闭锁　图 4-36a 所示为当补偿度较小，误动作区域（如图 4-35 的 b 中 MN 线在圆 3 内或 JI 线进入圆 2 内的部分）不大时，可用一倾斜角较小的直线特性阻抗元件切去直线以下的圆周。图 4-36b 所示为当补偿度较大时，用一倾斜角较大的直线特性切去误动作区域。用此方法可以可靠地消除反方向短路的误动区，但在正方向保护出口的一段线路上短路时，保护将要拒动。此拒动区域较小，可以用电流速断保护来补救。

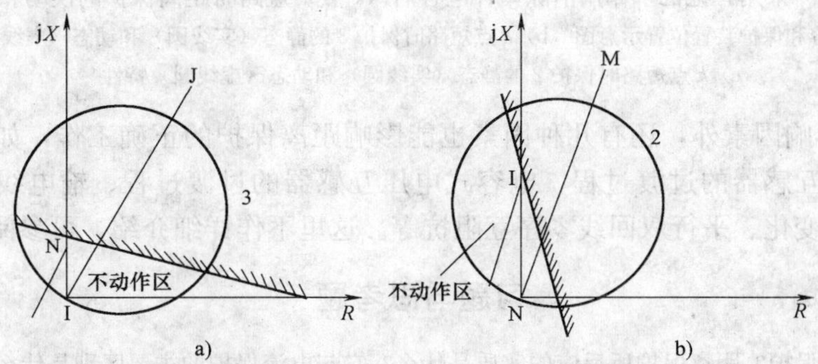

图 4-36　用直线型阻抗元件防止电容器后短路时距离保护误动作

a）补偿度较小时　b）补偿度较大时

（2）利用方向阻抗元件的"记忆"作用实现闭锁　利用方向阻抗元件的记忆作用可消除上述距离保护Ⅰ段的拒动区和误动区。对于图 4-37a 所示的系统，由以上分析可知，当 FH 段上 k 点短路且串补电容未被短接时，保护 3 将拒动，而保护 2 将误动。图 4-37b 所示的实线圆为保护 3 的静态特性圆。在 k 点短路时，保护 3 安装点到故障点的阻抗为 $-X_C$，而其动态特性则是以（$Z_s+Z^{\mathrm{I}}_{set.3}$）为直径所作的虚线圆，$Z_s$ 代表从保护 3 安装点至 E_{I} 侧系统中性点的阻抗，$Z^{\mathrm{I}}_{set.3}$ 则为保护 3 的Ⅰ段整定值。故在"记忆"作用消失前，保护 3 安装点到故障点的阻抗在动作区内，可以动作。图 4-37c 示出保护 2 的动态特性（虚线圆）和静态特性（实线圆）。Z'_s 为从保护 2 安装点至 E_{I} 侧系统中性点的阻抗。由图可见，当 k 点短路时，在记忆作用消失前，保护 2 的测量阻抗在动态特性圆外，不会误动。在记忆消失后，因测量阻抗在静态特性圆内，保护 2 将要误动。如果加强其记忆作用，使其记忆的时间大于保护 3

的动作和切除故障的时间，或者当保护 3 动作时，通过其出口继电器接点将保护 2 闭锁，则可防止保护 2 误动作。这是一种消除距离保护装置不正确动作的有效而简便的方法，已在工程实践中得到了应用。

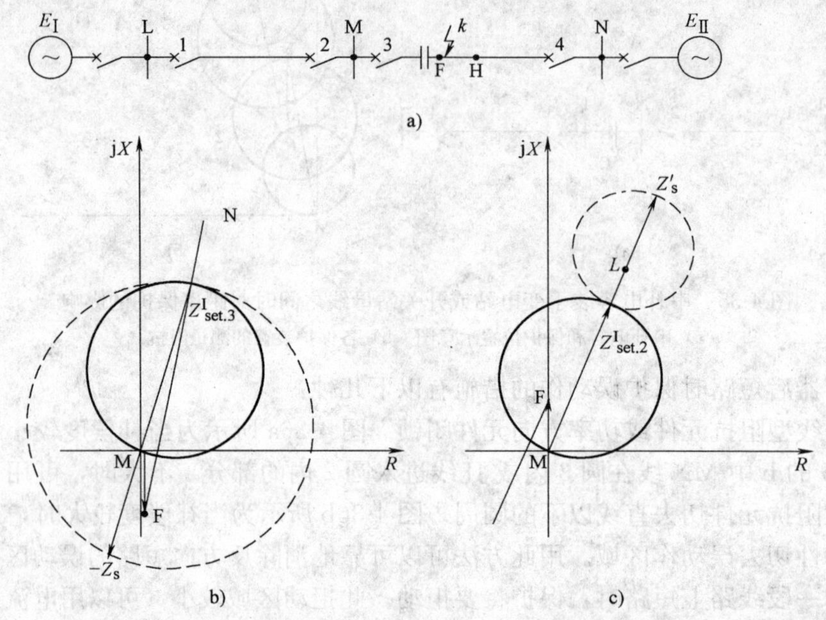

图 4-37 采用“记忆”作用消除串补电容后（k 点）短路时距离保护的误动和拒动

a）串补电容和保护装置位置示意图 b）k 点短路时保护 3 的静态（实线圆）和动态（虚线圆）特性

c）k 点短路时保护 2 的静态（实线圆）和动态（虚线圆）特性

除了上述影响因素外，还有几种因素也能影响距离保护的正确工作，如短路电流中的暂态分量、电流互感器的过渡过程、电容式电压互感器的过渡过程、输电线路的非全相运行、电网频率的变化、平行双回线零序互阻抗等。这里不作详细介绍，可参阅相关文献。

习题与思考题

1. 什么叫距离保护？距离保护所反应的实质是什么？它与电流保护的主要区别是什么？

2. 什么叫测量阻抗、动作阻抗、整定阻抗、短路阻抗、负荷阻抗？它们之间有什么不同？

3. 具有圆特性的全阻抗、偏移特性阻抗和方向阻抗元件各有何特点？利用全阻抗、偏移阻抗或方向阻抗元件作为距离保护的测量元件时，试问：

（1）反方向故障时，采取哪些措施才能保证距离保护不动作？

（2）正方向出口短路时，接到阻抗元件上的电压降为零或趋进于零时是否有死区？如有死区应该如何减小或消除？

4. 电压互感器和电流互感器的误差对距离保护有什么影响？如果线路发生短路时，由于电流互感器铁心饱和而使它出现负误差时，距离保护的保护范围有什么变化（伸长或缩短）？如果发生短路时，由于电压下降很严重，电压互感器铁心工作于其磁化曲线的起始部分（即导磁率下降）使误差增加，此时保护范围有什么变化（伸长或缩短）？

5. 有两种原理可以用来分析圆特性和直线特性阻抗元件的动作特性及其构成方法，试说明这两种原理是什么？两者之间有什么关系？

6. 在给方向阻抗元件的电流和电压线圈接入电流、电压时，一定要注意不要接错极性，如果接错会发生什么后果？对全阻抗元件和偏移阻抗元件，是否也应注意不要接错极性，为什么？

7. 何谓0°接线？相间短路用方向阻抗元件为什么常常采用0°接线？为什么不用相电压和本相电流的接线方式？

8. 何谓方向阻抗元件的最大灵敏角？为什么要调整其最大灵敏角等于被保护线路的阻抗角？

9. 方向阻抗元件为什么会有死区？如何消除？试问：

(1) 采用“记忆回路”可以消除阻抗元件在所有类型故障时的死区（包括暂态和稳态）？这种说法对吗？为什么？

(2) 引入第三相（非故障相）电压可以消除阻抗元件在所有类型故障时的死区（包括暂态和稳态）？这种说法对吗？为什么？

10. 采用接地距离保护有什么优点？接地距离保护采用何种接线方式？

11. 分支系数可以大于1、小于1，也可以等于1，这种说法对吗？为什么整定距离Ⅱ段定值时要考虑最小分支系数？

12. 三段式距离保护的整定原则和三段式电流保护有何异同？距离保护整定计算时，是否需要考虑电源的运行方式？考虑分支系数算不算考虑系统的运行方式？

13. 试全面分析过渡电阻对距离保护的影响。如何消除过渡电阻对距离保护的影响？

14. 电力系统振荡的特点是什么？对继电保护会带来什么影响？应采取哪些措施来防止？

15. 不同特性的阻抗元件（如全阻抗、方向阻抗和偏移特性阻抗元件）在承受过渡电阻的能力上，哪一种最强？在遭受振荡影响的程度上，哪一种最严重？在什么情况下选用何种特性的阻抗元件较好？具体应如何考虑？

16. 网络参数如图4-38所示，各线路首端均装设了三段式距离保护，线路正序阻抗为0.4Ω/km，Ⅰ、Ⅱ段可靠系数均取为0.8。试求：

(1) 保护1和保护2的第Ⅰ、Ⅱ段的动作阻抗和Ⅱ段灵敏度系数。

(2) 当母线G短路时，对保护1配合的最大和最小分支系数。

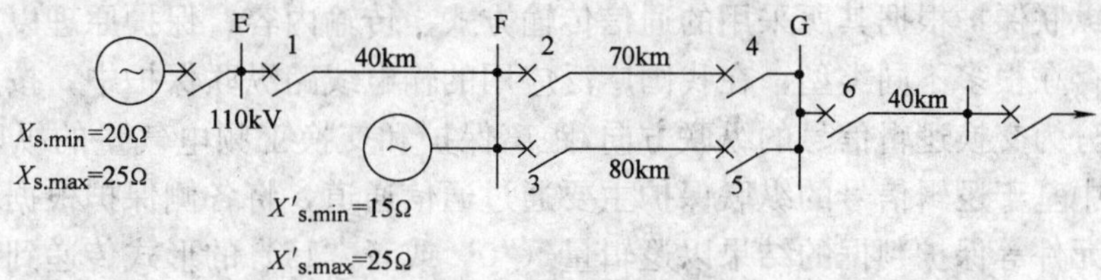

图4-38　题16图

第五章　输电线路的纵联保护

第一节　概　述

对于被保护的输电线路，传统电流电压保护和距离保护由于无法从根本上克服测量误差等因素的影响，其无延时切除故障的Ⅰ段保护范围无法覆盖线路全长，对于线路末端故障，只有牺牲动作速度来换取选择性。然而对于超高压电网，为了保证系统并列运行的稳定性，减小电气设备受损害的程度，无论被保护线路任何位置的故障，都要求线路保护无延时切除。为此，基于双端测量的纵联保护被引入到输电线路保护中。

为了实现被保护线路全线任意处故障无延时切除，纵联保护需要交换输电线路两侧所测量到的信息，通过比较各侧信息，以判断故障在被保护线路范围内还是在被保护线路外部，从而决定是否切除被保护线路。故采用这种原理的线路保护在理论上具有绝对的选择性。

由于通常输电线路两端相距遥远，要交换信息必须通过某种可靠的通信通道来完成。常见的通信方式主要有高频载波、导引线、微波以及光纤通信等。其中高频载波相对装设成本较低而可靠性较高，故在我国的超高压电网中得到了广泛的应用。由于光纤通信抗干扰能力强，可靠性高，且光缆及其相关通信设备的成本已经逐渐降低到可以接受的范围，故利用光纤通道来交换输电线路两侧信息已成为新建、改建输电线路的首选。

输电线路纵联保护根据其所采用的通信传输方式、传输内容、保护原理以及适用范围等方面的不同而存在很多不同类型，在我国广泛应用的输电线路纵联保护中，按照所交换的信息来分，可以分为交换逻辑信号的纵联方向/距离保护和交换工频电气量的纵联电流差动保护两大类。其中基于逻辑信号的纵联保护主要通过通信通道，将各侧保护根据就地判别如功率方向、阻抗元件等保护判据的结果以逻辑量（“0”或者“1”）的形式传递到对侧。同时根据接受到的对侧传递过来的逻辑信号，综合判断故障所发生的范围。而纵联电流差动保护则依靠交换线路各侧电流的幅值、相位或者瞬时值来鉴别是否是被保护线路发生故障。

第二节　交换逻辑信号的纵联保护

所谓交换逻辑信号的纵联保护，主要指那些装设于线路两侧，通过通信通道将各自对故障位置的判别结果以逻辑信号的形式相互交换，结合各自保护元件的动作情况综合判决动作与否的保护装置。

一、逻辑信号的基本类型

纵联保护通过高频载波、微波、光纤等通道交换的逻辑信号，根据其在纵联保护中所起的作用，可分为闭锁信号、允许信号和跳闸信号，其逻辑框图分别如图 5-1 所示。

闭锁信号用于阻止保护跳闸。只要有闭锁信号，则保护装置不能跳闸。只有当本保护

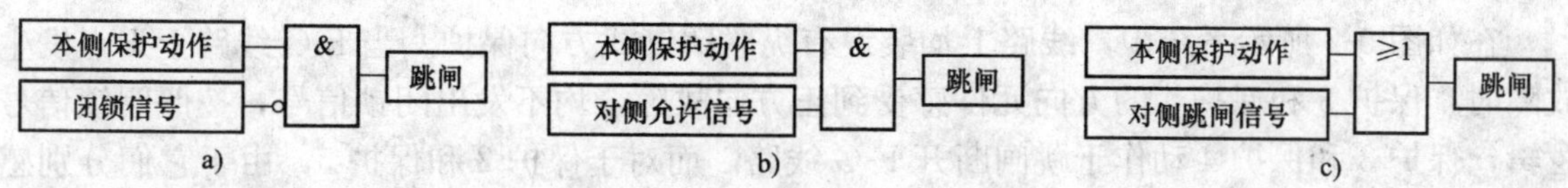

图 5-1　纵联保护信号逻辑框图

a）闭锁信号　b）允许信号　c）跳闸信号

判别元件动作，且通道中没有闭锁信号时，保护装置才能动作于跳闸。在闭锁式纵联保护中，如果被保护线路内发生故障，线路两侧的保护均不发出闭锁信号，两侧保护也就收不到闭锁信号，此时，线路两侧保护元件动作于跳闸。而被保护线路外部故障时，任何一侧检测出外部故障的保护立刻发出闭锁信号，此时，线路两侧保护均收到闭锁信号，无论其保护元件动作与否，都不能跳闸输出。

同理，允许信号是开放保护跳闸的信号。只有当本侧保护元件动作，且收到了允许信号，保护装置才动作于跳闸。在允许式纵联保护中，如果被保护线路内发生故障，线路两端互送允许信号，保护都收到对端的允许信号，且本侧保护元件动作后保护装置立即动作于跳闸。当被保护线路外部故障时，近故障端保护元件检测出是外部故障，保护元件不会动作，也不发出允许信号，故该侧保护装置不跳闸。而对侧保护元件即使动作，由于收不到允许信号，保护装置也不会动作于跳闸。为了防止采用允许信号时，被保护线路相间故障可能导致通信通道阻塞的情况，通常还另外增加一种解除闭锁信号，保护装置起动前，两侧保护装置互发不同频率的闭锁信号，若线路相间故障导致通信通道阻塞时，由于收不到允许信号和解除闭锁信号，则保护装置判别是内部故障，然后直接动作于跳闸。

跳闸信号是直接引起保护装置跳闸的信号。无论本侧保护元件动作与否，只要本侧保护启动元件（就地单元）动作并且接收到对侧传来的跳闸信号即动作于跳闸。这种逻辑信号利用本侧的电流、距离Ⅰ段等快速保护动作于内部故障的同时，向线路对侧发出跳闸信号，以最快的速度切除故障线路。为了保证动作的选择性，发出跳闸信号一侧的保护元件的动作范围应小于线路全长，同时为了切除全线任一点故障，线路两侧的快速保护的保护范围必须重叠，否则必然存在动作死区。

二、方向纵联保护

1. 方向纵联保护的基本原理

方向纵联保护通过通信通道交换线路两侧保护元件对故障方向的判别结果，以最终确定是否是被保护线路内部发生故障。根据功率方向元件对正方向的规定，一般以母线指向被保护线路为正方向。以交换闭锁信号的纵联闭锁式方向保护为例，当被保护线路内部发生故障时，线路两侧方向元件所感受到的功率方向均由母线指向线路，即都判定为在本保护正方向上发生了故障，此时，两侧保护装置均不发出闭锁信号，按照图 5-1a 所示逻辑，两侧保护装置迅速动作于跳闸切除发生故障的被保护线路。若被保护线路外部发生故障，则近故障端的方向元件所感受到的功率方向由线路指向母线，即判为反方向故障，保护不会动作，且立即发出闭锁信号。而远故障端的方向元件虽然感受到的功率方向依然为从母线指向线路，没有发出闭锁信号，但由于收到了近故障端发来的闭锁信号，根据闭锁信号逻辑，远故障端保护也不会动作。

在如图 5-2 所示系统中，线路上均装设有纵联闭锁式方向保护。当 F-G 线路上 k 点发生故障时，保护 3 和保护 4 的方向元件感受到正方向故障，均不发出闭锁信号，按照闭锁信号逻辑，保护 3 和保护 4 动作于跳闸断开 F-G 线路。而对于保护 2 和保护 5，由于它们分别感受到反方向故障，故分别发送闭锁信号到保护 1 和保护 6，因此，保护 1、2、5、6 均不能跳闸。

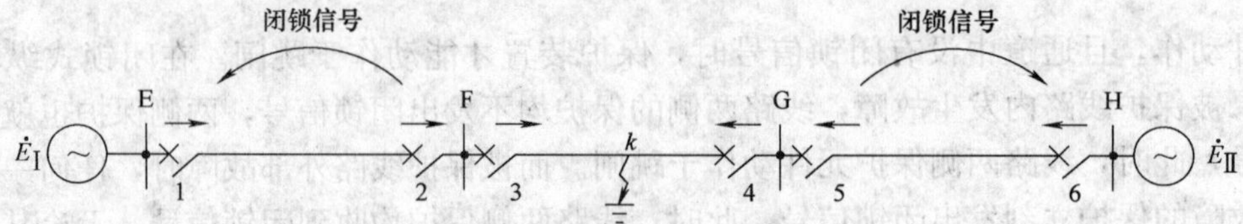

图 5-2　纵联闭锁式方向保护原理图

我国闭锁式纵联保护一般采用短时发信的工作方式，即系统正常运行时，不发出信号，只有系统发生扰动且满足起动发信条件后才可以发信。常见的起动方式有三种形式：

（1）电流起动　图 5-3 为电流起动纵联闭锁式方向保护的逻辑框图，图中 KA_1、KA_2 分别为灵敏度不同的两个电流元件。其中 KA_1 灵敏度较高，用以起动发信，而 KA_2 灵敏度较低，用以起动停信并准备跳闸。为了保证纵联保护的动作正确，图 5-3 中还增设了 T_1、T_2 两个时间元件，T_1 元件瞬时动作，延时 t_1 时间返回，主要是为了适当延长发送闭锁信号的时间，避免外部故障切除后，线路两侧正、反方向元件返回时间不一致导致保护误动。T_2 元件为延时 t_2 时间动作，瞬时返回，主要是为了避免线路两侧方向元件由于灵敏度不一致、信号传输延迟等导致两侧保护失配。

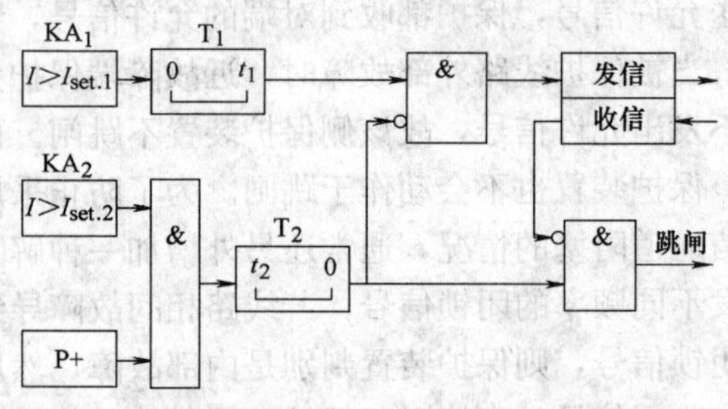

图 5-3　电流起动纵联闭锁式方向保护逻辑框图

对于图 5-2 中 k 点故障时，F-G 线路两侧的纵联闭锁式方向保护的 KA_1 元件首先动作，起动发信，当灵敏度超过 KA_2 整定值时，且线路两侧的方向元件 P+判断出正方向，经过 t_2 时刻延迟，闭锁发信回路，即保护停信。当线路两侧纵联保护都收不到闭锁信号后，保护跳闸切除故障线路。对于非故障线路，如线路 G-H，k 点发生故障后，G-H 线路两侧的纵联闭锁式方向保护的 KA_1 元件首先动作，起动发信，远故障侧保护 6 的 KA_2 元件和方向元件 P+判断出正方向经过 t_2 时刻延迟动作于停信。而近故障侧保护 5 的 KA_1 元件起动发信后，由于方向元件 P+判断出反方向故障，则不输出跳闸信号也不再闭锁发信回路，即持续发出闭锁信号。远故障侧保护 6 由于持续收到近故障侧保护 5 所发出的闭锁信号，使跳闸回路闭锁，保护不会动作。这种起动方式所存在的问题是若某种原因使近故障侧保护不能及时发出闭锁信号可能导致远故障侧保护误动。适当延长 t_2 时间，可以减少误动机会，但延慢跳闸速度。

（2）远方起动　远方起动纵联闭锁式方向保护的逻辑图如图 5-4 所示，与图 5-3 对比，这里只用了一个电流起动元件 KA，它动作后起动发信的同时也开放了方向元件 P+的动作输出，除此之外，还增加了一种起动方式，即当收到闭锁信号后，经过 T_3 元件也可以起动发信。这样当系统扰动时，线路两侧纵联保护任何一方起动，不仅可以起动本侧，而且也可以通过通信通道起动对侧保护，即所谓远方起动。

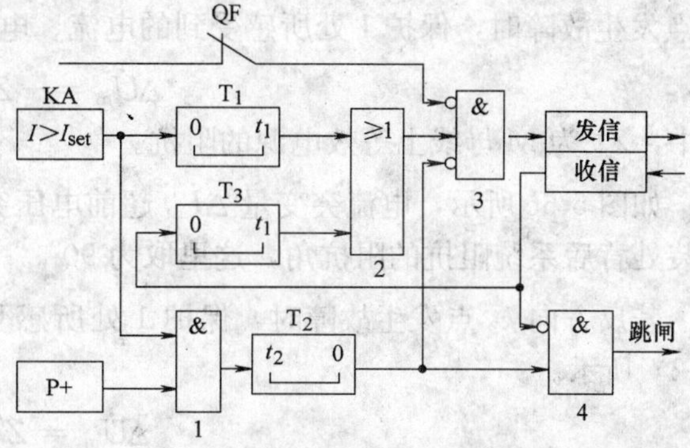

图 5-4 远方起动纵联闭锁式方向保护逻辑框图

(3) 方向元件起动　如图 5-5 所示，方向元件起动纵联闭锁式方向保护仅依靠方向元件来实现起信和停信。当反方向元件动作时，经过 T_1 时间元件，立刻起动发信同时闭锁本侧跳闸回路。只有当反方向元件不动作、正方向元件动作且收不到对侧发送过来的闭锁信号时，才可以出口跳闸。采用这种起动方式，应该注意正、反方向元件的灵敏度配合。同时，方向元件的整定值也应该躲过正常运行的最大负荷功率，避免误起动。

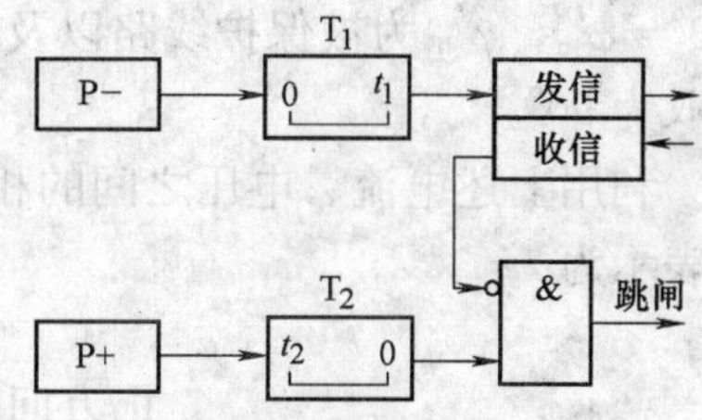

图 5-5 方向元件起动纵联闭锁式方向保护逻辑框图

2. 基于故障分量的方向判别元件的基本原理

顾名思义，所谓故障分量泛指所有电力系统发生扰动后所产生的，有别于正常稳定运行的对称系统的所有各种附加分量。目前基于故障分量的方向判别元件在纵联保护中得到了广泛应用，常见的几种故障分量如：负序分量、零序分量以及突变量。这里重点阐述基于突变量的方向判别原理。

在图 5-6a 所示系统中，对于安装于 M 侧的保护 1 而言，对应正方向 k_1 点和反方向 k_2 点故障，分别有如图 5-6b、d 所示的故障分量附加网络。

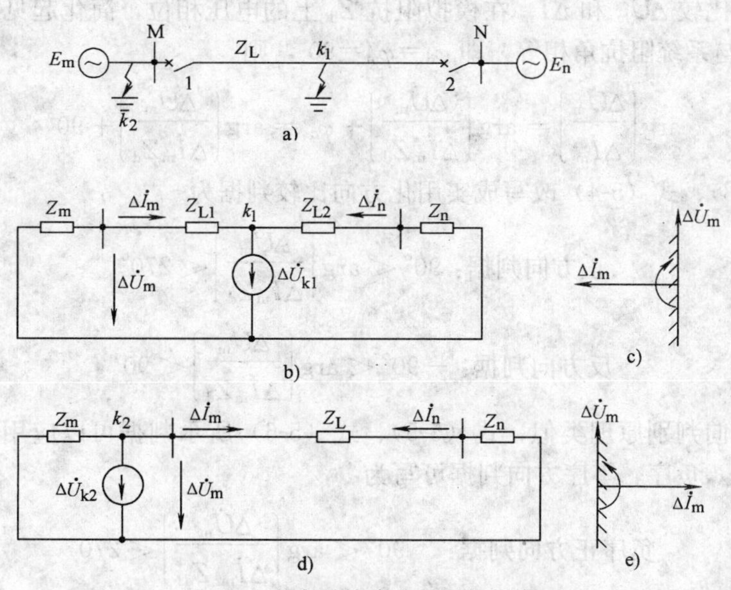

图 5-6 突变量故障分量网络示意图

a) 简单电力系统示意图　b) 保护 1 正方向故障时的故障分量附加网络　c) 正方向故障相量图
d) 保护 1 反方向故障时的故障分量附加网络　e) 反方向故障相量图

假设两侧系统阻抗以及线路阻抗均为纯感性阻抗，按照图 5-6 所示参考方向，当正方向 k_1 点发生故障时，保护 1 处所感受到的电流、电压突变量 $\Delta\dot{U}_m$ 和 $\Delta\dot{I}_m$ 满足式（5-1）。

$$\Delta\dot{U}_m = -Z_m\Delta\dot{I}_m \tag{5-1}$$

式中，Z_m 为 M 母线上等效电源的阻抗。

如图 5-6c 所示，电流突变量 $\Delta\dot{I}_m$ 超前电压突变量 $\Delta\dot{U}_m$ 的角度为 $180°-\varphi_m$，φ_m 为保护安装处背后系统阻抗的阻抗角，这里取为 90°。

若反方向 k_2 点发生故障时，保护 1 处所感受到的电流、电压突变量 $\Delta\dot{U}_m$ 和 $\Delta\dot{I}_m$ 如式（5-2）所示。

$$\Delta\dot{U}_m = Z'_n\Delta\dot{I}_m \tag{5-2}$$

式中，Z'_n 为被保护线路的阻抗和对侧系统的等值阻抗之和，$Z'_n = Z_L + Z_n$。

对于 k_2 点故障，如图 5-6d、e 所示，电流突变量 $\Delta\dot{I}_m$ 滞后电压突变量 $\Delta\dot{U}_m$ 的角度为 $180°-\varphi'_n$，φ'_n 为被保护线路以及对侧系统等值阻抗之和的阻抗角。为分析简化起见，这里也取为 90°。

利用上述电流、电压之间的相位关系可以非常明确的判别正、反方向故障，其基本判据可表示为

$$\text{正方向判据：}180° < \arg\left(\frac{\Delta\dot{U}_m}{\Delta\dot{I}_m}\right) < 360° \tag{5-3}$$

$$\text{反方向判据：}\quad 0° < \arg\left(\frac{\Delta\dot{U}_m}{\Delta\dot{I}_m}\right) < 180° \tag{5-4}$$

考虑到实现的方便性，通常式（5-3）、式（5-4）所示的方向判据通过比较电压相位的方式来实现，即比较 $\Delta\dot{U}_m$ 和 $\Delta\dot{I}_m$ 在模拟阻抗 Z_d 上的电压相位，简化起见，考虑模拟阻抗 Z_d 的阻抗角 φ_d 与系统阻抗角相等，即 $\varphi_d=\varphi_m=90°$，则

$$\arg\left(\frac{\Delta\dot{U}_m}{\Delta\dot{I}_m}\right) = \arg\left(\frac{\Delta\dot{U}_m}{\Delta\dot{I}_m Z_d}\right) + \varphi_d = \arg\left(\frac{\Delta\dot{U}_m}{\Delta\dot{I}_m Z_d}\right) + 90°$$

于是式（5-3）、式（5-4）改写成实用化方向比较判据为

$$\text{正方向判据：}90° < \arg\left(\frac{\Delta\dot{U}_m}{\Delta\dot{I}_m Z_d}\right) < 270° \tag{5-5}$$

$$\text{反方向判据：}-90° < \arg\left(\frac{\Delta\dot{U}_m}{\Delta\dot{I}_m Z_d}\right) < 90° \tag{5-6}$$

与突变量方向判别原理类似，式（5-5）、式（5-6）所示判据可以应用于负序、零序故障分量附加网络，负序、零序方向判据可写为

$$\text{负序正方向判据：}\quad 90° < \arg\left(\frac{\Delta\dot{U}_{m2}}{\Delta\dot{I}_{m2} Z_{d2}}\right) < 270° \tag{5-7}$$

$$\text{负序反方向判据：}-90° < \arg\left(\frac{\Delta\dot{U}_{m2}}{\Delta\dot{I}_{m2} Z_{d2}}\right) < 90° \tag{5-8}$$

$$零序正方向判据：\quad 90^\circ < \arg\left(\frac{\Delta\dot{U}_{m0}}{\Delta\dot{I}_{m0}Z_{d0}}\right) < 270^\circ \tag{5-9}$$

$$零序反方向判据：-90^\circ < \arg\left(\frac{\Delta\dot{U}_{m0}}{\Delta\dot{I}_{m0}Z_{d0}}\right) < 90^\circ \tag{5-10}$$

除了上述式（5-5）～式（5-10）所列举的各种基于相位比较原理的故障分量方向判据外，还可以利用幅值比较原理构成方向判据，限于篇幅原因，这里不再赘述。

由于基于故障分量的方向元件具有受负荷状态、故障点过渡电阻以及系统振荡的影响比较小，无电压死区等优点，受到广泛应用。但不同故障分量方向元件之间也存在一些差异，在实际应用时必须加以注意：

1）零、负序分量由对称分量法根据 A、B、C 三相故障量计算得到，可以在故障后长期获取，而突变量由故障后的量减故障前的量计算出来，由于有效数据窗的限制，无法长期获取，所以零、负序分量方向判别元件即可以应用于切除瞬时性突发故障，又可以在故障发展、故障转换时能正确反映故障方向。

2）在发生不对称故障时零、负序分量特征明显，而对称故障时理论上没有零、负序分量存在，因此基于零、负序分量的方向元件只能反映不对称故障。而突变量方向元件既可以反映不对称故障，又能够反映对称故障。

3）当非全相运行时，由于不对称源在被保护线路内，具有内部故障特征，保护将检测到零序、负序分量，故此时必须退出零、负序方向元件避免误判。而突变量方向元件与系统是否全相运行无关，故可以同时适应于全相运行工况。

4）在系统振荡时，受系统频率发生改变的影响，故障分量的获取存在一定的误差。但通常方向判据裕度比较大，故其影响可以忽略。在极端情况下，当线路两侧电势角摆开到180°左右，在振荡中心发生故障时，所有故障分量方向判据均无法动作。但对于不对称故障，零序、负序方向判据在两端系统电势角重新摆小后仍可以动作。

根据上述特点，在实际应用中可以采用多种故障分量原理的方向元件共同构成方向保护，使其各自发挥所长，达到综合最优的效果。

3. 方向纵联保护应用中需要注意的问题

（1）大电源侧灵敏度不足的问题　当方向纵联保护应用于大电源长线路的情况下，由于电源阻抗很小，而线路末端故障时，可能会出现灵敏度不足的问题。在如图 5-7a 所示的系统中，M 侧电源为一大电源，线路 MN 较长，当线路末端 N 侧附近发生故障时，如图 5-7b 所示，M 侧保护所测量到的电压突变量 $\Delta\dot{U}_m$ 为

$$\Delta\dot{U}_m = \Delta\dot{U}_{k1}\frac{Z_m}{Z_m + Z_L} \tag{5-11}$$

当 M 侧为大电源时，Z_m 很小，考虑极端情况，$Z_m \approx 0$，而 MN 为长线路，使 $Z_L \gg Z_m$。从式（5-11）不难得出 $\Delta\dot{U}_m \approx 0$，显然，此

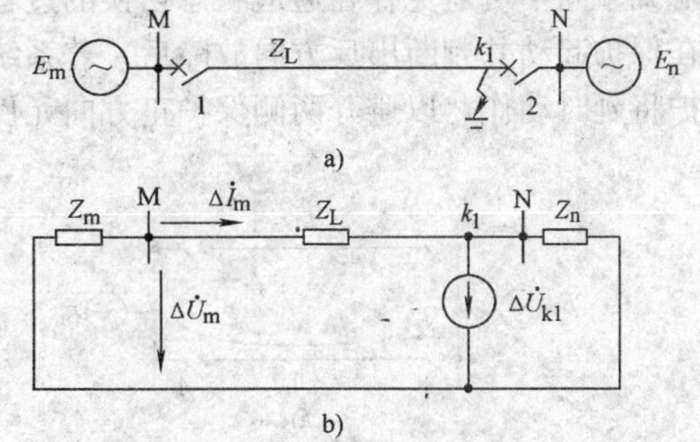

图 5-7　突变量故障分量网络示意图
a）双侧电力系统示意图
b）N 侧母线附近故障时的故障分量附加网络

时无法利用式（5-5）所示的正方向判据正确判别故障方向，即所谓大电源侧方向判据的灵敏度不足问题。

为了避免式（5-5）中用于比相的 $\Delta\dot{U}_{\mathrm{m}}$ 太小引起的比相失败，在 $\Delta\dot{U}_{\mathrm{m}}$ 小于一个定值时，可以引入补偿电压来间接参与比相。适当选取补偿阻抗 Z_{y}，使其阻抗角与系统阻抗相同，利用电流故障分量在补偿阻抗上产生的虚拟压降 $\Delta\dot{U}'_{\mathrm{m}}$，即补偿电压。

$$\Delta\dot{U}'_{\mathrm{m}} = \Delta\dot{U}_{\mathrm{m}} - Z_{\mathrm{y}}\Delta\dot{I}_{\mathrm{m}} \tag{5-12}$$

将式（5-1）代入式（5-12）可得

$$\Delta\dot{U}'_{\mathrm{m}} = -(Z_{\mathrm{m}} + Z_{\mathrm{y}})\Delta\dot{I}_{\mathrm{m}} \tag{5-13}$$

显然，只要合理选择补偿阻抗 Z_{y}，$\Delta\dot{U}'_{\mathrm{m}}$ 将不受 $Z_{\mathrm{m}}\approx 0$ 的影响，远大于零。

利用 $\Delta\dot{U}'_{\mathrm{m}}$ 代替 $\Delta\dot{U}_{\mathrm{m}}$ 参与式（5-5）中的相位比较判别，方向判据可以改写为

$$\arg\frac{\Delta\dot{I}_{\mathrm{m}}(-Z_{\mathrm{m}} - Z_{\mathrm{y}})}{\Delta\dot{I}_{\mathrm{m}}Z_{\mathrm{d}}} \approx 180^\circ \tag{5-14}$$

$$90^\circ < \arg\left(\frac{\Delta\dot{U}'_{\mathrm{m}}}{\Delta\dot{I}_{\mathrm{m}}Z_{\mathrm{d}}}\right) < 270^\circ$$

由于式（5-6）所示反方向判据不存在所谓灵敏度不足问题，所以参与比相电压 $\Delta\dot{U}_{\mathrm{m}}$ 无需替换。

（2）功率倒向　如图 5-8 所示环网系统中，如果线路 L_{II} 两侧分别装设有闭锁式方向纵联保护 3 和 4，当线路 L_{I} 中靠近 N 侧的 k_1 点发生故障。此时，线路 L_{II} 中短路功率的流向为从 M 指向 N，保护 3 感受到正方向的故障，而保护 4 感受到反方向的故障，故保护 4 发出闭锁信号使保护 3 不动作。若保护 2 先于保护 1 动作跳开相应断路器后，线路 L_{II} 中短路功率发生倒向，从 N 指向 M，此时保护 3 应感受到反方向故障，而保护 4 应感受到正方向故障。但如果保护 4 正方向元件动作，反方向元件返回并停止发出闭锁信号，而保护 3 的反方向元件还没有来得及动作，未能及时发出闭锁信号，从而造成保护 3、4 误动。为了解决这个问题，必须保证纵联保护中反方向元件的灵敏度高于正方向元件。即一旦发生功率倒向，保护 3 的反方向元件要立刻闭锁正方向元件并发出闭锁信号闭锁线路两侧保护。另外，考虑到中间不可避免存在通道状态切换的过程，为了保证该过程中保护装置能准确判断，通常在保护起动并判断出反方向故障后，若系统再发生扰动（如外部故障切除、故障转换等），保护将延时动作，以避开两侧保护正方向元件都动作的情况。

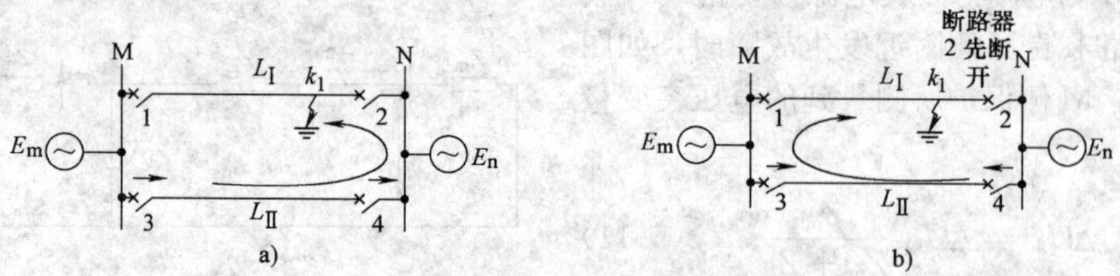

图 5-8　外部故障切除引起功率倒向示意图

a）功率倒向前　b）功率倒向后

(3) 功率分点问题　在图 5-9a 所示环网系统中，对于保护 1、2 而言，线路 L_{I}、L_{III} 上总可以找到某个对称点 k_1，使 k_1 点发生故障时，母线 M 和 N 上的电压十分接近，k_1 点即所谓功率分点。此时，如图 5-9b 所示对应故障分量附加网络中，流过线路 L_{II} 的穿越电流很小，$\Delta\dot{I}_{\mathrm{m}}$、$\Delta\dot{I}_{\mathrm{n}}$ 如式 (5-15)、式 (5-16) 所示，主要为容性电流，由线路 L_{II} 的分布电容决定，显然，$\Delta\dot{I}_{\mathrm{m}}$ 超前 $\Delta\dot{U}_{\mathrm{m}}$、$\Delta\dot{I}_{\mathrm{n}}$ 超前 $\Delta\dot{U}_{\mathrm{n}}90°$。

$$\Delta\dot{I}_{\mathrm{m}} = \mathrm{j}\,\frac{1}{2}\omega C_{\mathrm{II}}\,\Delta\dot{U}_{\mathrm{m}} \tag{5-15}$$

$$\Delta\dot{I}_{\mathrm{n}} = \mathrm{j}\,\frac{1}{2}\omega C_{\mathrm{II}}\,\Delta\dot{U}_{\mathrm{n}} \tag{5-16}$$

式中，C_{II} 为线路 L_{II} 的分布电容。

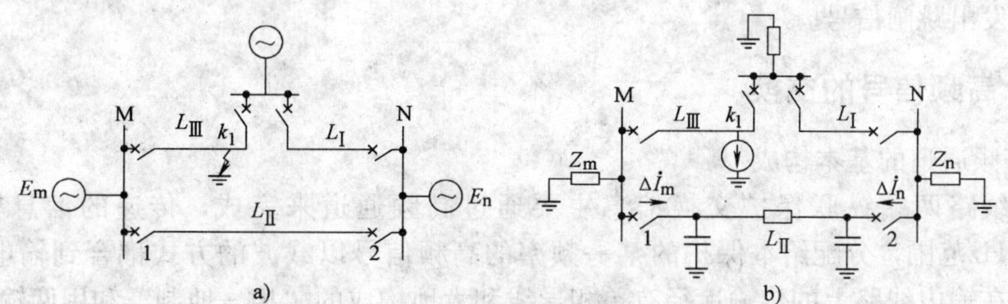

图 5-9　环网系统故障分量附加网络功率分点问题示意图

a) 环网系统　b) 故障分量附加网络

根据式 (5-5) 所示方向判据，显然保护 1、2 将判出正方向发生故障而误动。

由于相对正常运行负荷电流而言，一般分布电容电流比较小，为了避免外部系统功率分点故障引起保护误动，可以提高方向判别元件电流门坎，牺牲一部分灵敏度来换取保护的选择性。当分布电容电流较大，使保护无法满足灵敏度要求时，也可以采取电容电流补偿措施来避免保护误动。

三、距离纵联保护的基本原理

方向纵联保护通过交换线路两侧方向元件的信息来实现故障位置的判别，而距离保护中的阻抗元件除可以判别故障方向外，根据不同整定值判别故障点所在范围，同时还可以作为相邻线路的后备保护。而且当通信通道因故无法正常通信时，距离纵联保护可以方便地直接构成完整的阶段式距离保护。通过通信通道交换逻辑信号，可以构成闭锁式或允许式的距离纵联保护，下面简要介绍闭锁式距离纵联保护的构成原理。

距离纵联保护和距离保护一样，根据整定阻抗的大小来确定保护动作范围。传统距离保护为了保证选择性，通常整定为被保护线路全长的 80%。闭锁式距离纵联保护若整定范围小于被保护线路全长，则为欠范围闭锁式距离纵联保护，若整定范围大于线路全长，则构成超范围闭锁式距离纵联保护。

图 5-10 为闭锁式距离纵联保护的信号逻辑示意图，与闭锁式方向纵联保护类似，系统发生扰动时，起信元件迅速起动并发出闭锁信号，通常可以用故障分量电流元件、负序零序电流元件或阻抗元件作为起信元件。起信元件的灵敏度应比阻抗元件 Z 的灵敏度高，但起信元件无需判别故障的范围以及故障方向，所以当采用阻抗元件作为起信元件时，通常利用

全阻抗特性的距离Ⅲ段兼做起信元件。图 5-10 中当本侧起信元件起动发信后，如果阻抗元件 Z 也动作了，考虑到动作可靠性，稳定动作 t_D 时刻后，控制发信逻辑 2 停止发信，如果对侧距离纵联保护也判断出了保护区内部故障，也停止了发信，此时，两侧保护都收不到闭锁信号，经过跳闸逻辑 3 保护发出跳闸命令。如果对侧距离纵联保护判断出是其保护区外部发生故障，其阻抗元件 Z 不会动作，同时发信逻辑 2 将持续发出闭锁信号，本侧距离纵联保护由于收到了闭锁信号故不会发出跳闸信号。

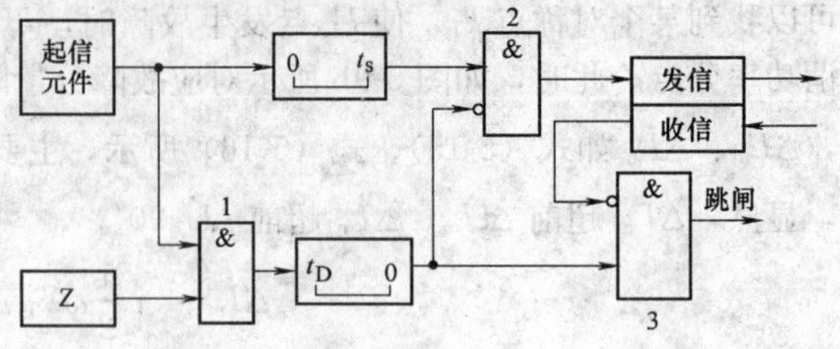

图 5-10　闭锁式距离纵联保护示意图

四、高频信号的交换

1. 高频通道的基本构成

输电线路两端纵联保护交换信息主要通过高频通道来完成，传递的信息被调制成 50～400kHz范围，分配给本保护的某一频率的高频信号以载波的方式耦合到输电线路上。高频信号在输电线路上的传输途径有单相导线和大地构成的“相—地制”和用两输电线构成的“相—相制”两种形式。通常采用“相—地制”构成专用高频通道，而“相—相制”常用于构成复用高频通道，由于前一种模式构成的高频通道在我国应用得较为广泛，所以这里主要讨论以该模式构成的高频通道。

“相—地制”高频通道的构成如图 5-11 所示，其主要组成部分及作用包括：

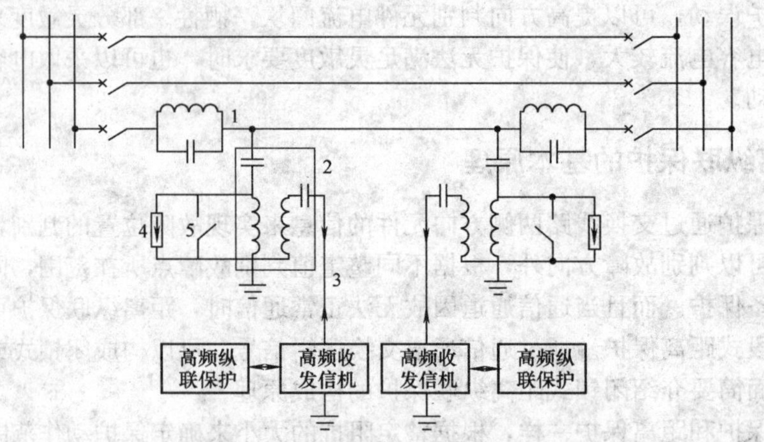

图 5-11　高频通道构成示意图

1—阻波器　2—耦合电容和结合滤波器　3—高频电缆　4—避雷器　5—接地开关

(1) 高频阻波器　高频阻波器的作用主要为阻止高频电流信号流入线路外部，既可减少高频能量损耗，又可避免对别的电气设备产生干扰，同时又不影响普通工频信号的通过。故要求其对工频信号的阻抗很小，而对特定的高频信号的阻抗很大。现有的高频阻波器有多种类型，如单频阻波器、双频阻波器、带频阻波器以及宽带阻波器等等，其中单频阻波器广泛应用于高频载波保护，其基本结构如图 5-12 所示。阻波器通过 L、R 和 C 的参数配合构成并联谐振回路，其中 L、R 分别为强流线圈的电感和电阻，C 为调谐电容，P 为防止调谐电容过电压的避雷器。

(2) 耦合电容和结合滤波器　耦合电容和结合滤波器构成的带通滤波器用以连接输电线路和高频电缆，该带通滤波器对高频信号呈低阻抗，而对工频信号呈高阻抗，使高频信号可以在输电线路到高频电缆之间传递，并使高频收、发信机与输电线路的工频高压部分相隔离，提高了高频收、发信机及其他弱电设备的安全性。

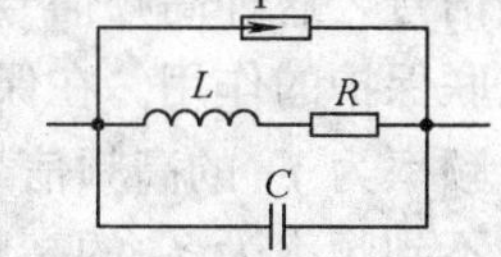

图 5-12　高频阻波器示意图

(3) 高频电缆　高频电缆是将位于户外的耦合电容和结合滤波器与位于主控室的高频收、发信机连接起来的一种同轴电缆（见图 5-13）。由于高频电缆暴露于强电磁干扰的环境，而高频保护的动作特性很大程度上依赖高频信号的正确传递，为此，可将高频电缆的外屏蔽层接地，这样既可以减小外来干扰信号的影响，又可以避免高频信号外泄成为高频干扰源。

(4) 纵联高频保护的收、发信机　纵联高频保护所发出的信号经过发信机中的振荡电路和控制电路的调制，进一步通过电压放大、功率放大以及滤波整形电路输出高频信号到高频电缆上。输电线路以及高频电缆上的高频信号，既有输电线路对侧发信机所发出的高频信号，又包含本侧发信机所发出的高频信号。收信机为了正常接收和处理高频信号，既要接收输电线路对侧传递过来相对较弱的信号进行放大，又必须对本侧所发出的高频信号进行限幅，并通过收信滤波、检波等环节将高频信号提取出来并传送到高频保护中。

图 5-13　高频收、发信机构成框图

除了以上所述的主要部分外，高频通道还包括避雷器、接地刀闸等辅助部分。

2. 高频信号的交换

高频通道的工作方式是指高频通道内高频电流存在的状态，通常可以分为短时发信方式、长期发信方式以及移频方式。

(1) 短时发信方式　短时发信方式又称为正常无高频电流方式，在电力系统正常运行时发信机不工作，沿高频通道不传送任何高频电流，发信机只在电力系统发生扰动期间才由保护的起信元件起动发信的通信方式。为了确知高频通道是否完好，往往采用定期检查的方法，定期检查又可分为手动和自动两种。在手动检查的条件下，由值班人员手动起动发信，并按照规定通信逻辑检查整个高频通道是否正常。自动检查的方法是利用高频纵联保护中专门的时间继电器按事先整定的时间自动起动检查高频通道。

(2) 长期发信方式　长期发信方式又称为正常有高频电流方式，在电力系统正常工作条件下发信机处于发信状态，沿高频通道传送高频电流。其优点是高频通道时刻处于监视的状态，可靠性较高；此外可以简化装置结构，省略起信元件。另一方面，由于时刻处于发信状态，这将增加了对其他通信设备的干扰，同时外界也很容易对高频信号产生干扰，因此要求自身有更高的抗干扰能力。另外，一般情况下，线路两侧高频纵联保护通常工作在相同频率下，任何一端的收信机既收到对侧保护发出的高频信号，同时也收到本侧发信机自己发出的高频信号，此时，无法从收信结果中直接判断高频通道中是否发生了故障，故仍需要采用其他的措施才能真正监视高频通道的完好与否。

(3) 移频方式　为了正常运行时能够较好的监测高频通道并且闭锁纵联保护，故障时能够可靠交互允许跳闸逻辑信号，可在电力系统正常运行时，发信机持续以某一频率 f_1 发送高频信号，这种高频信号一方面可以监控高频通道的完好，另一方面也可以起到闭锁线路两侧纵联保护的作用。在保护正方向或整定范围内发生故障时，纵联保护装置控制发信机停止发送频率为 f_1 的高频信号，转而发出频率为 f_2 的高频信号。当线路两侧纵联保护装置控制都收不到频率为 f_1 的高频信号而只收到频率为 f_2 的高频信号时，意味着被保护线路内部发生了故障，线路两侧保护跳闸切除，否则，将闭锁保护。这样，采取这种移频的高频信号交互方式，既可以监视高频通道的工作情况，又可以提高高频通道的可靠性，并且有较强的抗干扰能力，缺点是占用频带比较宽。这种类型的通信方式在国内、外得到了广泛应用。

第三节　基于电流差动原理的纵联保护

与交换逻辑信号的纵联保护不同，交换工频电气量的纵联差动保护主要指那些装设于线路各侧，通过通信通道相互交换线路各侧的工频电气相量或瞬时值，通过比较本侧及被保护线路其他侧的工频电气相量或瞬时值，综合判别故障范围的保护装置。

一、电流差动保护基本原理及特性分析

差动保护通过比较被保护设备各端口的电流相量、瞬时值等，依照基尔霍夫电流定律，即流向一个节点的电流之和等于零这一基本原则，来判断被保护设备内部是否发生了故障。这一原理已被广泛地应用于电力系统的发电机、变压器、母线等重要电气设备的保护。输电线路如果忽略分布电容等因素的影响，理论上可以等效为一个电气节点，以电流从母线流向线路为参考正方向，则在正常运行或被保护线路外部故障时，所有流入该线路的电流之和为零：

$$\sum_{j=1}^{n} \dot{I}_j = 0 \tag{5-17}$$

式中，$\dot{I}_j$ 为流入输电线路 j 侧的电流相量。

当发生被保护线路内部故障时，从故障支路流过的电流即故障电流 $\dot{I}_F$ 由于没有记入式（5-17）中，故根据基尔霍夫电流定律有

$$\sum_{j=1}^{n} \dot{I}_j = \dot{I}_F \tag{5-18}$$

按照上述原理，以图 5-14 中输电线路 MN 为例，流入差动保护的电流 $\dot{I}_d$ 可以表示为

$$\dot{I}_d = \frac{\dot{I}_m}{n_{TA_1}} + \frac{\dot{I}_n}{n_{TA_2}} = \dot{I}'_m + \dot{I}'_n \tag{5-19}$$

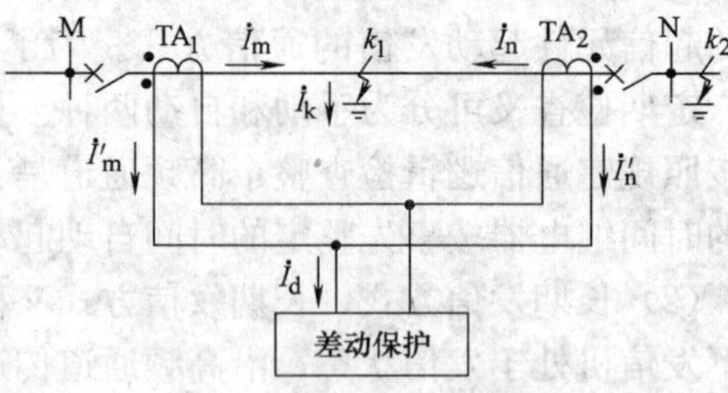

图 5-14　电流差动保护示意图

式中，n_{TA_1}、n_{TA_2} 分别为线路两侧电流互感器变比，$\dot{I}'_m$和 $\dot{I}'_n$分别为电流互感器的二次电流。

理想情况下，忽略电流互感器励磁电流的影响，且 $n_{TA_1}=n_{TA_2}=n_{TA}$，当线路 MN 正常运行，或外部如 k_2 点发生故障时，电流 $\dot{I}_m$ 和 $\dot{I}_n$ 大小相等方向相反，式（5-19）$\dot{I}_d=0$ 。当线路 MN 内部 k_1 点发生故障时，故障点 k_1 将流过短路电流 $\dot{I}_{k1}$，由式（5-18）、式(5-19)

可得 $\dot{I}_d=\dfrac{\dot{I}_{k1}}{n_{TA}}$，此时流入差动保护的电流 $\dot{I}_d$ 就是故障点的故障电流，即所谓差流。显然，差流 $\dot{I}_d$ 在内、外部故障时的明显差异，从原理上无需依靠延时等措施就可以瞬时切除被保护线路上任一点的故障，是一种非常理想的快速主保护。但由于线路两侧需要高速交换电流相量或瞬时值，而输电线路一般比较长，这对通信提出了很高要求。在很长一段时间里，纵联差动保护在无通信要求的电气设备保护如变压器保护、发电机保护等方面得到了广泛应用，而在输电线路方面，尤其是长距离输电线路，受通信技术的影响，一直难以推广。这种局面一直到光纤通信大量普及应用后才得以打破。现在，输电线路纵联差动保护已日益成为高压、超高压输电线路的一种主要保护形式。

二、带制动特性的差动保护

在实际应用中，如图 5-14 所示线路 MN 两侧电流互感器往往励磁特性不尽相同，使正常运行以及被保护线路外部发生故障时，流过差动保护的差流不等于零，此电流称为不平衡电流，考虑电流互感器励磁电流的影响，式（5-19）可改写为

$$\begin{aligned}\dot{I}_d&=\frac{\dot{I}_m-\dot{I}_{Em}}{n_{TA1}}+\frac{\dot{I}_n-\dot{I}_{En}}{n_{TA2}}\\&=\frac{1}{n_{TA}}[(\dot{I}_m-\dot{I}_{Em})+(\dot{I}_n-\dot{I}_{En})]\\&=\frac{1}{n_{TA}}(\dot{I}_m+\dot{I}_n)-\frac{1}{n_{TA}}(\dot{I}_{Em}+\dot{I}_{En})\end{aligned}\tag{5-20}$$

式（5-20）中，$\dot{I}_{Em}$、$\dot{I}_{En}$分别为 M、N 侧电流互感器的励磁电流；式中第二项为不平衡电流 $\dot{I}_{ub}$，即

$$\dot{I}_{ub}=-\frac{1}{n_{TA}}(\dot{I}_{Em}+\dot{I}_{En})\tag{5-21}$$

除了电流互感器励磁电流的影响外，还需要考虑如两侧电流互感器的型号、暂态过程中的非周期分量等因素的影响，即为了鉴别是否发生了内部故障，差动保护动作时的差流 $\dot{I}_d$ 应躲过正常运行及外部故障时的不平衡电流，即

$$I_d=|\dot{I}'_m+\dot{I}'_n|>I_{ub}\tag{5-22}$$

式（5-22）即为差动保护的判据，其中 $\dot{I}_{ub}$的整定应综合考虑下列因素：

$$I_{ub}=K_{rel}K_{er}K_{aper}K_{st}I_{k.max}/n_{TA}\tag{5-23}$$

式中，K_{rel}为可靠系数，通常可取 1.3～1.5；K_{er}为电流互感器的 10%误差系数；K_{st}为电流互感器的同型系数，当两侧线路电流互感器型号相同时取 0.5，型号不同时取 1；K_{aper}为非周期分量系数，主要考虑暂态过程中的非周期分量的影响；$I_{k.max}$为外部故障时流过电流互感器的最大故障电流。

为了在内部故障时，尽可能提高差动保护的灵敏度，而在正常运行和外部故障时，尽可能抑制不平衡电流的影响，可以采用某些适当判据，使正常运行或外部故障时，流过被保护线路的穿越电流，产生制动作用，从而阻止差动保护动作。而内部故障时，穿越性电流的制

动几乎为零，流向短路点的故障电流，即差动电流远大于起制动作用的穿越电流，从而保证纵差保护灵敏动作。常见带制动特性的差动保护判据为

$$|\dot{I}'_{\mathrm{m}}+\dot{I}'_{\mathrm{n}}|>I_{\mathrm{d.min}}+\frac{1}{2}K_{\mathrm{res}}|\dot{I}'_{\mathrm{m}}-\dot{I}'_{\mathrm{n}}| \tag{5-24}$$

式（5-24）中，$0<K_{\mathrm{res}}<1$，为制动系数，$|\dot{I}'_{\mathrm{m}}-\dot{I}'_{\mathrm{n}}|$ 称为制动电流，而 $I_{\mathrm{d.min}}$ 为差动保护的最小动作电流。采用式（5-24）所示制动特性差动保护称为比率制动差动保护。除此之外，还有采用两侧电流幅值之和构成制动量或以各侧电流中最大的一侧电流作为制动量的最大值制动比率制动差动保护判据：

$$|\dot{I}'_{\mathrm{m}}+\dot{I}'_{\mathrm{n}}|-\frac{1}{2}K_{\mathrm{res}}(|\dot{I}'_{\mathrm{m}}|+|\dot{I}'_{\mathrm{n}}|)\geqslant I_{\mathrm{d.min}} \tag{5-25}$$

另外，利用被保护线路两端电流的标积，构成如式（5-26）所示制动电流，称为标积制动方式。

$$I_{\mathrm{res}}=\sqrt{|\dot{I}'_{\mathrm{m}}||\dot{I}'_{\mathrm{n}}|\cos\theta_{\mathrm{mn}}} \tag{5-26}$$

式中，θ_{mn}为两端电流 $\dot{I}'_{\mathrm{m}}$、$\dot{I}'_{\mathrm{n}}$ 之间的相位差。

采用上述制动方式后，差动保护动作电流不再是固定的整定值而是跟随制动电流变化而变化，这种特性称为制动特性。带制动特性的差动保护不但提高了内部故障时保护的灵敏度，同时也提高了在正常运行以及外部故障时的可靠性，因而在电流差动保护中得到了广泛的应用。

三、纵差保护的动作特性

输电线路纵差保护利用线路各侧电流量构成保护判据，其动作特性受各侧电流量的幅值、相位关系的影响。分析纵差保护动作特性可以从各侧电流量幅值关系、相位关系或综合复数相量关系等几个方面来进行。其中，综合复数相量关系可以比较全面、准确地描述纵差保护的动作特性。由于复相量既涉及到幅值关系又涉及到相位关系，分析起来比较复杂，考虑到一般情况下，两端电流相位关系相对固定，可以用电流幅值关系来近似表示纵差保护的动作特性。在实际应用中，纵差保护动作特性一般采用幅值关系来分析、描述。

判据式（5-24）的动作特性可表示为图 5-15a 所示的直线 E-G，当制动量 $|\dot{I}'_{\mathrm{m}}-\dot{I}'_{\mathrm{n}}|=0$ 时，$|\dot{I}'_{\mathrm{m}}+\dot{I}'_{\mathrm{n}}|$ 的动作值最小，等于最小动作电流 $I_{\mathrm{d.min}}$。纵差保护的动作量 $|\dot{I}'_{\mathrm{m}}+\dot{I}'_{\mathrm{n}}|$ 随着制动量 $|\dot{I}'_{\mathrm{m}}-\dot{I}'_{\mathrm{n}}|$ 的增加而增加。考虑到电流互感器误差等因素的影响，当外部发生故障

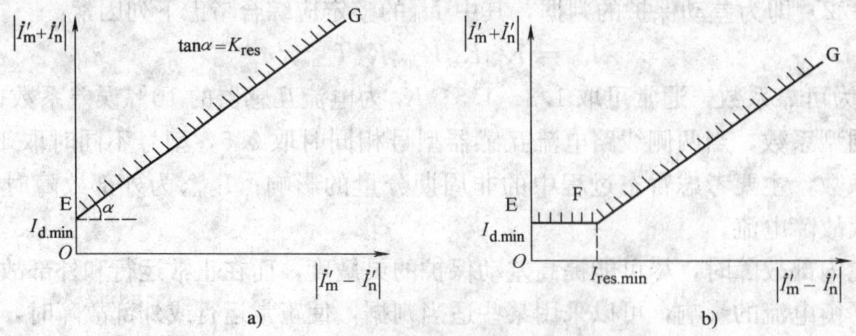

图 5-15　比率制动差动保护的动作特性

时，纵差保护将出现不平衡差流，该不平衡差流随着外部故障引起的穿越性电流的增加而增加。

为了提高对内部轻微故障时纵差保护的灵敏度，比率制动差动保护还可采用如图 5-15b 所示的折线特性。其动作判据为

$$\text{差动电流判据}\quad |\dot{I}'_{\mathrm{m}}+\dot{I}'_{\mathrm{n}}|>I_{\mathrm{d.min}},\ |\dot{I}'_{\mathrm{m}}-\dot{I}'_{\mathrm{n}}|<I_{\mathrm{res.min}} \tag{5-27}$$

$$\text{比率制动判据}\,|\dot{I}'_{\mathrm{m}}+\dot{I}'_{\mathrm{n}}|>I_{\mathrm{d.min}}+p(|\dot{I}'_{\mathrm{m}}-\dot{I}'_{\mathrm{n}}|-I_{\mathrm{res.min}}),\ |\dot{I}'_{\mathrm{m}}-\dot{I}'_{\mathrm{n}}|\geqslant I_{\mathrm{res.min}} \tag{5-28}$$

式中，$I_{\mathrm{res.min}}$为拐点制动电流，当$|\dot{I}'_{\mathrm{m}}-\dot{I}'_{\mathrm{n}}|<I_{\mathrm{res.min}}$时，即图 5-15 中线段 E-F，此时保护无制动作用；当$|\dot{I}'_{\mathrm{m}}-\dot{I}'_{\mathrm{n}}|\geqslant I_{\mathrm{res.min}}$时，比率制动特性斜率 K 为

$$K=\frac{|\dot{I}'_{\mathrm{m}}+\dot{I}'_{\mathrm{n}}|-I_{\mathrm{d.min}}}{|\dot{I}'_{\mathrm{m}}-\dot{I}'_{\mathrm{n}}|-I_{\mathrm{res.min}}} \tag{5-29}$$

四、输电线路纵联差动保护的特殊问题

线路纵联差动保护的保护对象为电力系统输电线路，保护需要分别装设于相对较远的线路两端变电站中。为了保证差动保护的基本前提——基尔霍夫电流定律，一方面，它们必须依靠通信通道交换同一时刻的电流信息，即要求所谓采样必须同步；另一方面，还需要克服长距离输电线路分布电容所带来的影响。

1. 采样同步问题

对于常见的微机型输电线路纵差保护，要想利用差动保护判据判别保护区内、外部故障，则判据所用到的输电线路两端的电流量必须是同时刻测量到的，即保持严格同步。然而，输电线路两端的保护装置相距较远，而且通信过程中不可避免要出现通道延时，要想实现同步测量必须采取采样时刻调整、采样数据修正、时钟校正以及 GPS 同步等相应技术措施。其中，采样时刻调整法是目前运用较多的一种同步方法，故本书重点介绍此方法。

所谓采样时刻调整，即将线路两端的保护装置分为主、从站，以主站的采样时刻为基准，从站不断根据主站的采样时刻进行调整，从而最终保证所有保护判据采用同一时刻电流量的一种同步方法。

要实现采样时刻调整，在保护上电后的起始阶段和两端同步后对采样时间误差的微调阶段可以采取不同的措施。以图 5-14 所示双端系统为例，任意设定一端为主站，另一端为从站。一般情况下，可以认为两端保护保持相同的采样频率不变，采样间隔均为 T_{s}。为了实现两端保护的采样同步，首先应进行保护上电的初始化调整。如图 5-16a 所示，其中，T_{m1}、T_{m2}、…、T_{mj}、$T_{\mathrm{m(j+1)}}$，T_{s1}、T_{s2}、…、T_{sj}、$T_{\mathrm{s(j+1)}}$分别为主、从站采样时刻时标。作为主站的保护装置首先向从站的保护装置发出主站当前时标 T_{m1} 以及通道延时 t_{d} 时间的计算命令，从站在 t_{r1}时刻收到此命令后，将命令码及延迟时间 $T_{\mathrm{m}}=T_{\mathrm{s2}}-t_{\mathrm{r1}}$ 送回给主站。一般情况下可以假设信息传送来、回通道延时 t_{d} 相同，主站 t_{r2}时刻收到从站的应答后，根据从站的反馈信息利用式（5-30）可算出通道的通道延时：

$$t_{\mathrm{d}}=\frac{t_{\mathrm{r2}}-T_{\mathrm{m1}}-T_{\mathrm{m}}}{2} \tag{5-30}$$

然后，主站再将计算出的 t_{d} 送给从站。反复多次直至 t_{d} 的计算结果稳定不变，则可以

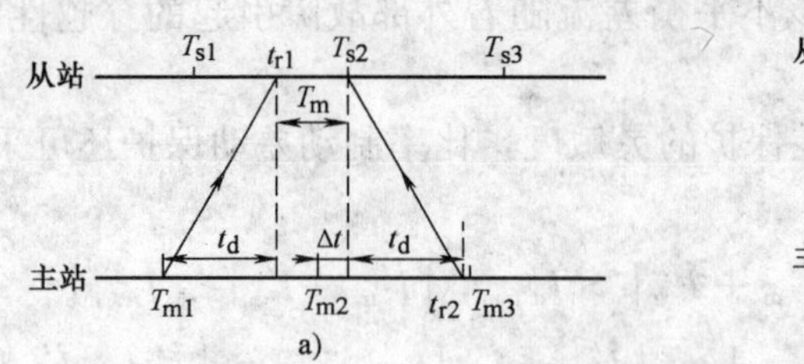

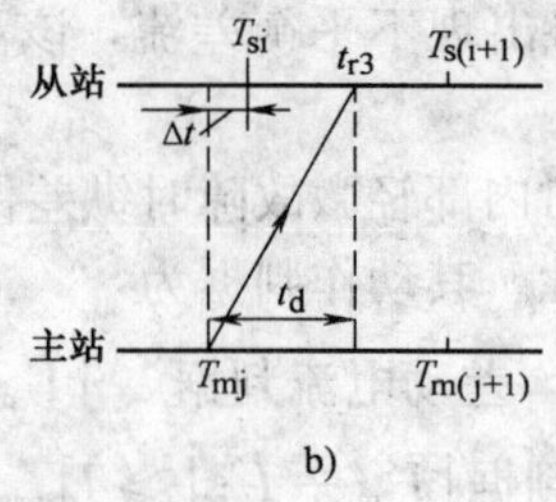

图 5-16　采样时刻调整示意图

开始采样时刻调整。

采样时刻调整的过程中，如图 5-16b 所示，从站始终保持独立采样，而主站在原固有采样周期的基础上，根据式（5-31）计算出两端采样时刻的误差 Δt，然后调整下一采样点的采样时刻。

$$\Delta t = T_{si} - T_{mj} = T_{si} - (t_{r3} - t_d) \tag{5-31}$$

故主站的下次采样的采样时刻 $T_{m(j+1)}$ 可调整为：$T_{m(j+1)} = T_{mj} + T_s + \Delta t$。若 $\Delta t > T_s$，则只调整 $\Delta t / T_s$ 的余数部分，整数部分通过调整采样标号实现。实际调整过程中，为了保证调整的稳定性，也可以采用逐步调整的做法。

采样时刻调整有如下优点：调整算法比较简单，受通道延时变化影响小，可以适应传送电流采样值或相量的不同方案。这种同步方法的不足之处是，必须满足收、发时延相等的前提条件，不适应于收发路由不同的通信系统。

2. 电容电流的影响

由于输电线路沿线分布电容的存在，使保护正常运行、外部短路时，线路两端电流之和为线路电容电流。如果输电线路较短，电容电流的影响可以忽略不计。但对于长距离的输电线路或电缆线路，由于无法忽略线路分布电容的影响，为此，不得不提高差动保护不平衡电流门坎而降低保护的灵敏度。为了克服电容电流的影响，通常采用电容电流补偿的措施，来提高纵差保护的灵敏度。

为简化起见，一般采用输电线路的 T 形或 Π 形集中参数等效电路来实现电容电流的补偿。以 Π 形集中参数电路为例，如图 5-17 所示，设母线 M、N 上的正、负、零序电压分别为 $\dot{U}_{m1}$、$\dot{U}_{m2}$、$\dot{U}_{m0}$ 和 $\dot{U}_{n1}$、$\dot{U}_{n2}$、$\dot{U}_{n0}$。一般情况下，线路全长的正、负序分布电容相等，令其为 C_1，零序分布电容为 C_0。对应线路全长的正、负序容抗为 $X_{C1} = \dfrac{1}{\omega C_1}$，零序容抗为 $X_{C0} = \dfrac{1}{\omega C_0}$。于是由图5-17可得到线路两端电容电流 $\dot{I}_{mC}$、$\dot{I}_{nC}$ 分别为

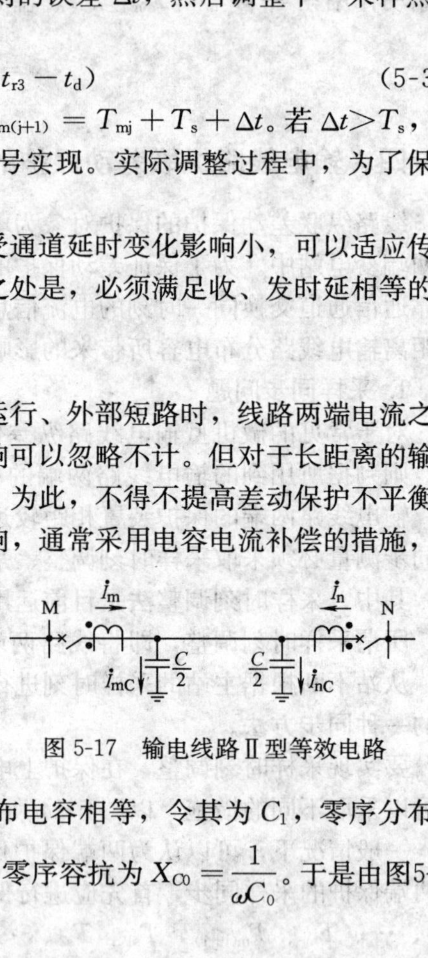

图 5-17　输电线路Ⅱ型等效电路

$$\dot{I}_{mC} = j\omega \frac{C_1}{2}(\dot{U}_{m1} + \dot{U}_{m2}) + j\omega \frac{C_0}{2}\dot{U}_{m0} = j\left(\frac{\dot{U}_{m\varphi} - \dot{U}_{m0}}{2X_{C1}} + \frac{\dot{U}_{m0}}{2X_{C0}}\right) \tag{5-32}$$

$$\dot{I}_{nC} = j\omega \frac{C_1}{2}(\dot{U}_{n1} + \dot{U}_{n2}) + j\omega \frac{C_0}{2}\dot{U}_{n0} = j\left(\frac{\dot{U}_{n\varphi} - \dot{U}_{n0}}{2X_{C1}} + \frac{\dot{U}_{n0}}{2X_{C0}}\right) \tag{5-33}$$

式中，$\dot{U}_{m\varphi}$、$\dot{U}_{n\varphi}$ 和 $\dot{U}_{m0}$、$\dot{U}_{n0}$ 分别为 M、N 母线上所测量到的相电压和零序电压。

经过补偿后，M、N 侧用于差动保护判据的电流分别为

$$\dot{I}'_{\mathrm{m}}=\dot{I}_{\mathrm{m.m}}-\mathrm{j}\left(\frac{\dot{U}_{\mathrm{m\varphi}}-\dot{U}_{\mathrm{m0}}}{2X_{\mathrm{C1}}}+\frac{\dot{U}_{\mathrm{m0}}}{2X_{\mathrm{C0}}}\right) \tag{5-34}$$

$$\dot{I}'_{\mathrm{n}}=\dot{I}_{\mathrm{n.m}}-\mathrm{j}\left(\frac{\dot{U}_{\mathrm{n\varphi}}-\dot{U}_{\mathrm{n0}}}{2X_{\mathrm{C1}}}+\frac{\dot{U}_{\mathrm{n0}}}{2X_{\mathrm{C0}}}\right) \tag{5-35}$$

式中，$\dot{I}_{\mathrm{m.m}}$、$\dot{I}_{\mathrm{n.m}}$分别为纵差保护装置在 M、N 处测量到的电流。

利用式（5-34）、式（5-35）补偿后的电流，可以构成经过电容电流补偿的差动保护判据。

五、光纤通信原理及其在纵联保护中的应用

1. 光纤通信基本原理

输电线路纵差保护在电力系统高压、超高压输电网络中的推广应用，很大程度上得益于光纤通信技术的发展和普及。线路一端保护的电流采样值或由采样值计算出的相量通过光纤通道传送到对端，并接受对端保护的电流采样值、相量，两端保护根据本端和对端的电流信息实现差动保护判据，判别区内、外故障。

所谓光纤通信是将电信号调制成光信号，通过光纤进行传输，并最终将光信号解调为电信号的一种通信手段。图 5-18 为简化单向点对点光纤通信系统示意图。光端机作为光纤通信终端设备，将经过一系列按照通信规约、数据编码等加工过的脉冲电信号，经过调制和光电变换发送至光纤通道，在接收端又将光信号检出并经过放大、解调后还原成脉冲电信号，交给后续数据解码、纠错等环节做进一步处理。

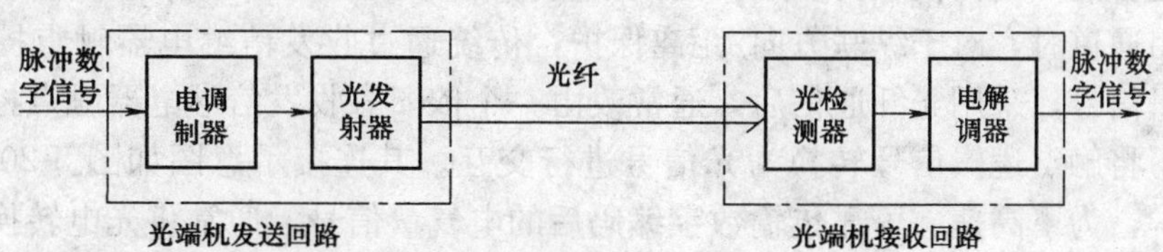

图 5-18　单向点对点光纤通信系统示意图

电信号被调制成光信号后，通过光纤将光信号传送到接收端。光纤是光导纤维的简称，其典型结构是多层同轴圆柱体，如图 5-19a 所示，自内向外为纤芯、包层和涂覆层。核心部分是纤芯和包层，其中纤芯由高度透明的材料制成，是光波的主要传输通道；包层的折射率略小于纤芯，使光的传输性能相对稳定。纤芯粗细、纤芯材料和包层材料的折射率，对光纤的特性起决定性影响。涂覆层包括一次涂覆、缓冲层和二次涂覆，保护光纤不受水汽的侵蚀和机械的擦伤，同时又增加光纤的柔韧性，起着保护光纤的作用。

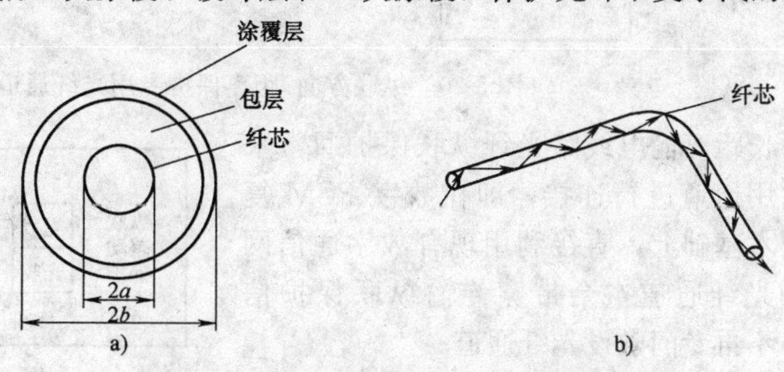

图 5-19　光纤结构及光波传导示意图

光线折射进入光纤的纤芯后，继续入射到纤芯与包层之间的交界面上。当射入纤芯和包层交界面的光线的角度合适时，就可以产生全

反射。如图 5-19b 所示，光信号通过在纤芯中不断的全反射推动向前传播。

相对于传统电缆或微波等通信方式，光纤通信具有如下的特点：

1）通信容量大、传输距离远。一根光纤的潜在带宽可达 20THz。光纤的损耗极低，在光波长为 1.55μm 附近，石英光纤损耗可低于 0.2dB/km，这比目前任何传输媒质的损耗都低。因此，无中继传输距离可达几十、甚至上百千米。

2）光纤不受电磁干扰的影响，信号之间串扰小，信号传输质量高，这一点对于继电保护来说尤为重要。

3）光纤尺寸小、重量轻，更适于远距离敷设和运输。

4）光纤由石英玻璃拉制成形，原材料来源丰富，并节约了大量有色金属。

当然，光纤通信也有美中不足的地方：

1）光纤弯曲半径不宜过小。

2）光纤的切断和连接操作技术复杂。

3）分路、耦合繁琐。

2. 光纤通道连接方式

纵联保护通过光纤通道交换信息有两种不同形式：一种是通过交换逻辑信息，如传递“允许”、“闭锁”等，构成允许式或闭锁式纵联方向/距离保护；另一种是通过交换数字编码所表示的电气量信息来构成纵联差动保护。

继电保护通信所采用的光纤通道一种为保护专用的光纤通道，另一种利用现有的数字通信网络构成的复用通道。其中复用通道又可分为 64kbit/s PCM 复用和 2Mbit/s 口复用两种情况。前者随着光纤通信技术的发展，通信带宽的增长，已经逐渐退出应用领域。

采用专用通道时，对于纵联方向/距离保护，传统通过收发信继电器触点控制高频收发信机传递逻辑信号，采用光纤通信后，通常改由一个依旧靠收发信继电器触点控制的光电信号转换装置，将触点逻辑信号转换为光信号进行交互。其连接示意图如图 5-20 所示。对于纵联差动保护，为了高速、可靠传输数字编码后的电气量信号，通常将光电转换功能置于保护机箱内，机箱对外直接采用光纤连接，如图 5-21 所示。专用光纤通道具有设备简单、连接可靠性高、管理方便等优点，但由于需要专门铺设光缆，考虑建设成本等因素的影响，在 100km 内的输电线路往往可以架设继电保护专用光纤通道。

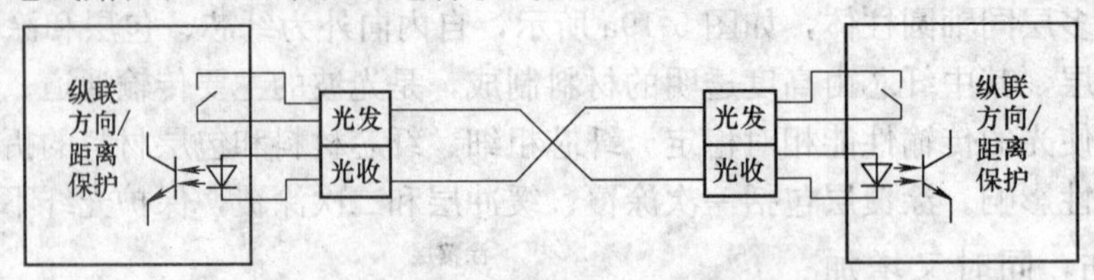

图 5-20　纵联方向/距离保护专用光纤通道连接示意图

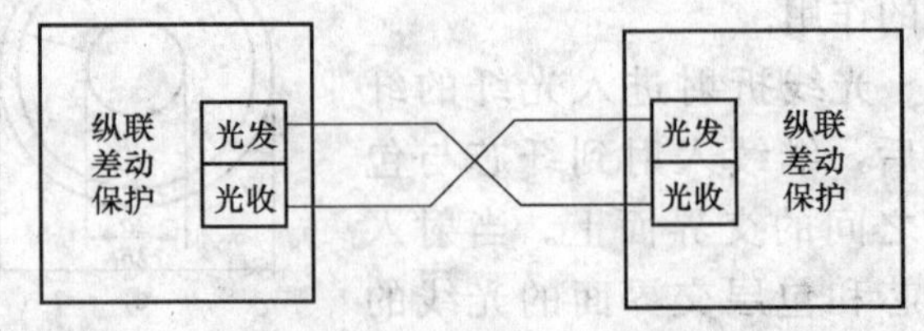

图 5-21　纵联差动保护专用光纤通道连接示意图

长距离输电线路光纤纵联保护通常采用复用通道进行连接，即在数字 PCM 复接技术基础上，直接利用现有数字通信网中的光纤通道空余带宽传输纵联保护信息，不再专门敷设光纤通道。

我国电力系统中数字通信网广泛采用

SDH 网作为骨干通信网。SDH（Synchronous Digital Hierarchy，同步数字体系）是一种将复接、线路传输及交换功能融为一体、并由统一网管系统操作的综合信息传送网络，是美国贝尔通信技术研究所提出来的同步光网络（SONET）。国际电话电报咨询委员会（CCITT）（现为 ITU-T）于 1988 年接受了 SONET 概念并重新命名为 SDH，使其成为不仅适用于光纤也适用于微波和卫星传输的通用技术体制。它可实现网络有效管理、实时业务监控、动态网络维护、不同厂商设备间的互通等多项功能，能大大提高网络资源利用率、降低管理及维护费用、实现灵活可靠和高效的网络运行与维护，因此是当今世界信息领域在传输技术方面的发展和应用的热点，受到人们的广泛重视。SDH 技术自从 90 年代引入以来，至今已经是一种成熟、标准的技术，在骨干网中被广泛采用，且价格越来越低，在接入网中应用可以将 SDH 技术在核心网中的巨大带宽优势和技术优势带入接入网领域，充分利用 SDH 同步复用、标准化的光接口、强大的网管能力、灵活网络拓扑能力和高可靠性带来的好处。

SDH 采用的信息结构等级称为同步传送模块 STM-N（Synchronous Transport，N=1，4，16，64），最基本的模块为 STM-1，4 个 STM-1 同步复用构成 STM-4，16 个 STM-1 或 4 个 STM-4 同步复用构成 STM-16；SDH 的帧按串型码流依次传输，每帧传输时间为 125μs，每秒传输 1/125×1000000 帧，对 STM-1 而言，每帧字节为8bit×(9×270×1)=19440bit，则 STM-1 的传输速率为 19440×8000bit/s=155.520Mbit/s；为了实现纵联保护信息的交互，须将欲传输的信息编码后接入以 E1（2.048Mbit/s）为基群的复接设备中，经过一系列复用映射，最终接入 SDH。复用通道的使用不但节省了光缆和施工费用，而且可以利用 SDH 自愈环提高保护通道的冗余和可靠性。

安装于保护控制室中的纵联保护装置或光电转换装置，通过光纤将信号传送到通信控制室，经过 2Mbit/s 复接设备将编码后的信号接入大光缆，最终实现通信的全过程。基于复用通道的纵联方向、距离保护及差动保护的通道构成如图 5-22、图 5-23 所示。

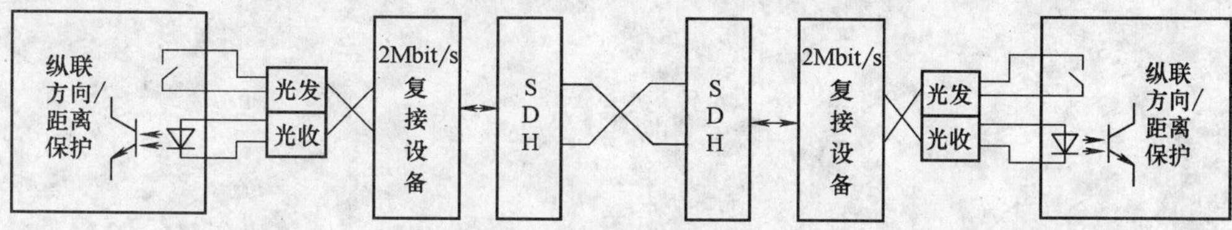

图 5-22　纵联方向/距离保护复用光纤通道连接示意图

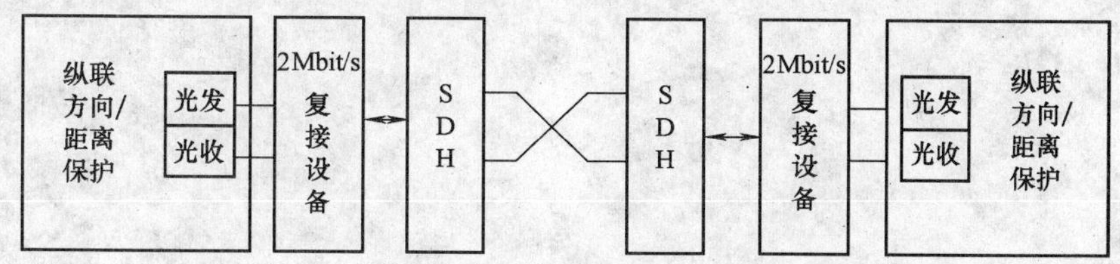

图 5-23　纵联差动保护复用光纤通道连接示意图

习题与思考题

1. 试简述纵联保护通过高频载波、微波、光纤等通道交换的逻辑信号有哪些类型，它们各自有什么作用？

2. 以交换闭锁信号的纵联闭锁式方向保护为例，试说明方向纵联保护的基本原理。

3. 试简要叙述闭锁式纵联保护电流起动发信方式的基本原理。

4. 试简要叙述闭锁式纵联保护远方起动发信方式的基本原理。

5. 试简要叙述闭锁式纵联保护方向元件起动发信方式的基本原理。

6. 常见基于故障分量的方向判别原理有哪些？试简述其基本原理。

7. 为何方向纵联保护会出现大电源侧灵敏度不足的问题？采取何措施可以解决该问题？

8. 什么是功率倒向？其对方向纵联保护有何影响？

9. 何为功率分点？功率分点发生故障对方向纵联保护有何影响？

10. 什么是距离纵联保护？其与方向纵联保护有何异同？

11. 试简述相-地制高频通道的基本构成。

12. 常见高频通道的工作方式有哪些？试简述其基本原理。

13. 试简述电流差动保护的基本原理。

14. 试简要解释纵联差动保护为什么要采用制动特性？常见制动特性有哪些？

15. 试简要分析比率制动差动保护的动作特性？

16. 为什么说输电线路纵联差动保护存在采样同步问题？试举例说明为使线路两侧纵联差动保护同步采样，如何进行采样时刻调整？

17. 试分析电容电流对输电线路纵联差动保护的影响，并简述克服电容电流影响的方法。

第六章　自动重合闸

第一节　自动重合闸的作用及对它的基本要求

一、自动重合闸的作用

电力系统中的故障，大多数是送电线路的故障，其中架空线路的故障率最高。架空线路故障大多是“瞬时性”的，例如由雷电引起的绝缘子表面闪络，大风引起的碰线，通过鸟类以及树枝等掉落在导线上引起的短路等。当线路被继电保护迅速断开后，电弧自行熄灭，故障点的绝缘强度重新恢复，外界物体被移开或烧掉而消失。此时，如果把断开的线路断路器再合上，就能恢复正常的供电，因此称这类故障是“瞬时性故障”。对于由于线路倒杆、断线、绝缘子击穿或损坏等引起的故障，称为“永久性故障”。因为在线路被断开后，它们仍然存在，此时即使再合上电源，线路会被继电保护再次断开，也不能恢复正常的供电。

由于架空线路发生瞬时性故障的概率很高，因此，在线路被断开后再进行一次合闸，就有可能大大提高供电的可靠性。为此在电力系统中广泛采用了自动重合闸装置（缩写为AR)，即当断路器跳闸之后，能够自动地将断路器重新合闸的装置。

在线路上装设重合闸装置以后，由于它不能够判断是瞬时性故障还是永久性故障，因此，在重合以后可能成功恢复供电，也可能不成功。用重合成功的次数与总动作次数之比来表示重合闸的成功率，根据运行资料的统计，成功率一般在60％～90％之间。

在电力系统中采用重合闸技术有显著的技术经济效果，可以大大提高供电的可靠性，减少线路停电的次数，这对单侧电源的单回线路尤为显著；在高压输电线路上采用重合闸，还可以提高电力系统并列运行的稳定性，从而提高输电线路的输送容量。而且重合闸的投资很低，工作可靠，因此，在架空线路上获得了广泛的应用。

但是，如果重合于永久性故障，将使电力系统再一次受到故障的冲击，并可能降低系统并列运行的稳定性；而且要求断路器在很短的时间内连续两次切断短路电流，会使其工作条件变得更加严重。因而，在短路容量较大的电力系统中，这些不利的条件往往限制了重合闸的使用。

二、对自动重合闸的基本要求

一般情况下，当值班人员手动操作或遥控操作断路器跳闸时，或手动合闸于故障线路而跳闸时，自动重合闸装置均不应该进行合闸动作。除此以外，任何原因使断路器跳闸时，自动重合闸装置均应使其重新合闸。重合闸动作应满足以下基本要求：

1）不同电压等级的线路应根据电力网络结构和线路的特点确定具体的重合闸方式。一般情况下，110kV及以下线路均采用三相重合闸装置；对220kV线路，满足采用三相重合闸的要求时，可装设三相重合闸装置，否则装设单相重合闸或综合重合闸装置；330～

500kV 线路可装设单相重合闸或综合重合闸装置。

2）在满足故障点去游离（即介质恢复绝缘能力）和断路器消弧室以及传动机构准备好再次动作所需时间的前提下，自动重合闸装置的动作时间应该尽量短，以使用户的停电时间相应缩短。一般自动重合闸动作时限为 0.5～1.5s。

3）自动重合闸装置应具备与继电保护装置密切配合的条件，以提高和改善保护技术性能，自动重合闸装置应有可能在重合以前或以后加速继电保护的动作，以便加速故障的切除。

4）在双侧电源线路上实现自动重合闸时，应考虑合闸时两侧电源的同步问题。

5）自动重合闸装置的动作次数应符合预先的规定。一般自动重合一次，当重合于永久性故障而再次跳闸以后，不应该再动作。

6）自动重合闸装置动作后应该能够自动复归，准备好下一次再动作，对于雷击机会较多的线路，为了发挥自动重合闸的效果，这一要求更是必要的。

7）当断路器处于不正常状态（如操作机构中使用的气压、液压降低等）时应闭锁自动重合闸装置。

第二节 三相自动重合闸

一、单侧电源线路的三相重合闸

三相一次重合闸的跳、合闸方式为无论本线路发生任何类型的故障，继电保护装置均将三相断路器跳开，然后重合闸起动，经过整定的时间后，发出合闸命令，将三相断路器一起合上。若是瞬时性故障，因故障已经消失，合闸成功，线路继续运行；若是永久性故障，继电保护再次动作跳开三相，不再重合。

为了能尽量利用重合闸所提供的条件加速切除故障，通常采用以下两种与继电保护配合的方式：

1. 重合闸前加速保护

即在重合闸动作之前加速保护的动作，简称“前加速”方式。如图 6-1 所示的网络接线，假定在每条线路上均装设过电流保护，其动作时限按阶梯型原则来配合。因而，在靠近电源端保护 1 处的时限就很长。为了加速故障的切除，可在保护 1 处采用前加速的方式，即当任何一条线路上发生故障时，第一次都由保护 1 瞬时动作予以切除。如果故障是在线路 E-F 以外（如 k_1 点），则保护 1 的动作是无选择性的。但是断路器 1 跳闸后，立即起动重合闸，如果故障是瞬时性的，则重合之后就恢复了供

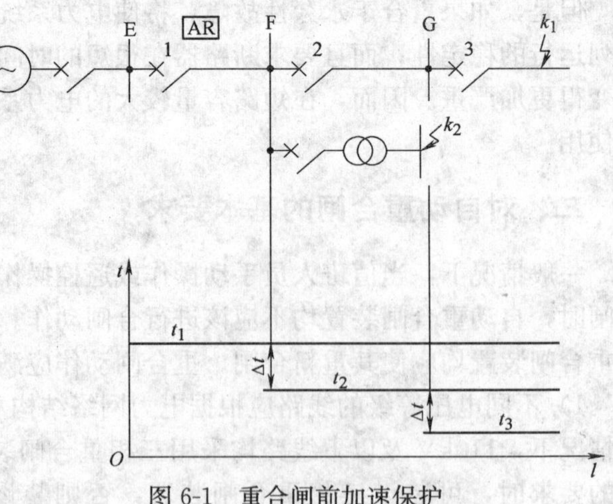

图 6-1 重合闸前加速保护

电，从而纠正了上述无选择性的动作。如果故障是永久性的，则故障由相应线路的保护（k_1点短路时的保护 3）再次切除。为了使无选择性的动作范围不至于扩展得太长，一般规定当变压器低压侧短路时，保护 1 不应动作。因此，保护 1 的起动电流还应按照躲开相邻变压器低压侧的短路（k_2 点）来整定。

前加速方式能快速切除瞬时性故障，而且只需要在电源侧的断路器上装设一套自动重合闸装置，简单经济，但是该断路器动作次数较多，工作条件比其他断路器恶劣，最大的缺点是若该断路器或自动重合闸装置拒动，则扩大了停电范围。前加速方式主要用于 35kV 以下由发电厂或重要变电所引出的直配线路上，以便快速切除故障，保证母线电压。

2. 重合闸后加速保护

这种方式在重合闸动作之后加速保护动作，简称“后加速”。即当线路发生故障时保护有选择性地动作切除故障，然后自动重合，若重合于永久性故障上，则在断路器合闸后，再加速保护动作，瞬时切除故障，与第一次动作是否带有时限无关。

采用重合闸后加速时，必须在线路的每个断路器上均装设一套自动重合闸装置。由于保护第一次跳闸是有选择性的切除故障，所以即使重合闸拒绝动作，也不会扩大停电范围。

后加速方式广泛应用于 35kV 以上的电网和对重要负荷供电的送电线路上。因为在这些线路上一般都装有性能比较完善的保护装置，例如，三段式电流保护、距离保护等，因此，第一次有选择性地切除故障的时间（瞬时动作或具有 0.3～0.5s 的延时）均为系统运行所允许，而在重合闸以后加速保护的动作（一般是加速第Ⅱ段的动作，有时也可以加速第Ⅲ段的动作），就可以更快地切除永久性故障。

二、双侧电源线路的三相重合闸

1. 双侧电源送电线路重合闸的特点

在双侧电源的送电线路上实现重合闸时，除了应该满足前面提出的各项要求以外，还必须考虑如下的特点：

1）当线路上发生故障时，两侧的保护装置可能以不同的时限动作于跳闸，例如在一侧为第Ⅰ段动作，另一侧为第Ⅱ段动作，此时为了保证故障点电弧的熄灭和绝缘强度的恢复，以使重合闸有可能成功，线路两侧的重合闸必须保证在两侧的断路器都跳闸以后，再进行重合。

2）当线路上发生故障跳闸以后，常常存在着重合闸时两侧电源是否同期，以及是否允许非同期合闸的问题。

因此，双侧电源线路上的重合闸，应根据电网的接线方式和运行情况，选择合适的重合闸方式。

2. 双侧电源送电线路重合闸的主要方式

（1）非同期重合闸　当线路两侧断路器跳闸后，不管两侧电源是否同步，直接重合，合闸后期待系统自动拉入同步，此时系统中各电力元件都将受到冲击电流的影响。当冲击电流不超过电力系统规程规定的允许值时，可以采用非同期重合闸方式，否则不允许采用这种方式。

（2）检同期重合闸　当两侧电源必须满足同期条件才能合闸时，需要使用检查同期的重合闸方式。检查同期的重合闸方式实现较为复杂，可以根据具体的网络结构采取以下形式：

1）可以不检查同期的重合闸方式。并列运行的发电厂或电力系统之间，在电气上有紧密联系时（例如具有三个以上联系的线路或三个紧密联系的线路，如图 6-2 中电源 E 和 G 之间的关系），由于同时断开所有联系的可能性几乎是不存在的，因此，当任一条线路断开以后又进行重合闸时，都不会出现非同期合闸的问题。在这种情况下，可以不检查同期而直接重合。并列运行的发电厂或电力系统之间，在电气上联系较弱时，例如只有两个联系的线路或三个弱联系的线路，当其他的重合闸方式实现困难时，可在正常运行方式下采用不检查同期的重合闸，而当出现其他联络线均断开，只有一回线路运行时，将重合闸停用，以避免发生非同期重合的情况。

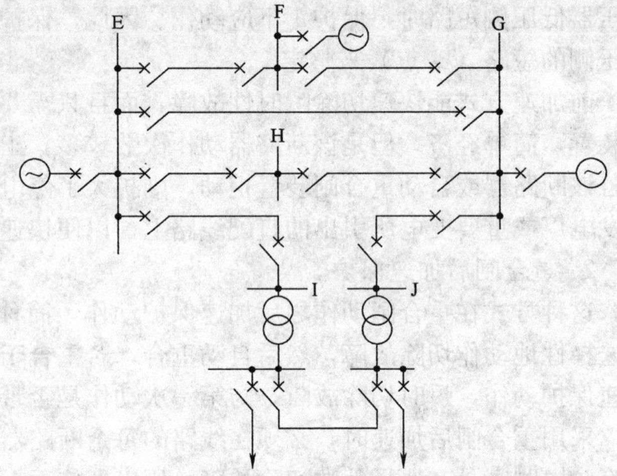

图 6-2　可以不检查同期进行重合的网络接线

2）双回线路上检查电流的重合闸方式。在没有其他旁路联系的双回线路上，如图 6-3 所示，当不能采用非同期重合闸时，可采用检定另一回线路上有电流的重合闸方式。因为当另一回线路上有电流时，即表示两侧电源仍保持联系，一般是同步的，因此可以重合。采用这种重合闸方式的优点是因为电流检定比同期检定简单。

3）具有同期检定和无电压检定的重合闸方式。当在两侧电源的线路上不可以采用非同期重合闸时，应该采用检查同期的重合闸。这种重合闸方式的好处是不会产生很大的冲击电流，合闸后也能很快就拉入同步。

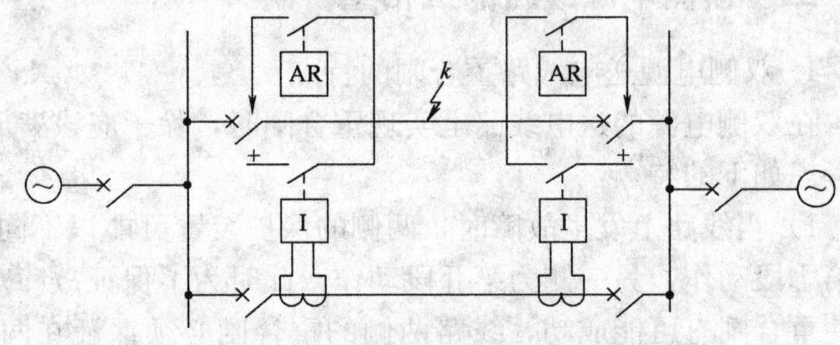

图 6-3　双回线路上采用检查另一回线路有电流的重合闸示意图

具有同期检定和无电压检定的重合闸基本原理如图 6-4 所示，除了在线路两侧均装设重

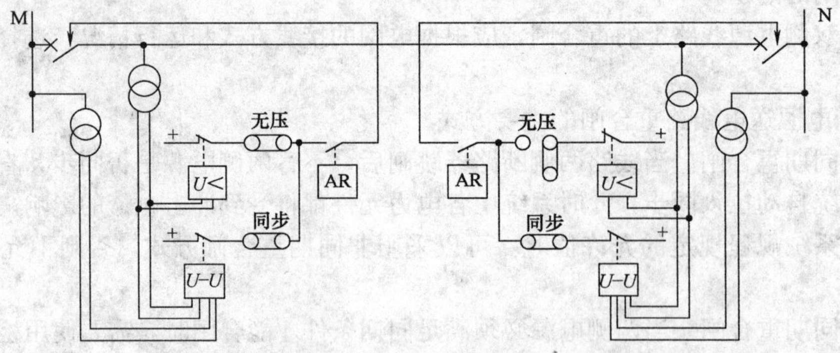

图 6-4　采用同期检定和无电压检定重合闸的示意图

合闸装置之外，在线路的一侧加装了无电压检定元件，其作用是检查线路有没有电压存在，而在线路的另一侧装设同期检定元件用以检测二侧电压的相位差。

当线路发生故障，两侧断路器跳闸以后，检定线路无电压一侧的重合闸首先动作，使断路器投入。如果重合不成功，则该侧断路器再次跳闸。此时，由于线路另一侧没有电压，同期检定元件不动作，因此，该侧重合闸根本不起动。如果重合成功，则另一侧在检定同期之后，再投入断路器，线路即恢复正常工作。由此可见，在检定线路无电压一侧的断路器，如果重合不成功，就要连续两次切断短路电流，因此，该断路器的工作条件就要比同期检定一侧断路器的工作条件恶劣。为了解决这个问题，通常在每一侧都装设同期检定元件和无电压检定元件，利用连接片进行切换，使两侧断路器轮换使用每种检定方式的重合闸，因而使两侧断路器工作的条件接近相同。

在使用检查线路无电压方式的一侧，当其断路器在正常运行情况下由于某种原因（如误碰跳闸机构，保护误动作等）而跳闸时，由于对侧并未动作，因此，线路上有电压，因而就不能实现重合，这是一个很大的缺陷。为了解决这个问题，通常都是在检定无电压的一侧同时投入同期检定元件，两者的触点并联工作。此时如遇有上述情况，则同期检定元件就能够起作用，当符合同期条件时，即可将误跳闸的断路器重新投入。但是，在使用同期检定的另一侧，其无电压检定元件是绝对不允许同时投入的。

（3）解列重合闸　如图 6-5 所示，正常时由系统向小电源侧输送功率，当线路（如 k 点）发生故障后，系统侧的保护动作使线路断路器跳闸，小电源的保护动作则使解列点跳闸，而不跳故障线路的断路器，小电源与系统解列后，其容量应基本上与所带的重要负荷相平衡，这样就可以保证地区重要负荷的连续供电并保证电能的质量。在两侧断路器跳闸后，系统侧的重合闸检查线路无电压，在确认对侧已跳闸后进行重合，如重合成功，则由系统恢复对地区非重要负荷的供电，然后，再在解列点处实施同期并列，即可恢复正常运行。如果重合不成功，则系统侧的保护再次动作跳闸，地区的非重要负荷将被迫中断供电。

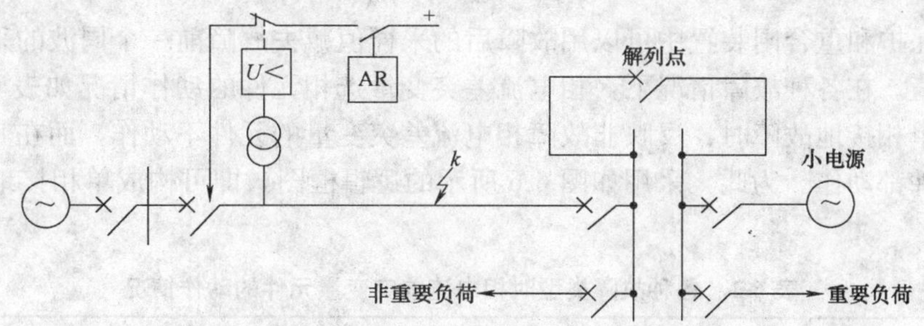

图 6-5　单回线络上采用解列重合闸的示意图

解列点的选择原则应是，尽量使发电厂的容量与其所带的负荷接近平衡，这是这种重合闸方式所必须考虑并加以解决的问题。

第三节　单相自动重合闸

当送电线路上发生单相接地短路或是相间短路，继电保护动作后由断路器将三相断开，然后重合闸再将三相投入，这就是三相自动重合闸。但是，在 220～500kV 的架空线路上，由于线间的距离大，运行经验表明，其中绝大部分故障都是单相接地短路，在这种情况下，如果只将发生故障的一相断开，然后再进行单相重合，而未发生故障的两相仍然继续运行，就能够大大提高供电的可靠性和系统并列运行的稳定性，这种方式的重合闸就是单相重合闸。采用单相重合闸方式，当线路上发生单相接地短路时，如果是瞬时性故障，则单相重合成功，恢复三相的正常运行，如果是永久性故障，单相重合不成功，若系统不允许长期非全相运行，就应该切除三相并不再进行重合。若线路上发生相间短路，则跳开三相而不重合。

一、单相自动重合闸的选相元件

为实现单相重合闸，首先必须有故障相的选择元件（简称选相元件）。对选相元件的基本要求如下：

1）应保证选择性，即选相元件与继电保护相配合只跳开发生故障的一相，而接于另外两相上的选相元件不应动作。

2）在故障相末端发生单相接地短路时，接于该相上的选相元件应保证有足够的灵敏性。

故障选相可以由电流选相元件、电压选相元件或阻抗选相元件来实现。相电流选相元件仅适用于电源侧，且灵敏度较低，容易受系统运行方式和负荷电流的影响，一般只作辅助选相之用。相电压选相元件仅适用于短路容量特别小的线路一侧以及单电源线路的受电侧，应用场合受到限制。阻抗选相元件容易受负荷电流和接地故障时过渡电阻的影响，近年来很少作独立选相元件使用。

以下介绍微机保护装置中常用的相电流差突变量选相元件。根据故障时电气量发生突变的原理构成，利用每两相的相电流之差构成的三个选相元件分别为

$$d\dot{I}_{AB}=d(\dot{I}_A-\dot{I}_B)$$
$$d\dot{I}_{BC}=d(\dot{I}_B-\dot{I}_C)$$
$$d\dot{I}_{CA}=d(\dot{I}_C-\dot{I}_A)$$

在微机保护和重合闸装置中可以用故障后的采样值减去故障前一个周波的采样值得到突变量的采样值。在各种故障情况下，相电流差突变量选相元件的动作情况如表 6-1 所示。由表可见，在单相接地故障时，反映非故障相电流差突变量的元件不动作，而在其他故障情况下，三个元件都动作。为此，采用如图 6-6 所示的逻辑框图，即可构成单相接地故障的选相元件。

表 6-1　各种故障类型时相电流差突变量元件的动作情况

故障类型	故障相别	选相元件		
		$d(I_A-I_B)$	$d(I_B-I_C)$	$d(I_C-I_A)$
单相接地	A	+	−	+
	B	+	+	−
	C	−	+	+
两相短路或两相短路接地	AB	+	+	+
	BC	+	+	+
	CA	+	+	+
三相短路	ABC	+	+	+

注：“+”表示动作；“−”表示不动作。

近来还出现了一些新原理的选相元件，如反映于故障相和非故障相电压比值的选相元件，反映各对称分量（$\dot{I}_1$、$\dot{I}_2$、$\dot{I}_0$）电流间相位关系的选相元件等。

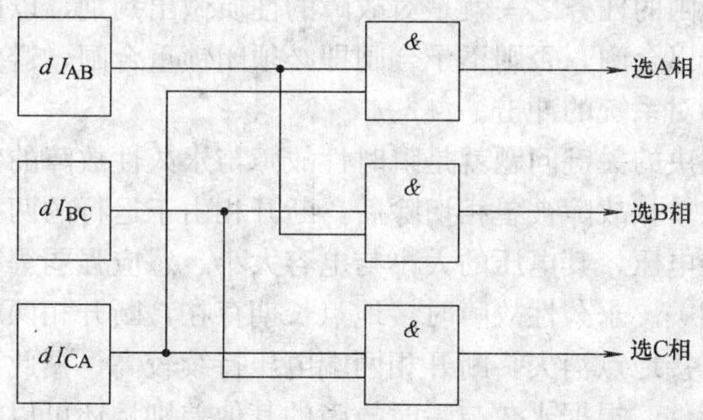

图 6-6 采用相电流差突变量构成选相元件的逻辑框图

二、单相自动重合闸的特点

采用单相重合闸能在绝大多数的故障情况下保证对用户的连续供电，从而提高供电的可靠性。当由单侧电源单回线路向重要负荷供电时，对保证不间断地供电更有显著的优越性。在双侧电源的联络线上采用单相重合闸，可以在故障时大大加强两个系统之间的联系，从而提高系统并列运行的稳定性。对于联系比较薄弱的系统，当三相切除并继之以三相重合闸而很难再恢复同步时，采用单相重合闸就能避免两系统的解列。

但是，实现单相重合闸需要有分相操作的断路器以及能与继电保护配合工作的故障选相单元。而且在单相重合闸过程中，由于出现纵向不对称，因此将产生负序和零序分量，这就可能引起本线路保护以及系统中其他保护的误动作。对于可能误动作的保护，应在单相重合闸动作时予以闭锁，或者整定保护的动作时限大于单相重合闸的时限。

为了实现对误动作保护的闭锁，在单相重合闸与继电保护相连接的输入端都设有两个端子：一个端子接入非全相运行中仍然继续工作的保护，习惯上称为 N 端子；另一个接入在非全相运行中可能误动作的保护，称为 M 端子。在重合闸起动以后，利用“否”回路将接于 M 端的保护闭锁。当断路器被重合而恢复全相运行时，这些保护也立即恢复工作。

由于单相重合闸具有以上特点，并且在实践中证明了它的优越性。因此，已在 220～500kV 的线路上获得了广泛的应用。对于 110kV 的电力网，其断路器一般采用三相联动操作，所以一般不用这种重合闸方式，只在由单侧电源向重要负荷供电并有分相操作断路器的某些线路，以及根据系统运行需要装设单相重合闸的某些重要线路上，才考虑使用。

三、自适应单相重合闸的概念

据近年对我国电网线路保护的重合闸动作成功率统计，220kV 输电线路的成功率为 83%左右，500kV 输电线路为 84%左右，说明有 16%～17%的故障是永久性故障。目前电力系统中实用的自动重合闸装置是不能预先判定故障是瞬时性的还是永久性的。如果故障是瞬时性的，则重合成功，但是如果重合于永久性故障，将使电力设备在短时间内受两次故障电流的冲击，加速了设备的损坏，而且可能造成稳定性的破坏。如果单相故障被单相切除后，能够判别故障是永久性还是瞬时性，并且在永久性故障时闭锁重合闸，就可以避免重合于永久性故障时的不利影响。这种能自动识别故障的性质，在永久性故障时不重合的重合闸称为自适应重合闸。

显然，自适应重合闸的任务之一就是对故障的性质做出判别，以确定是否应该合闸。当故障为瞬时性时表明可以合闸，否则不予合闸即必须闭锁重合闸，避免了传统重合闸装置的盲目性，从而可以减小对系统的冲击。

自适应重合闸要解决的关键问题就是瞬时性故障与永久性故障的判别和区分，可以利用以下特点进行判别。在单相故障被单相切除后，断开相由于运行的两相电容耦合和电磁感应的作用，仍然有一定的电压，其电压的大小与电容大小、感应强弱等有关，还与断开相是否继续存在接地点直接相关。永久性故障时接地点长期存在，断开相两端电压持续较低；瞬时性故障当电弧熄灭后，接地点消失，断开相两端电压持续较高；据此可以构成电压判据的永久与瞬时故障的识别元件。根据永久与瞬时故障的其他差别，还可以构成电压补偿、组合补偿等识别元件。

第四节　综合重合闸简介

以上讨论了三相重合闸和单相重合闸的基本原理以及实现中需要考虑的一些问题。在具有单相重合闸功能的同时，如果发生各种相间故障时仍然需要切除三相，再进行三相重合，如果重合不成功则再次断开三相而不再进行重合。此种功能称之为“综合重合闸”。为了使自动重合闸装置具有多种性能，并且使用灵活方便，系统中通过切换方式能实现综合重合闸、单相重合闸、三相重合闸和停用 4 种运行方式。停用方式是当线路发生任何类型故障时，由保护直接跳三相断路器，不起动重合闸。

实现综合重合闸的逻辑时，应考虑一些基本原则：

1）单相接地短路时跳开单相，然后进行单相重合，如果重合不成功则跳开三相而不再进行重合。

2）各种相间短路时跳开三相，然后进行三相重合。如重合不成功，仍跳开三相，而不再进行重合。

3）当选相元件拒绝动作时，应能跳开三相并进行三相重合。

4）对于非全相运行中可能误动作的保护，应进行可靠的闭锁，对于在单相接地时可能误动作的相间保护，应有防止单相接地误跳三相的措施。

5）当一相跳开后重合闸拒绝动作时，为了防止线路长期出现非全相运行，应将其他两相自动断开。

6）任意两相的分相跳闸继电器动作后，应联跳第三相，使三相断路器均跳闸。

7）无论单相或三相重合闸，在重合不成功之后，均应考虑能加速切除三相，即实现重合闸后加速。

8）在非全相运行过程中，如又发生另一相或两相的故障，保护应能有选择性地予以切除。

9）对空气断路器或液压传动的断路器，当气压或者液压低至不允许实行重合闸时，应将重合闸回路自动闭锁；但如果在重合闸过程中下降到低于允许值时，则应保证重合闸动作的完成。

第五节　重合闸动作时限的整定原则

1. 单侧电源线路三相重合闸的动作时限

为了尽可能减少电源中断的时间，重合闸动作时限原则上应越短越好。因为当电源中断后，电动机由于被负荷所制动，电动机的转速会急速下降，当重合闸成功恢复供电后，很多电动机要自起动，而自起动电流很大，这样往往会引起电网内电压的降低，因而又造成自起动的困难或者拖延其恢复正常工作的时间。电源中断的时间越长则影响就越严重。

既然如此，重合闸为何又要带有时限？其原因如下：

1）断路器跳闸后，要使故障点的电弧熄灭并使周围介质恢复绝缘强度是需要一定时间的，必须在这个时间以后进行合闸才有可能成功。在考虑上述时间时，在单端电源只跳开电源侧开关的情况下，还必须计及负荷电动机向故障点反馈电流所产生的影响，因为它是使绝缘强度恢复变慢的因素。

2）在断路器动作跳闸以后，其触头周围绝缘强度的恢复以及灭弧室的灭弧介质性能恢复需要一定的时间，同时其操作机构恢复原状准备好再次动作也需要一定的时间。重合闸必须在这个时间以后才能向断路器发出合闸脉冲，否则，如果重合在永久性故障上，就可能发生断路器爆炸的严重事故。

因此，重合闸的动作时限应该在满足以上两个要求的前提下，力求缩短。如果重合闸是利用继电保护来起动，则动作时限还应该加上断路器的跳闸时间。

2. 双侧电源线路三相重合闸的动作时限

双侧电源线路三相重合闸的动作时限除满足以上要求外，还应该考虑线路两侧继电保护以不同时限切除故障的可能性。

从最不利的情况出发，每一侧的重合闸都应该以本侧先跳闸而对侧后跳闸来作为考虑整定时间的依据。如图 6-7 所示，假设本侧保护（保护 1）的动作时间为 $t_{PD.1}$，断路器跳闸时间为 $t_{QF.1}$，对侧保护（保护 2）的动作时间为 $t_{PD.2}$，断路器的动作时间为 $t_{QF.2}$，则在本侧跳闸以后，对侧还需要经过（$t_{PD.2}+t_{QF.2}-t_{PD.1}-t_{QF.1}$）的时间才能跳闸。再考虑故障点灭弧和周围介质去游离的时间 t_u，则先跳闸一侧重合闸的动作时限应该整定为

$$t_{AR}=t_{PD.2}+t_{QF.2}-t_{PD.1}-t_{QF.1}+t_u$$

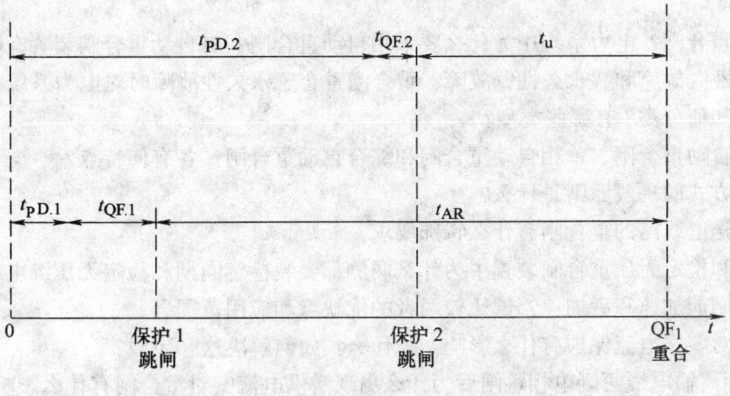

图 6-7　双侧电源线路重合闸动作时限配合的示意图

当线路上装设三段式电流或距离保护时，$t_{PD.1}$应该采用本侧Ⅰ段保护的动作时间，而$t_{PD.2}$一般采用对侧Ⅱ段（或Ⅲ段）保护的动作时间。

3. 单相重合闸的动作时限

当采用单相重合闸时，其动作时限的选择应满足三相重合闸时所提出的要求（即大于故障点灭弧时间及周围介质去游离的时间，大于断路器及其操作机构复归原状准备好再次动作的时间）以及不论是单侧电源还是双侧电源，均应考虑两侧选相元件与继电保护以不同时限切除故障的可能性。除此以外，还应考虑潜供电流对灭弧所产生的影响。当故障相线路自两侧切除后，如图6-8所示，由于非故障相与断开相之间存在有静电（通过电容）和电磁（通过互感）的联系，虽然短路电流已被切断，但在故障点的弧光通道中，仍然有电流，在C相故障并两侧跳开C相断路器后：

1）非故障相A通过A-C相间的电容C_{AC}供给电流$\dot{I}_{A\text{-}C}$。

2）非故障相B通过B-C相间的电容C_{BC}供给电流$\dot{I}_{B\text{-}C}$。

3）继续运行的两相中，流过的负荷电流在C相中产生互感电动势$\dot{E}_M$，此电动势通过故障点和该相对地电容C_0而产生的电流$\dot{I}_{C0}$。

这些电流的总和称为潜供电流$\dot{I}_{sac}$。由于潜供电流的影响，将使短路时弧光通道的去游离严重受到阻碍，而自动重合闸只有在故障点电弧熄灭且绝缘强度恢复以后才有可能成功，因此，单相重合闸的时限必须考虑潜供电流的影响。一般线路的电压越高，线路越长，则潜供电流就越大。潜供电流的持续时间不仅与其大小有关，而且也与故障电流的大小、故障切除的时间、弧光的长度以及故障点的风速等因素有关。因此，为了正确地整定单相重合闸的时限，国内外许多电力系统都是由实测来确定熄弧时间。如我国某电力系统中，在220kV的线路上，根据实测确定保证单相重合闸期间的熄弧时间应在0.6s以上。

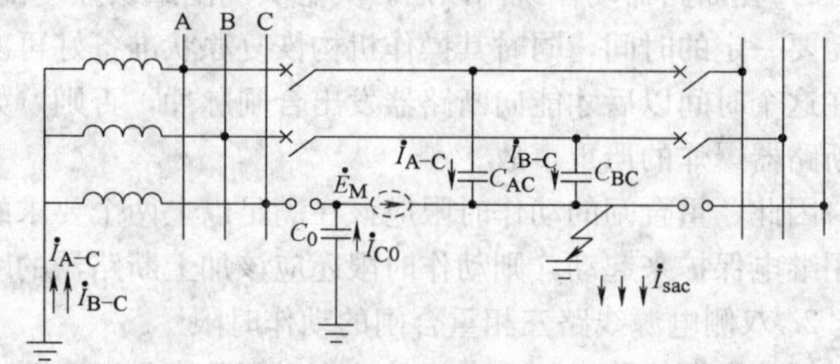

图6-8 C相单相接地时，潜供电流的示意图

习题与思考题

1. 什么是自动重合闸？电力系统中为什么要采用自动重合闸？对自动重合闸装置有哪些基本要求？
2. 何谓“瞬时性”故障和“永久性”故障？重合闸重合于永久性故障时对电力系统有什么不利影响？
3. 自动重合闸如何分类？有哪些类型？
4. 什么是三相自动重合闸、单相自动重合闸和综合自动重合闸？各有何特点？
5. 选用重合闸方式的一般原则是什么？
6. 对双侧电源送电线路的重合闸有什么特殊要求？
7. 在检定同期和检定无压重合闸装置中为什么两侧都要装检定同期和检定无压继电器？
8. 什么叫重合闸前加速和后加速？试比较两者的优缺点和应用范围。
9. 综合重合闸对零序电流保护有什么影响？为什么？如何解决这一矛盾？
10. 超高压远距离输电线两侧单相跳闸后为什么出现潜供电流？对重合闸有什么影响？
11. 线路高频保护停用对重合闸的使用有什么影响？

12. 双侧电源自动重合闸的动作时间选择与单侧电源的有何不同？单相自动重合闸动作时间应如何选择？

13. 图 6-4 所示的双侧电源线路 M-N，在 M 侧采用检定无压的重合闸方式，N 侧采用检定同期的重合闸方式，线路两侧采用距离保护作主保护，其Ⅰ段动作时间为 0.05s，Ⅱ段动作时间为 0.5s，Ⅰ段的可靠系数 0.8；M 侧断路器的合闸时间为 0.3s，跳闸时间为 0.08s，重合闸动作时间为 0.8s；N 侧断路器的合闸时间为 0.8s，跳闸时间为 0.1s，重合闸动作时间为 0.8s，裕度时间取 0.3s（包括检查同步继电器的动作时间在内）。试问：下述瞬时性故障情况下，在故障发生后多长时间，线路才恢复正常供电？

（1）在线路中点短路。

（2）在线路 M 侧断路器出口处短路。

（3）在线路 N 侧断路器出口处短路。

第七章　电力变压器的保护

第一节　电力变压器的故障类型、不正常运行状态及相应的保护方式

电力变压器是电力系统中十分重要的供电设备，它的故障将对供电可靠性和系统的正常运行带来严重的影响。大容量的电力变压器也是十分贵重的设备，因此，必须根据变压器的容量和重要程度装设性能完善、工作可靠的继电保护装置。

变压器故障可以分为油箱内和油箱外故障两种。油箱内的故障包括绕组的相间短路、接地短路、匝间短路以及铁心的烧毁等。这些故障都是十分危险的，因为油箱内故障时产生的电弧，将引起绝缘物质的剧烈汽化，从而可能引起爆炸。因此，这些故障应该尽快加以切除。油箱外的故障，主要是套管和引出线上发生相间短路和接地短路。实践表明，变压器套管及引出线上的相间短路和接地短路，以及绕组的匝间短路是比较常见的故障形式，而变压器油箱内发生相间短路的情况比较少。

变压器的不正常运行状态主要有：变压器外部相间短路和外部接地短路引起的过电流以及中性点过电压；负荷超过额定容量引起的过负荷；漏油引起的油面降低或冷却系统故障引起的温度升高；大容量变压器由于其额定工作时的磁通密度相当接近于铁心的饱和磁通密度，因此在过电压或低频率等异常运行方式下会发生变压器的过励磁故障，引起铁心和其他金属构件过热。

根据上述故障类型和不正常运行状态，对变压器应装设下列保护：

1）对于变压器油箱内的各种故障以及油面的降低，应装设反应于油箱内部产生的气体或油流而动作的气体（瓦斯）保护。

2）对变压器绕组、套管及引出线的各种短路故障，应装设纵差动保护。如果变压器的容量低于 10000kV·A，可以只装设电流速断保护。

3）对于外部相间短路引起的变压器过电流，根据变压器容量和系统短路电流水平的不同，应有选择地装设过电流保护、低电压启动的过电流保护、复合电压启动的过电流保护、负序过电流保护、阻抗保护等作为后备保护。

4）在中性点直接接地系统中，一般采用部分变压器中性点接地运行。由于外部接地短路引起变压器过电流时，对于中性点接地运行的变压器，应装设零序电流保护。如果是自耦变压器或高、中压侧中性点都直接接地的三绕组变压器，当有选择性要求时，应增设零序方向元件。对于中性点不接地运行的变压器，为防止系统发生接地故障时中性点接地的变压器跳开之后，仍带接地故障继续运行，从而使中性点过电压，应根据具体情况装设相应的保护装置，如零序过电压保护、中性点设放电间隙加零序电流保护等。

5）对 400kV·A 以上的变压器，当数台并列运行，或单独运行并作为其他负荷的备用电源时，应根据可能过负荷的情况，装设过负荷保护。

6）高压侧电压为 500kV 及以上的变压器，由于频率降低和电压升高而引起的变压器励磁电流升高，应装设过励磁保护。

7）对于自耦变压器，或者在变压器高、中压侧发生单相接地故障时纵差动保护灵敏度不够，应装设零序差动保护。

8）其他保护。对变压器温度升高、油箱内压力升高以及冷却系统故障，装设非电量保护。

第二节　变压器的纵差动保护

纵差动保护是变压器故障的主要保护形式。纵差动保护可以无延时地切除变压器内部绕组和引出线的相间和接地故障，甚至匝间短路，具有独特的优点。

一、变压器纵差动保护的基本原理

纵差动保护是反应被保护变压器各端流入和流出电流的相量差。对双绕组变压器和三绕组变压器实现纵差动保护的原理接线如图 7-1 所示。规定各侧电流的正方向均以流入变压器为正。

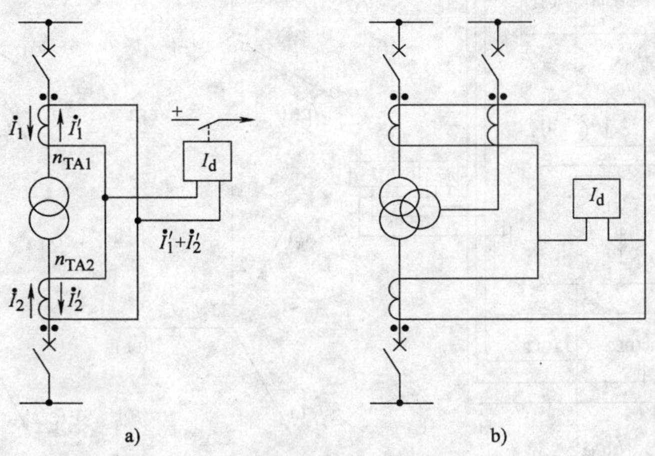

图 7-1　变压器纵差动保护的原理接线图

a）双绕组变压器　b）三绕组变压器

由于变压器高压侧和低压侧的额定电流不同，为了保证纵差动保护的正确工作，传统的纵差动保护必须适当选择两侧电流互感器的电流比，使得正常运行和外部故障时，两侧二次电流大小相等、方向相反，流入保护的差动电流为零。如图 7-1a 所示，应使

$$\dot{I}'_1=\dot{I}'_2=\frac{I_1}{n_{TA1}}=\frac{I_2}{n_{TA2}}$$

或

$$\frac{n_{TA2}}{n_{TA1}}=\frac{I_2}{I_1}=n_T \tag{7-1}$$

式中，n_{TA1}为高压侧电流互感器的电流比；n_{TA2}为低压侧电流互感器的电流比；n_T 为变压器的电压比（即高、低压侧额定电压之比）。

由此可知，要实现变压器的纵差动保护，需要适当选择两侧电流互感器的电流比，使两个电流比的比值尽可能等于变压器的电压比 n_T。

二、变压器纵差动保护的接线方式

电力系统的变压器通常采用 Yd11 的联结方式，如图 7-2a 所示。其中 $\dot{I}_{AH1}$、$\dot{I}_{BH1}$ 和 $\dot{I}_{CH1}$ 为变压器星形侧的一次电流，$\dot{I}_{AL1}$、$\dot{I}_{BL1}$ 和 $\dot{I}_{CL1}$ 为三角形侧的一次电流，在对称运行状态下，后者超前 30°，如图 7-2b 所示。

在实现变压器纵差动保护时，如果两侧的电流互感器均采用星形联结，则会有差电流流入保护回路。传统的变压器纵差动保护为了消除这种差电流的影响，通常都是将变压器星形侧的三个电流互感器接成三角形，而将变压器三角形侧的三个电流互感器联结成星形，采用这种接线方式即可把二次电流的关系校正过来。即变压器星形侧的二次输出电流为 $\dot{I}_{AH2}-\dot{I}_{BH2}$、$\dot{I}_{BH2}-\dot{I}_{CH2}$ 和 $\dot{I}_{CH2}-\dot{I}_{AH2}$，刚好与变压器三角形侧的二次电流 $\dot{I}_{AL2}$、$\dot{I}_{BL2}$ 和 $\dot{I}_{CL2}$ 同相位，如图 7-2c 所示。这样差动回路两侧的电流相位相同。

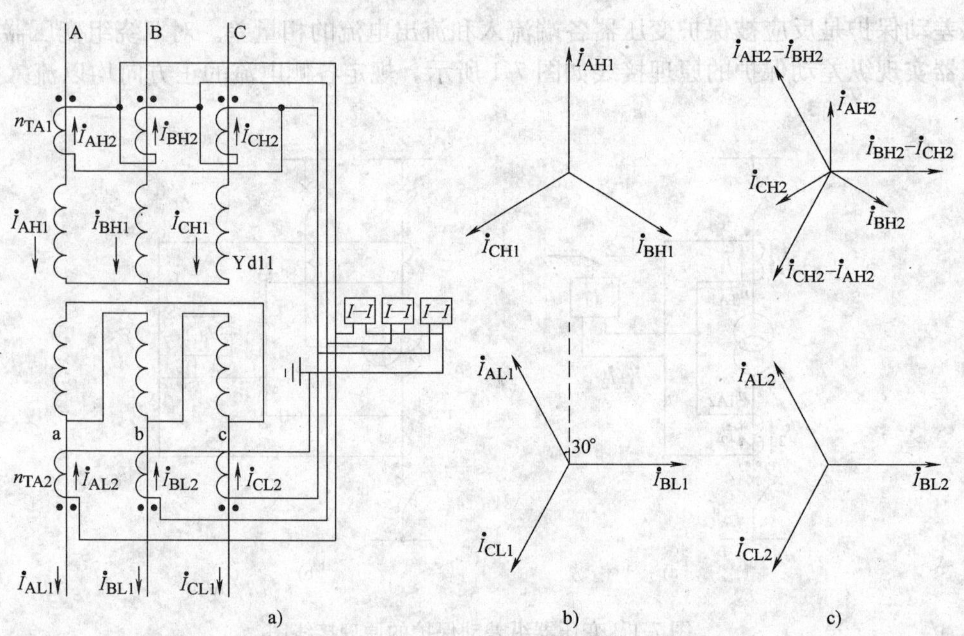

图 7-2　Yd11 联结变压器的纵差动保护接线和正常运行时的相量图

（图中电流方向对应于正常工作情况）

a）变压器及其纵差动保护的接线　b）电流互感器一次电流相量图　c）纵差动保护回路的电流相量图

当电流互感器采用上述接线方式以后，在互感器接成三角形侧的差动臂中，在三相对称情况下，电流增大了$\sqrt{3}$倍。此时为保证在正常运行及外部故障情况下差动回路中没有电流，必须将该侧电流互感器的电流比增大$\sqrt{3}$倍，使之与另一侧的电流相等，故选择电流比的条件是

$$\frac{n_{TA2}}{n_{TA1}/\sqrt{3}}=n_T \tag{7-2}$$

在微机变压器纵差动保护中，两侧的电流互感器均接成星形，称为二次全星形联结，如图 7-3 所示。变压器三角形侧的电流经过接成星形的三个电流互感器输入微机保护装置，装

置采集后得到三角形侧的三个线电流；而变压器星形侧的电流经过接成星形的三个电流互感器输入微机保护装置后，由软件对星形侧的电流进行校正，装置把采集到的三个相电流两两相减，再同三角形侧的线电流相平衡，如图 7-3b、c 所示。这种方式使得二次接线简单，便于判断故障相和 TA 断线。

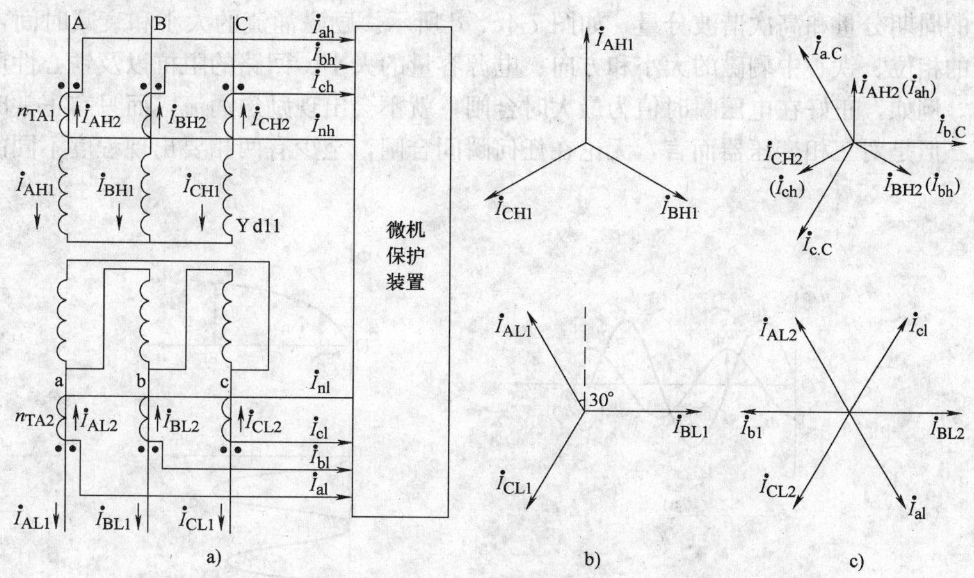

图 7-3　二次全星形联结的纵差动保护接线及其对称运行时的相量图

a）变压器及其纵差动保护的接线　b）电流互感器一次电流相量图　c）纵差动保护回路的电流相量图

对于 Yd11 联结的变压器，保护用以同三角形侧相平衡的电流实际上是星形侧电流互感器的两相电流之差，用软件实现补偿的变压器 Y 形侧计算电流为

$$\dot{I}_{a.C}=\dot{I}_{ah}-\dot{I}_{bh}\qquad \dot{I}_{b.C}=\dot{I}_{bh}-\dot{I}_{ch}\qquad \dot{I}_{c.C}=\dot{I}_{ch}-\dot{I}_{ah} \tag{7-3}$$

对于 Yd11 联结的变压器，用软件实现补偿的变压器 Y 形侧计算电流为

$$\dot{I}_{a.C}=\dot{I}_{ah}-\dot{I}_{ch}\qquad \dot{I}_{b.C}=\dot{I}_{bh}-\dot{I}_{ah}\qquad \dot{I}_{c.C}=\dot{I}_{ch}-\dot{I}_{bh} \tag{7-4}$$

三、不平衡电流产生的原因及消除措施

在正常运行及保护范围外部短路故障时流入纵差动保护差动回路的电流叫不平衡电流 I_{ub}。变压器的纵差动保护需要躲过差动回路中的不平衡电流。现对不平衡电流产生的原因和消除方法分别讨论如下。

1. 由变压器励磁电流而产生的不平衡电流

变压器的励磁电流 i_E 是在差动范围内未接入差动保护回路的一个特殊支路，因此通过电流互感器反应到差动回路中未参与平衡。在正常运行情况下，此电流很小，一般不超过额定电流的 2%～10%。在外部故障时，由于电压降低，励磁电流减小，它的影响就更小了。

但是，在变压器空载合闸，或者变压器外部故障切除后变压器端电压突然恢复时，则可能会产生很大的暂态励磁电流，这种电流称为励磁涌流。因为在稳态工作情况下，铁心中的磁通应滞后于外加电压 90°，如图 7-4a 所示。如果空载合闸时，正好在电压瞬时值 $u=0$ 时投入，则铁心中应该具有磁通 $-\Phi_m$。但是由于铁心中的磁通不能突变，因此，将出现一个非周期分量的磁通，其幅值为$+\Phi_m$。这样在经过半个周期以后，如果不计非周期分量磁通衰减，铁心中两个磁通极性相同，铁心中的磁通就达到$2\Phi_m$。如果铁心中还有剩余磁通Φ_r，则总磁通将为$2\Phi_m+\Phi_r$，如图 7-4b 所示。此时变压器的铁心严重饱和，励磁电流i_E将剧烈增大，此电流就称为变压器的励磁涌流，其数值最大可达额定电流的 6～8 倍，同时还包含有大量的周期分量和高次谐波分量，如图 7-4c、d 所示。励磁涌流的大小和衰减时间，与外加电压的相位、铁心中剩磁的大小和方向、电源容量的大小、回路的阻抗以及铁心性质等都有关系。例如，正好在电压瞬时值为最大时合闸，就不会出现励磁涌流，而只有正常时的励磁电流。但是对三相变压器而言，无论在任何瞬间合闸，至少有两相要出现程度不同的励磁涌流。

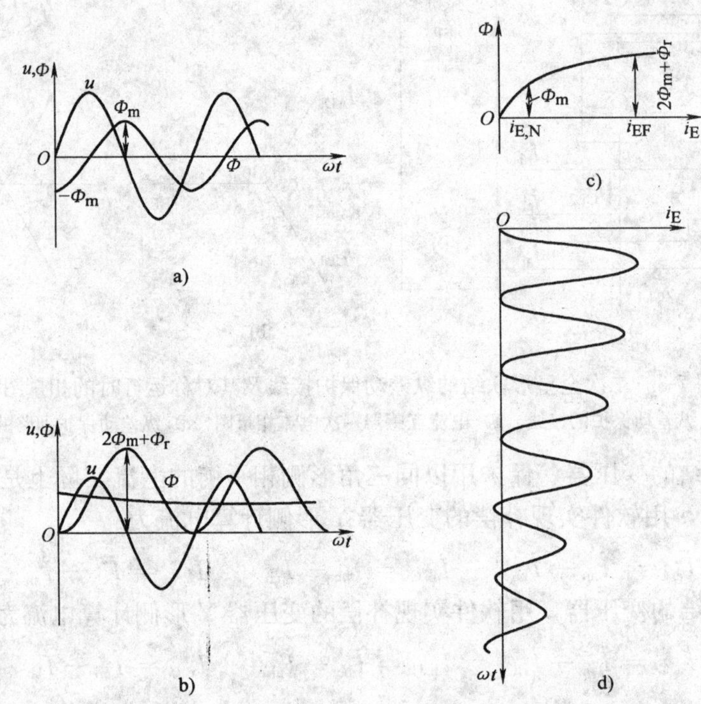

图 7-4　变压器励磁涌流的产生及变化曲线

a）稳态情况下，磁通与电压的关系　b）在$u=0$瞬间空载合闸时，磁通与电压的关系

c）变压器铁心的磁化曲线　d）励磁涌流的波形

通过对励磁涌流的试验数据进行分析，励磁涌流具有以下特点：

1）包含有很大成分的非周期分量，使涌流偏于时间轴的一侧。

2）包含有大量的高次谐波，以二次谐波为主。

3）波形中间出现间断，如图 7-5 所示，在一个周期中间断角为α。

根据以上特点，在变压器纵差动保护中防止励磁涌流影响的方法有：

1）采用具有速饱和铁心的差动继电器。

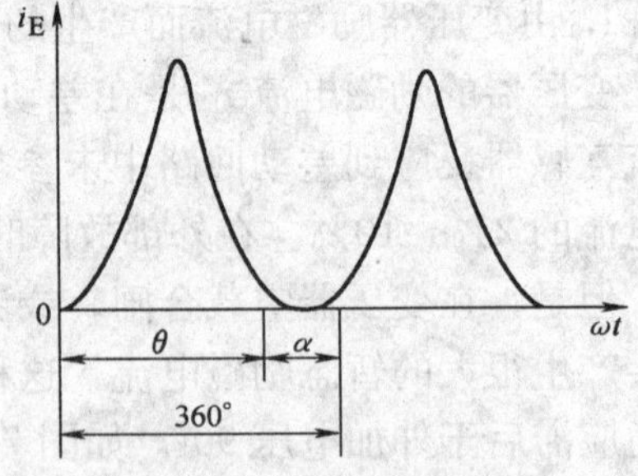

图 7-5　励磁涌流的波形

2）鉴别短路电流和励磁涌流波形的差别。

3）利用二次谐波制动等。

4）利用有较大间断角的特点。

2. 由电流互感器实际电流比与计算变比不同而产生的不平衡电流

在传统的变压器纵差动保护中，由于变压器两侧的电流互感器都是根据产品目录选取的标准电流比，而变压器的电压比也是按标准选取的，因此，三者的关系很难满足 $\frac{n_{TA2}}{n_{TA1}}=n_T$（或对 Yd11 联结的 $\frac{n_{TA2}}{n_{TA1}/\sqrt{3}}=n_T$）的要求，此时差动回路中将有电流流过。当采用具有速饱和铁心的差动继电器时，通常都是利用它的平衡线圈来消除此差电流的影响。

在微机变压器纵差动保护中，两侧电流互感器的电流比和变压器的电压比不需要严格满足上述要求。采用二次全星形联结的微机纵差动保护对两侧（或三侧）电流互感器的电流比没有特别要求，可以采用具有标准化电流比的电流互感器，它将电流互感器二次侧电流差改为数字差（由软件实现），即由此带来的二次侧不平衡电流用数值计算进行补偿。这种补偿方法较之传统纵差动保护采用的补偿方法更准确，不平衡电流更小。

当然，微机保护装置在采样和数据处理时会带来一定的误差。对于采样带来的误差，可通过提高采样的精度来改善，如采用位数更高的 A/D 转换器件。对于数据处理（如数据截断）所带来的误差，可通过加宽数据窗长度的方法来提高精度。但数据窗越长，所需的处理时间也会越长，从而对保护的快速性产生影响。此外，研究新的保护算法也可改善误差。一般而言，采样和数据处理所产生的不平衡电流很小。

3. 由变压器带负荷调整分接头而产生的不平衡电流

电力系统中经常采用带负荷调压的变压器，利用改变变压器分接头的位置来保持系统的运行电压。改变分接头的位置，实际上是改变变压器的电压比 n_T。如果纵差动保护已经按某一电压比设置好参数，则当分接头改变时，保护中各侧的计算电流的平衡关系就被破坏，产生一个新的不平衡电流，但差动保护的整定值不可能根据分接头的位置变化随时进行调整。为克服由此产生的不平衡电流，应在纵差动保护的整定中予以考虑。

4. 由两侧电流互感器的型号不同而产生的不平衡电流

对于装设在变压器两侧的电流互感器，由于变压器两侧的额定电压不同，所以很难选择型号相同的电流互感器。不同型号的电流互感器，它们的饱和特性及归算到同一侧的励磁电流也就不同，因此，在差动保护中将引起不平衡电流。为保证纵差动保护的正确工作，通常是根据电流互感器的 10％误差曲线来选择电流互感器的型号。

5. 由于变压器外部短路而产生的不平衡电流

在变压器的差动保护范围外部发生故障的暂态过程中，由于变压器两侧电流互感器的铁心特性及饱和程度不同，互感器饱和后，传变误差增大而引起的不平衡电流，对差动保护产生较大的影响。

保护范围外部短路时，短路电流中含有很大的非周期分量。在短路后 $t=0$ 时，突增的非周期分量电流使电流互感器的铁心中产生一个突增的磁通，它使二次回路中产生一个突增的非周期分量电流，此电流是去磁的。电流互感器一、二次回路的衰减时间常数不同，一次回路衰减时间常数较短（例如 0.05s），二次回路的电阻小，电感大，衰减时间常数较长，甚至可达 1s。在一次侧非周期分量减少以后，二次侧衰减很慢的非周期分量电流成为励磁电流的一部分，使电流互感器铁心饱和。铁心饱和后，励磁阻抗大大降低，周期分量的励磁电流加大，最大值出现在几个周波之后，其值为稳态励磁电流的许多倍，波形如图 7-6 所示。曲线 3 为铁心饱和以后励磁电流的周期分量；曲线 4 为短路电流中衰减的非周期分量（归算到互感器的二次侧）；曲线 1 为互感器的二次侧感应的非周期分量电流；曲线 2 为总的励磁电流（误差电流），其中包括铁心饱和后加大了的励磁电流和互感器二次衰减慢的直流分量。总误差电流偏到时间轴的一侧。

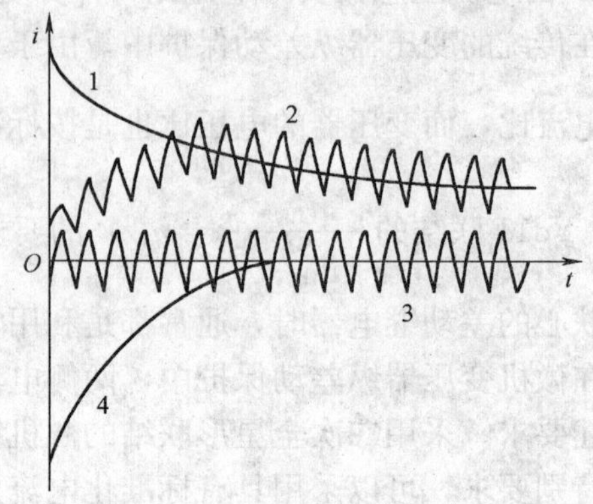

图 7-6　过渡过程中电流互感器励磁电流的波形图

外部短路暂态过程中变压器两侧电流互感器励磁电流大大增加，由于两侧电流互感器铁心饱和程度不同，两侧总励磁电流的差即暂态过程中不平衡电流加大。从分析及实验记录的不平衡电流波形可知，外部短路暂态不平衡电流比稳态不平衡电流大，并含有较大直流分量。

为了减小保护范围外部短路暂态过程中不平衡电流的影响，在电磁式继电保护中曾采用在差动回路中接入具有快速饱和特性的中间变流器。速饱和变流器是一个铁心截面积较小，易于饱和的中间变流器。从上面分析可知，暂态不平衡电流中有较大的直流分量。直流分量使速饱和变流器饱和。这时，交流分量电流难于传送到速饱和变流器的二次侧，差动继电器不会动作。但加入速饱和继电器以后，在内部故障时，由于在暂态过程中短路电流也包含着非周期分量电流，速饱和变流器会饱和，因此，继电器不能立即动作，须待非周期分量衰减后，差动保护才能动作将故障切除。被保护的设备容量越大，其一次回路的时间常数越大，因而保护动作的时间就越长，这对尽快切除设备内部的故障是十分不利的。

在微机纵差动保护中，为了克服在内部故障时上述保护延时动作的弊端，微机保护不装设具有速饱和特性的中间变流器，从而提高了内部故障时保护动作的速度，同时，对外部故障时引起的不平衡电流的影响进行有效的克服。其主要的措施有：

1）用数字滤波的方法对非周期分量带来的影响进行有效的滤除。对各侧电流互感器传送来的电流进行采样后，采用数字滤波的方法滤除非周期分量和其他不需要的谐波分量。然后计算出变压器的差动电流。这样外部故障时，不平衡电流将会得到了较大的减少；内部故障时，对差动电流没有影响，从而能够快速可靠地切除故障。

2）采用具有制动特性的比率差动保护原理。利用故障时的短路电流来实现制动，使差动保护的动作电流随制动电流的增加而增加。当外部故障时，虽然会产生不平衡电流，但外部故障的短路电流越大，则制动电流就越大，差动保护动作所需的差动电流也就越大，从而保证差动保护不会误动作。内部故障时，虽然制动电流也增大，但内部故障将产生很大的差动电流，足够使差动保护动作。

总的看来，上述第 2 项不平衡电流可以通过选择电流互感器的接线和电流比，以及平衡线圈，或者适当的软件处理，使其降到最小。但第 1、3、4、5 各项不平衡电流，实际上是不可能完全消除的。因此，变压器的纵差动保护必须躲过这些不平衡电流的影响。相对于第

1 和 5 项的不平衡电流，第 3、4 项的不平衡电流要小得多，只需在整定时予以考虑就可消除它们的影响。对于第 1、5 项的不平衡电流，必须有专门的识别励磁涌流的方法和消除外部故障引起的不平衡电流的方法，从而消除它们的影响。

根据以上分析，变压器纵差动保护所采用的最大不平衡电流 $I_{ub.max}$ 可由下式确定：

$$I_{ub.max}=(10\%K_{st}K_{aper}+\Delta U+\Delta m)I_{k.max}/n_{TA} \tag{7-5}$$

式中，10%为根据 10%误差曲线选择的电流互感器所容许的最大相对误差；K_{st} 为电流互感器的同型系数，由于变压器两侧电流互感器型号不同，会产生较大的不平衡电流，所以取为 1；K_{aper} 为电流互感器的非周期分量系数，只考虑稳态不平衡电流时取为 1.0，考虑暂态不平衡电流时取 1.5～2.0，当采用速饱和变流器时，由于非周期分量能引起饱和，抑制不平衡输出，可取 1.0；ΔU 为有载调压变压器调压所引起的相对误差，如果电流互感器二次电流在变压器额定抽头时处于平衡，则 ΔU 取电压调整范围的一半；Δm 为由于电流互感器的电流比在采取补偿方法以后仍未完全匹配而产生的误差以及微机保护装置本身所固有的误差，一般取 0.05；$I_{k.max}/n_{TA}$ 为变压器区外故障时的最大短路电流归算到二次侧的数值。

此外，运行中差动保护的电流互感器可能发生二次回路断线，当电流互感器二次回路断线时，势必将出现较大的不平衡电流，可能会造成差动保护的误动。如果采用提高差动保护的动作电流来弥补上述缺陷，则牺牲了差动保护的灵敏度。而提高差动保护的灵敏度是非常重要的，况且电流互感器二次回路断线的机率毕竟还是小的。对于灵敏度要求高的大容量、重要变压器的差动保护，为了解决这个问题，理想中应装设电流回路断线闭锁装置。此装置应满足当发生电流互感器二次回路断线时，应先于差动保护动作，将保护闭锁；而在差动保护范围内发生故障，闭锁功能退出。目前，对于大容量、重要变压器，可以采用分别装设独立的接于不同电流互感器的两组差动保护，两组差动保护的触点串联以实现互为闭锁的方式，这种接线方式可以有效地防止由于电流互感器二次回路断线而造成的差动保护误动作。为了能及时地发现电流互感器二次回路断线，可在差动回路装设断线监视装置，一旦发现断线能及时进行处理。

四、比率制动的纵差动保护和差动速断保护

变压器纵差动保护应满足以下要求：①当变压器内部发生短路性质的故障时应快速动作于跳闸；故障变压器空载投入时，可能伴随较大的励磁涌流，亦应尽快动作；②当出现外部故障伴随很大的穿越电流时，应可靠不动作；③正常时无论变压器发生何种形式的励磁涌流和过励磁应可靠不动作。

比率制动特性的纵差动保护，既能在外部短路时具有可靠的制动作用，又能保证在变压器内部短路时具有较高的灵敏度，它能很好地满足上述①和②的要求，因此，变压器纵差动保护普遍采用比率制动特性。至于③的要求，将在后面予以详细介绍。

1. 具有比率特性的纵差动保护

为了在变压器区外故障时差动保护有可靠的制动作用，同时在内部故障时有较高的灵敏度，一般采用比率制动特性，也称为穿越电流制动特性。由不平衡电流的讨论可知，流入差动回路的不平衡电流与变压器外部故障时的穿越电流有关。穿越电流越大，不平衡电流也越大。利用这个特点，在差动回路引入一个能够反应变压器穿越电流大小的制动电流，使得差动保护的动作电流根据制动电流的大小自动调整。

(1) 直线比率制动特性　对于双绕组变压器，可以根据式（7-5）绘出不平衡电流 I_{ub} 与外部短路电流 I_k 变换到电流互感器二次侧之值 $I'_k\left(=\frac{I_k}{n_{TA}}\right)$ 的关系，即 $I_{ub}=f(I'_k)$，在图7-7中以直线 1 表示（实际上由于电流互感器饱和特性的影响，不是单纯的线性关系）。设外部最大短路电流 $I_{k.max}$ 变换到二次侧的值为 $I'_{k.max}$，则可对应求出最大不平衡电流 $I_{ub.max}$。

如果差动保护不采用制动特性，则保护动作电流 I_d 应该按照躲开外部短路时的最大不平衡电流整定，即 $I_d=K_{rel}I_{ub.max}$（K_{rel} 为可靠系数，取 1.3)，如图 7-7 中的水平直线 2 所示。

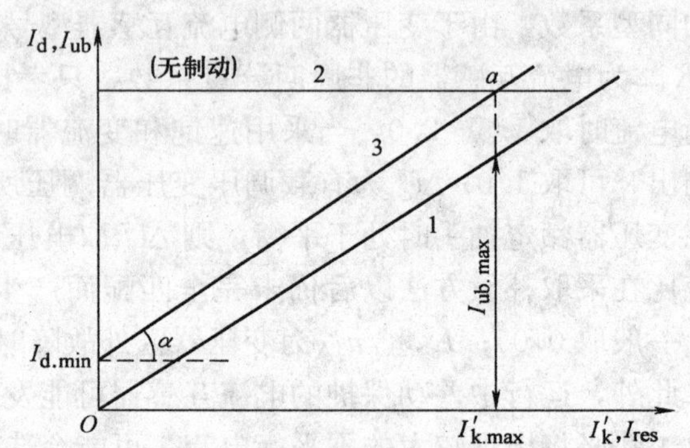

图 7-7　具有制动特性的差动保护的整定图解

当差动保护采用制动特性时，制动电流 I_{res} 选择为外部故障时的穿越电流，即 $I_{res}=I'_k$。显然，保护的动作电流曲线应该通过 a 点并始终位于直线 1 之上，如图 7-7 中的直线 3 所示。由此可见，保护的动作电流是随着制动电流（外部短路时的穿越电流）的不同而改变的，故称为穿越电流制动。由于这种制动作用与穿越电流的大小成正比，因而使保护动作电流随着制动电流的增大而自动增加，故又称为比率制动。由于直线 3 始终在直线 1 的上面，因此在任何大小的外部短路电流作用下，实际动作电流均大于相应的不平衡电流，保护不会误动作。

直线比率制动特性的动作方程为

$$I_d>K_{res}I_{res}+I_{d.min} \tag{7-6}$$

式中，I_d 为差动电流；I_{res} 为制动电流；$I_{d.min}$ 为启动电流，也称最小动作电流；K_{res} 为比率制动特性的斜率，即制动系数，有 $K_{res}=\tan\alpha$。

(2) 两折线比率制动特性　在数字式纵差动保护中，常常采用一段与坐标横轴平行的直线和一段斜线构成两折线特性，如图 7-8 所示。折线的斜线部分穿过 a 点，与水平线相交于 g 点，整个折线仍然位于 $I_{ub}=f(I'_k)$ 对应的直线 1 上方，所以外部故障时保护不会误动，但内部故障时灵敏度有所下降。设置最小动作电流 $I_{d.min}$ 是必要的，因为存在一些与制动电流无关的不平衡电流，如变压器的励磁电流、测量回路的杂散噪声等，动作电流过低容易造成保护误动。两折线特性的动作方程为

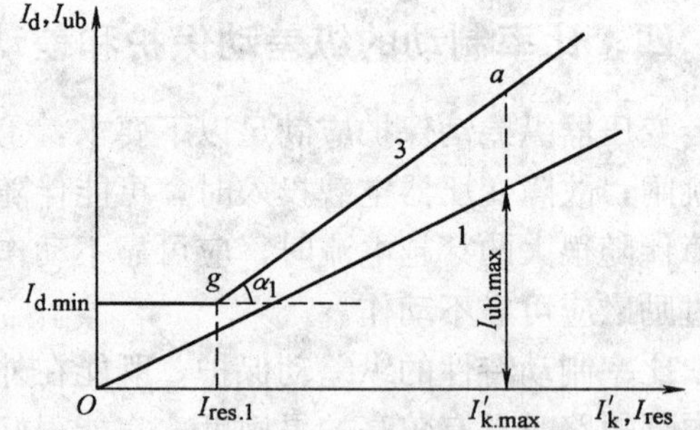

图 7-8　两折线比率制动特性曲线图

$$\left.\begin{aligned}&I_d>I_{d.min}, &&\text{当 } I_{res}<I_{res.1}\\&I_d>K(I_{res}-I_{res1})+I_{d.min}, &&\text{当 } I_{res}\geqslant I_{res.1}\end{aligned}\right\} \tag{7-7}$$

式中，$I_{d.min}$ 为最小动作电流；$I_{res.1}$ 为拐点电流；K 为斜线段的斜率，即图 7-8 中斜线 ag 的斜率，有 $K=\tan\alpha_1$。

下面以图 7-1a 所示的双绕组变压器为例，制动电流取 $I_{res}=I'_1$，简单分析采用两折线比率制动特性的差动保护在变压器内部故障时动作的灵敏性。

变压器内部故障时，差动电流 I_d 与制动电流 I_{res} 的关系与运行方式有关。当双侧电源供电时，若两侧电源的电动势和等效阻抗都相同，则 $I_d=I'_1+I'_2=2I_{res}$，其关系如图 7-9 的直线 4 所示，与制动特性相交于 b 点，差动回路电流只要大于最小动作电流 $I_{d.min}$ 就能够动作。单侧电源供电时，若 I_1 对应的是负荷侧，则 $I_{res}=I'_1=0$，显然保护的动作电流也是 $I_{d.min}$；若 I_1 对应的是电源侧，则 $I_d=I_{res}=I'_1$，其关系如图 7-9 的直线 5 所示，与制动特性相交于 c 点，这是纵差动保护最不利的情况。由于直线 5 的斜率为 1，所以只要拐点电流 $I_{res.1}$ 大于最小动作电流 $I_{d.min}$，仍然可以保证保护的动作电流为 $I_{d.min}$。由此可见，在各种运行方式下的变压器内部故障时，带有制动特性的差动保护动作电流均为最小动作电流 $I_{d.min}$；而不带制动特性的差动保护动作电流固定为 $I_{d.max}$（图 7-9 中直线 2 所对应）。由于采用制动特性后，变压器内部故障时的动作电流由 $I_{d.max}$ 下降到 $I_{d.min}$ 及制动线，所以差动保护的灵敏度大为提高。

（3）三折线比率制动特性　为了更好地与电流互感器的非线性饱和特性相配合，可以采用三折线比率制动特性。如图 7-10 所示，其动作方程为

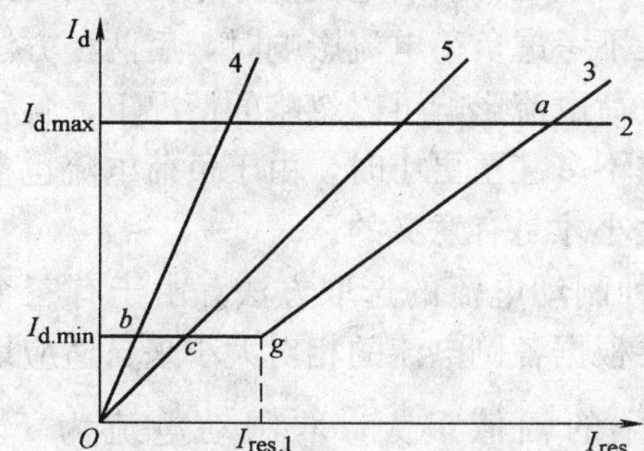

图 7-9　内部故障时，差动回路的动作电流

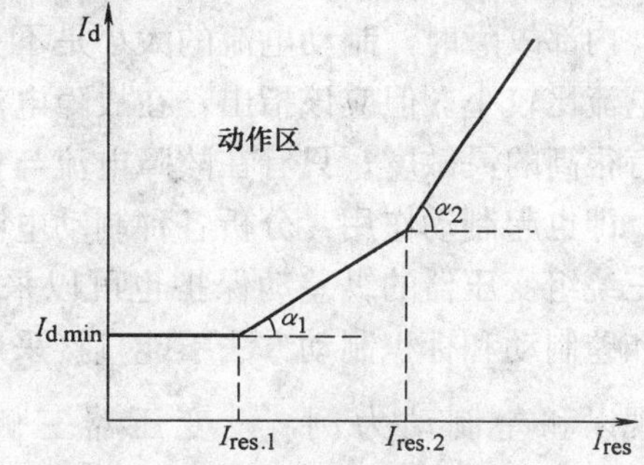

图 7-10　三折线比率制动特性曲线图

$$\left.\begin{aligned}&I_d>I_{d.min} && \text{当 } I_{res}\leqslant I_{res.1}\\&I_d>K_1(I_{res}-I_{res.1})+I_{d.min} && \text{当 } I_{res.1}<I_{res}\leqslant I_{res.2}\\&I_d>K_2(I_{res}-I_{res.2})+K_1(I_{res.2}-I_{res.1})+I_{d.min} && \text{当 } I_{res}>I_{res.2}\end{aligned}\right\}\tag{7-8}$$

式中，$I_{res.1}$ 为比率制动特性的第一拐点制动电流；$I_{res.2}$ 为比率制动特性的第二拐点制动电流；K_1 为比率制动特性第一斜线段的斜率，$K_1=\tan\alpha_1$；K_2 为比率制动特性第二斜线段的斜率，$K_2=\tan\alpha_2$。

（4）制动电流的选取　制动电流的选取直接影响纵差动保护的选择性和灵敏度。制动量大，可以保证外部故障时可靠不动作，但内部故障时的灵敏度降低。因此，应结合变压器实际工作情况合理选择确定制动电流。制动电流的选取不是唯一的，例如可以选择 $I_{res}=I'_2$ 作为制动电流。在外部故障时，$I_{res}=I'_1$ 和 $I_{res}=I'_2$ 的制动作用是一样的，而内部故障时两者的灵敏度不一样，显然选取故障电流小的一侧电流作为制动电流时保护的灵敏度较高。传统的模拟式保护都是按照这一原则来选取制动电流。对于数字式保护，制动电流通常由各侧电流综合而成。

若规定双绕组变压器两侧分别记为Ⅰ侧和Ⅱ侧，三绕组变压器的第三绕组以Ⅲ表示，电

流 $\dot{I}_{\text{I}}$、$\dot{I}_{\text{II}}$、$\dot{I}_{\text{III}}$ 分别为Ⅰ、Ⅱ、Ⅲ侧的电流，并且这些电流是经过了绕组接线补偿（对于Y形侧）而且折算到某一侧（一般是高压侧）之后的计算电流。

对于双绕组变压器，制动电流 I_{res} 选取的方法有很多种，下面是较常用的几种：

（1）模值和电流制动

$$I_{\text{res}}=\frac{|\dot{I}_{\text{I}}|+|\dot{I}_{\text{II}}|}{2} \tag{7-9}$$

（2）和差制动

$$I_{\text{res}}=\frac{|\dot{I}_{\text{I}}-\dot{I}_{\text{II}}|}{2} \tag{7-10}$$

（3）标积制动

$$I_{\text{res}}=\begin{cases}\sqrt{|\dot{I}'_1\dot{I}'_2\cos(180^\circ-\theta)|} & \text{当}\cos(180^\circ-\theta)\geqslant 0\text{时}\\ 0 & \text{当}\cos(180^\circ-\theta)<0\text{时}\end{cases} \tag{7-11}$$

式中，θ 为 $\dot{I}'_1$ 与 $\dot{I}'_2$ 的相位差。

外部故障时由于两侧电流大小相等、方向相反，所以三种制动电流都等于变压器的穿越电流；内部故障时，制动电流的大小是不一样的，在不考虑负荷电流影响时，后两种方法的制动电流比较小。但应该指出，在故障电流很大，负荷电流影响可以忽略的情况下，各种方法都有很高的灵敏度；只有在故障电流与负荷电流差不多甚至更小时，由于负荷电流也参与制动，即也起制动作用，分析各种制动电流的相对大小才是有意义的。

三绕组变压器的纵差动保护也可以采用上面三种制动电流的选取方法。由于有三个电流，和差制动和标积制动方法不能直接采用，故需要根据各侧电流的相对大小来自适应地选取。现以和差制动为例，设变压器三侧电流中 $\dot{I}_{\text{I}}$ 的幅值最大，取制动电流为 $I_{\text{res}}=\frac{|\dot{I}_{\text{I}}-(\dot{I}_{\text{II}}+\dot{I}_{\text{III}})|}{2}$。外部故障时显然 $\dot{I}_{\text{I}}$ 是流出变压器的，$\dot{I}_{\text{II}}$ 和 $\dot{I}_{\text{III}}$ 是流入变压器的，故 I_{res} 反映了变压器的穿越电流。

2. 差动电流速断保护

当变压器内部发生非常严重的故障时，虽然差动电流很大，但仍有可能受某些制动量的制约，使差动保护延时动作，从而延误了动作时间，这对变压器来说是非常不利的。例如，当变压器合闸于严重故障时，差动电流很大，但由于励磁涌流判据（如二次谐波电流）的影响，使差动保护被制动，直到二次谐波分量衰减后才能动作。因此，为了在变压器保护区内发生严重性故障时快速跳开变压器各侧开关，确保变压器的安全，变压器保护配置有差动电流速断保护，当差动电流大于整定值时瞬时动作，以加速保护的跳闸。

五、变压器纵差动保护中励磁涌流的识别方法

如前所述，在变压器空载合闸，或者变压器外部故障切除后变压器端电压突然恢复时，会产生很大励磁涌流，从而在差动保护中引起较大的不平衡电流，若不采取相应的措施对励磁涌流进行识别和制动，差动保护就会误动作。因此，在变压器纵差动保护中，励磁涌流的识别一直是一个十分重要的问题。识别励磁涌流的原理和方法有很多，下面介绍常用的

几种。

1. 间断角原理

分析表明，励磁涌流的波形不连续，并且存在明显的间断角，而变压器内部故障时差电流的波形是连续的。所谓间断角，定义为涌流波形中在基频周波内保持为零（或很小）的那一段波形所对应的电角度。间断角是区别励磁涌流和故障电流的一个重要特征。通过检测差电流波形的间断角，当间断角大于整定值时将差动保护闭锁。

在实际应用中，由于电流互感器等元件暂态过程的影响，会引起二次电流间断角变形，严重时甚至会造成间断角“消失”的现象。因而需要采用输入差电流波形的导数及其他相应的措施恢复间断角，并利用涌流导数的间断角和波形宽度构成实用的涌流判据。

2. 波形对称原理

波形对称原理是基于故障电流的波形符合对称性，即当前采样时刻的采样值与半周前的采样值具有相反的符号，且模值大小相近，如图 7-11a 所示。而励磁电流的波形不符合对称性，如图 7-11b 所示，由此可区分出故障电流和励磁涌流。

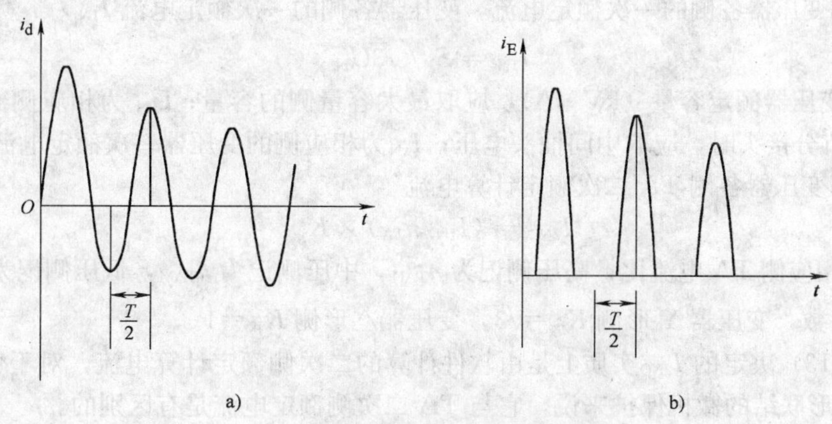

图 7-11　故障电流与励磁涌流波形

a）故障电流波形　b）励磁涌流波形

考虑到电流互感器的饱和以及微机保护中电流变换器的传变特性的影响，在微机保护中，为保证正确识别故障电流和励磁涌流，需要连续判断一段时间（如半个周期以上），才能判别波形是否满足对称性。

3. 谐波识别法

谐波识别法是应用最普遍的一种判别励磁涌流的方法。根据对变压器空载合闸时产生的励磁涌流的谐波分析可知，在励磁涌流中含有许多高次谐波，其中以二次谐波的含量最多。考虑到合闸时电压的初相角、铁心中剩磁大小和方向、饱和磁密、三相变压器的接线方式、系统的阻抗等各种因数的影响，励磁涌流中二次谐波的含量一般不低于 15%。而变压器发生内部故障时，故障电流二次谐波的含量较低。因此可采用判断二次谐波含量来区别故障电流和励磁涌流。

变压器各侧的电流经过电流互感器传送输入微机保护装置后，装置经采样及软件计算后得出变压器差动电流中的基波电流和二次谐波电流，当二次谐波电流与基波电流之比大于整定的二次谐波制动系数时，判定为励磁涌流，闭锁变压器差动保护。

对于 500kV 超高压变压器的纵差动保护，还可以增加 5 次谐波制动判据。除了上述常用的方法外，磁通制动特性的差动保护原理也有研究和应用，它是一种利用变压器在发生励磁涌流和内部故障时具有不同的磁通特征来识别励磁涌流的方法。通过输入微机保护装置的电压量和电流量，算出简化的磁化曲线与差动电流 i_d 的关系来识别励磁涌流。

六、变压器纵差动保护的整定计算

下面介绍二次全星形联结的微机变压器纵差动保护的整定计算方法。

1. 电流平衡调整系数的整定

变压器的各侧电流互感器采用星形联结，由软件进行变压器绕组校正后，由于变压器各侧额定电流不等及各侧 TA 电流比不等，还必须对各侧计算电流进行平衡调整，才能消除不平衡电流对变压器差动保护的影响。具体计算时，只需根据变压器各侧的一次额定电流、TA 电流比求出电流平衡调整系数 K_b，将 K_b 当作定值输入微机保护，由软件实现电流自动平衡调整，消除不平衡电流影响，具体计算如下：

(1) 计算变压器各侧的一次额定电流　变压器各侧的一次额定电流 I_{1N}

$$I_{1N} = S_N / \sqrt{3} U_N \tag{7-12}$$

式中，S_N 为变压器额定容量（kV·A），应取最大容量侧的容量；U_N 为相应侧额定线电压（kV），有调节分接头时，应取中间抽头电压；I_{1N} 为相应侧的变压器一次额定电流（A）。

(2) 计算变压器各侧 TA 二次额定计算电流

$$I_{2NC} = (I_{1N} / n_{TA}) \times K_{jx} \tag{7-13}$$

式中，n_{TA} 为相应侧 TA 电流比，高压侧记为 n_{TAH}，中压侧记为 n_{TAM}，低压侧记为 n_{TAL}；K_{jx} 为 TA 接线系数，变压器 Y 形侧 $K_{jx}=\sqrt{3}$，变压器△形侧 $K_{jx}=1$。

由式（7-13）决定的 I_{2NC} 实质上是由软件计算的二次侧额定计算电流，对于变压器各侧 TA 都采用星形联结的微机保护来说，它与 TA 二次侧额定电流是有区别的。

(3) 计算电流平衡调整系数 K_b　首先规定变压器高压侧的 I_{2NC} 为电流基准值 $I_n = I_{2NHC}$，即各侧电流都折算到高压侧进行计算（有的保护装置以标幺值进行计算，也有的保护装置以 5A 为基准），然后对其他各侧的 TA 电流比进行计算调整。其调整系数 K_b 作为整定值输入保护装置，由保护装置完成差动回路的自动平衡，其他各侧调整系数按下式计算：

$$K_b = I_n / I_{2NC} \tag{7-14}$$

即低压侧调整系数整定值 K_{bl} 和中压侧调整系数整定值 K_{bm} 为

$$K_{bl} = U_L n_{TAL} K_{jx.h} / U_H n_{TAH} K_{jx.l} \tag{7-15}$$

$$K_{bm} = U_M n_{TAM} K_{jx.h} / U_H n_{TAH} K_{jx.m} \tag{7-16}$$

式中下标 H、h，M、m，L、l 分别表示高压侧、中压侧和低压侧。例如对于 YN、Y，a0，d11 三绕组变压器，则 $K_{jx.h}=\sqrt{3}$，$K_{jx.m}=\sqrt{3}$，$K_{jx.l}=1$。

下面举例计算电流平衡调整系数 K_b。

【例 7-1】 已知变压器额定容量为 S_N＝31.5MV·A，电压比为 110±4×2.5%/38.5±2×2.5%/11kV，接线方式为 YN，Y，a0，d11，TA 二次额定电流为 5A。

计算变压器各侧一次额定电流

$$I_{1NH} = 31500/(\sqrt{3} \times 110)\text{A} = 165.3\text{A}$$

$$I_{1NM} = 31500/(\sqrt{3} \times 38.5)\text{A} = 472.4\text{A}$$

$$I_{1NL} = 31500/(\sqrt{3} \times 11)\text{A} = 1653.3\text{A}$$

选择各侧电流互感器的电流比：

165.3×$\sqrt{3}$/5=286.3/5；TA 电流比选取 n_{TAH}=300/5=60

472.4×$\sqrt{3}$/5=818.2/5；TA 电流比选取 n_{TAM}=1000/5=200

1653.3/5；　　　　TA 电流比选取 n_{TAL}=2000/5=400

计算的各侧二次额定计算电流：

$$I_{2NHC} = \sqrt{3} \times 165.3/60\text{A} = 4.772\text{A}$$

$$I_{2NMC} = \sqrt{3} \times 472.4/200\text{A} = 4.09\text{A}$$

$$I_{2NLC} = 1653.3/400\text{A} = 4.133\text{A}$$

计算调整系数 K_b，以高压侧二次额定计算电流 I_{2NHC}为基准，即把其他各侧折算到高压侧，则

$$K_{bh} = 1$$

$$K_{bm} = 4.772/4.09 = 1.167$$

$$K_{bl} = 4.772/4.133 = 1.155$$

在软件计算时各侧电流可根据各侧电流平衡调整系数进行补偿。假设在正常运行时该变压器满负荷运行，中压侧的负荷为 20MV·A，低压侧的负荷为 11.5MV·A，则有高压侧一次电流为 165.3A，中压侧为 300A，低压侧为 603.6A。高压侧二次计算电流为 4.772A，中压侧为 2.6A，低压侧为 1.51A。因此，差电流为

$$\begin{aligned} I_d &= I_h - (I_m K_{bm} + I_l K_{bl}) \\ &= [4.772 - (2.6 \times 1.167 + 1.51 \times 1.155)]\text{A} \\ &= -0.0062\text{A} \end{aligned}$$

由此可见，在微机变压器保护装置中，采用软件补偿的方法，可将正常运行时的不平衡电流减少到非常小的数值。

2. 最小动作电流的整定

在正常运行情况下，传统的变压器纵差动保护装置中为防止电流互感器二次回路断线时引起差动保护误动作，保护装置的起动电流应大于变压器的最大负荷电流 $I_{L.max}$。当负荷电流不能确定时，可采用变压器的额定电流 $I_{N.T}$，引入可靠系数 K_{rel}，则保护装置的起动电流为

$$I_d = K_{rel} I_{L.max}/n_{TA} \tag{7-17}$$

在微机变压器纵差动保护装置中，由于有 TA 断线自动检测及闭锁差动保护功能，因此可不按上述原则整定，因为按躲最大负荷电流 $I_{L.max}$整定会大大降低纵差动保护的灵敏度。在正常运行时，变压器不平衡差流很小，差动保护最小动作电流 $I_{d.min}$可按躲过变压器在最大负荷电流 $I_{L.max}$运行时产生的不平衡电流整定。当负荷电流不能确定时，可采用变压器的额定电流 $I_{N.T}$。纵差动保护的最小动作电流 $I_{d.min}$为

$$I_{d.min} = K_{rel}(K_{st}10\% + \Delta U + \Delta m) I_{L.max}/n_{TA} \tag{7-18}$$

式中，K_{rel}为可靠系数，取 1.3，其他参数如前所述。

一般情况下，$I_{d.min}$约为 0.2～0.5I_n，I_n 为基准电流，也就是基准侧二次额定计算电流。

3. 制动特性拐点电流的整定

拐点电流 $I_{res.1}$ 决定保护开始产生制动作用的电流大小。为了保证在各种运行方式下差动保护的动作电流为 $I_{d.min}$，选择拐点电流 $I_{res.1}$ 略大于最小动作电流 $I_{d.min}$，一般取

$$I_{res.1}=(0.6\sim1.1)I_n \tag{7-19}$$

对于三折线比率制动特性的第二拐点电流 $I_{res.2}$ 一般取

$$I_{res.2}\leqslant 3I_n \tag{7-20}$$

4. 比率制动系数的整定

变压器纵差动保护整定所采用的最大不平衡电流 $I_{ub.max}$ 可按以下方式确定：

对于三绕组变压器：

$$I_{ub.max}=10\%K_{st}K_{aper}I_{s.max}+\Delta U_H I_{s.H.max}+\Delta U_M I_{s.M.max}+\Delta m_1 I_{s.1.max}+\Delta m_2 I_{s.2.max} \tag{7-21}$$

式中，$I_{s.max}$ 为流过故障侧电流互感器的最大外部短路周期分量电流；$I_{s.H.max}$、$I_{s.M.max}$ 分别为外部短路时，流过调压侧（H、M）电流互感器的最大周期分量电流；$I_{s.1.max}$、$I_{s.2.max}$ 分别为外部短路时，流过变压器非故障侧的最大周期分量电流；Δm_1、Δm_2 分别为由于非故障侧的电流互感器电流比不完全匹配和微机保护装置的固有误差而产生的误差，初选可取 $\Delta m_1=\Delta m_2=0.5$。对微机保护，通过精确数字补偿，此项可略。

对于两绕组变压器

$$I_{ub.max}=(10\%K_{st}K_{aper}+\Delta U+\Delta m)I_{s.max} \tag{7-22}$$

过坐标原点的直线比率制动特性的斜率 K_{res} 为

$$K_{res}=I_{ub.max}/I_{res.max} \tag{7-23}$$

两折线比率制动特性的第二折线斜率 K 为

$$K=(K_{rel}I_{ub.max}-I_{d.min})/(I_{res.max}-I_{res.1}) \tag{7-24}$$

三折线比率制动特性的第二和第三折线斜率一般可以取

$$K_1=0.15\sim0.3 \tag{7-25}$$

$$K_2=0.5\sim0.7 \tag{7-26}$$

5. 灵敏度的计算

在系统最小运行方式下，计算变压器出口金属性短路的最小短路电流 $I_{s.min}$，同时计算相应的制动电流 I_{res}，然后在动作特性曲线上查出相应的动作电流 I_d；则灵敏系数 K_{sen} 为

$$K_{sen}=I_d/I_{d.min} \tag{7-27}$$

6. 谐波制动系数的整定

利用二次谐波来防止励磁涌流误动的差动保护，二次谐波含量表示差流中的二次谐波分量与基波分量的比值。一般二次谐波制动系数 $K_{(2)}$ 可整定为 0.15～0.2。如果同时采用 5 次谐波制动，则 5 次谐波制动系数 $K_{(5)}$ 可整定为 0.35。

7. 差动电流速断的整定

为了加速切除变压器严重的内部故障，常常增设差流速断保护，其动作电流按照躲避变压器的励磁涌流来整定，即

$$I_{d.set}=K_{rel}I_{EF.max} \tag{7-28}$$

式中，$I_{EF.max}$ 为变压器实际的最大励磁涌流；K_{rel} 为可靠系数，可取 1.3。

实际的最大励磁涌流很难测量，一般取 $I_{d.set}=(4\sim8)I_{N.T}$。$I_{N.T}$ 为变压器额定电流。差

流速断保护的灵敏度按正常运行方式下保护安装处金属性两相短路计算。

第三节　变压器相间短路和接地短路的后备保护

一、变压器相间短路的后备保护

为反应变压器外部相间故障而引起的变压器绕组过电流，以及在变压器发生严重内部相间故障时，作为差动保护和气体保护的后备，变压器应装设相间短路的后备保护。保护的方式有过电流保护、低电压启动的过电流保护、复合电压启动的过电流保护、负序过电流保护以及阻抗保护等。

变压器过电流保护的工作原理与定时限过电流保护相同，一般用于降压变压器，按照躲开变压器可能出现的最大负荷电流整定。这样整定后的启动电流一般较大，对于升压变压器、系统联络变压器或容量较大的降压变压器，灵敏度往往不能满足要求，为此可以采用低电压起动或复合电压启动的过电流保护。低电压启动的过电流保护只有在电流元件和低电压元件同时动作后才能启动整套保护，复合电压启动的过电流保护在低电压启动的过电流保护基础上增加了负序电压的判据，因而提高了不对称故障时的灵敏性。对大容量的变压器和发电机组可以进一步采用负序过电流保护。当电流、电压保护不能满足灵敏度要求或根据系统保护间配合的要求，变压器的相间故障后备保护也可以采用阻抗保护。阻抗保护通常用于330～500kV大型联络变压器、升压及降压变压器，作为变压器引线、母线及相邻线路相间短路的后备保护。

变压器过电流保护和阻抗保护的原理与线路的保护基本相同，不再赘述。负序过电流保护原理将在发电机保护中讨论。这里介绍复合电压起动的过电流保护原理。

1. 复合电压起动的（方向）过电流保护

复合电压起动的（方向）过电流保护由复合电压元件（负序过电压和相间低电压）、相间方向元件及三相过电流元件“与”构成。保护逻辑框图见图7-12所示。

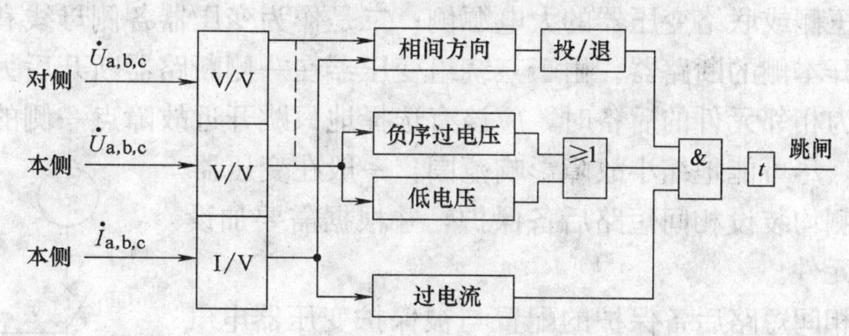

图7-12　复压方向过电流保护逻辑框图

过电流起动值可按需要配置若干段，每段可配不同的时限。当发生不对称短路时，由于出现负序电压，保护装置会动作，当发生对称短路时会出现低电压，保护装置也会动作。

（1）复合电压元件　复合电压元件由负序过电压和低电压部分组成。负序电压反映系统的不对称故障，低电压反映系统对称故障。复合电压元件可取本侧电压，也可以取变压器对侧电压“或”的方式。当下列两个条件中任一条件得到满足时，复合电压元件动作

$$U_2 > U_{2.\mathrm{set}} \tag{7-29}$$

$$U_1 < U_{\mathrm{set}} \tag{7-30}$$

式中，$U_{2.\mathrm{set}}$为负序电压动作值；U_{set}为低电压动作值；U_1为三个相间线电压中最小的一个。

低电压元件的动作电压按躲开正常运行时的母线最低工作电压整定，其整定值通常取

$$U_{set} = 0.7U_{N.T} \tag{7-31}$$

式中，$U_{N.T}$为变压器的额定线电压。

负序电压元件的动作电压按躲开正常运行时的最大不平衡负序电压整定。其动作值可整定为

$$U_{2.set} = (0.06 \sim 0.12)U_{N.T} \tag{7-32}$$

（2）过电流元件　过电流元件接于电流互感器二次三相回路中，电流元件按躲开变压器的额定电流整定，即

$$I_{set} = \frac{K_{rel}}{K_{re}}I_{N.T} \tag{7-33}$$

式中，I_{set}为电流动作值；K_{rel}为可靠系数；K_{re}为返回系数；$I_{N.T}$为变压器的额定电流。

（3）相间功率方向元件　方向元件常用 90°接线方式，最大灵敏角可取－30°或－45°。相间方向元件的电压可取本侧或对侧的，取对侧时，两侧绕组接线方式应一样。为防止三相短路失去方向性，相间方向元件的电压可由另一侧电压互感器提供，也可以利用微机保护的记忆功能通过记忆方法保存故障前电压信息进行计算。

大容量的变压器和发电机组，由于额定电流很大，而相邻元件末端两相短路故障时的故障电流可能较小，因而复合电压起动的过电流保护往往不能满足作为相邻元件后备保护时对灵敏度的要求。在这种情况下，可采用负序过电流保护，以提高不对称故障时的灵敏度。

2. 变压器相间短路后备保护的配置原则

相间短路的后备保护主要有两个作用：一是作为变压器差动保护、气体保护的后备，要求它动作后启动总出口回路，跳开变压器各侧断路器。保护一般装设在主电源侧，但对变压器各电压侧的故障均能满足灵敏度的要求。主电源一般指升压变压器的低压侧、降压变压器的高压侧或联络变压器的大电源侧；二是作为变压器各侧母线和线路保护的后备，要求只动作跳开本侧的断路器。由于三绕组变压器在一侧断路器断开后另外两侧还能继续运行，所以在作为相邻元件的后备时，应该有选择地只跳开近故障点一侧的断路器，保证另外两侧继续运行，尽可能地缩小故障影响范围。一般在变压器的各侧均装设相间短路后备保护，并根据需要加设方向元件。

相间短路后备保护的配置与被保护变压器电气主接线方式及各侧电源情况有关。现简单分析如下。

1）对于双绕组变压器，相间短路的后备保护可以只装设在主电源侧。根据主接线情况可带一段或两段时限，较短时限用于缩小故障影响范围，较长时限用于断开各侧断路器。

2）对于单侧电源的三绕组变压器，相间短路后备保护宜装设在主电源侧及主负荷侧，如图 7-13 所示。以过电流保护为例，设 t_{I}、t_{II}、t_{III} 分别为各侧母线后备保护的动作时限。负荷侧的过电流保护只作为母线Ⅲ保护的后备，动作后只跳开断路器

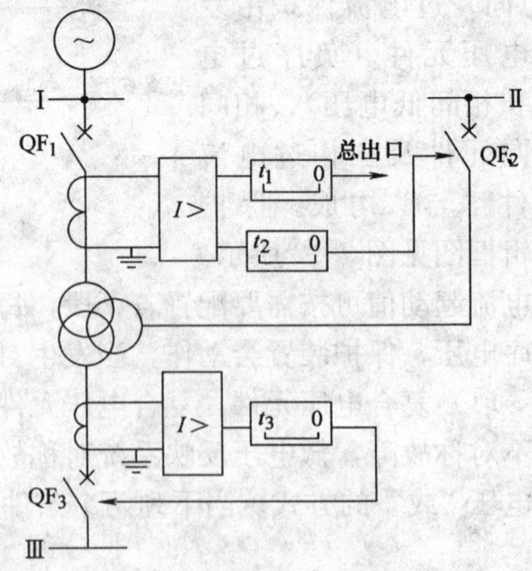

图 7-13　单侧电源三绕组变压器相间短路后备保护的配置

QF_3。动作时限 t_3 应该与母线Ⅲ保护的动作时限相配合，即 $t_3=t_{\text{Ⅲ}}+\Delta t$，其中 Δt 为一个时限级差。电源侧的过电流保护作为变压器主保护和母线Ⅱ保护的后备。为了满足外部故障时尽可能缩小故障影响范围的要求，电源侧的过电流保护采用两个时间元件，以较小的时限 $t_2=\max(t_{\text{Ⅱ}},t_3)+\Delta t$ 跳开断路器 QF_2，以较大的时限 $t_1=t_2+\Delta t$ 跳开三侧断路器 QF_1、QF_2 和 QF_3。这样，母线Ⅲ故障时保护的动作时间最快，母线Ⅱ故障时其次，变压器内部故障时保护的动作时间最慢。若电源侧过电流保护作为母线Ⅱ的后备保护灵敏度不够时，则应该在三侧都装设过电流保护。两个负荷侧的保护只作为本侧母线保护的后备。电源侧保护则兼作为变压器主保护的后备，只需要一个时间元件。三者动作时间的配合原则相同。

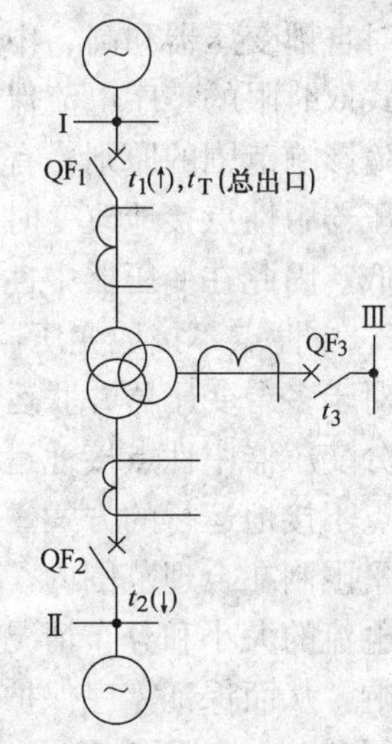

图 7-14　多侧电源三绕组变压器相间短路后备保护的配置

3）对于多侧电源的三绕组变压器，各侧均应装设后备保护，并根据需要增设方向元件，如图 7-14 所示，在变压器三侧分别装设过电流保护作为本侧母线保护的后备保护，主电源侧的过电流保护兼作变压器主保护的后备保护。假设Ⅰ侧为主电源侧。Ⅰ侧、Ⅱ侧和Ⅲ侧作为本侧母线后备保护的动作时限分别取 $t_1=t_{\text{Ⅰ}}+\Delta t$、$t_2=t_{\text{Ⅱ}}+\Delta t$、$t_3=t_{\text{Ⅲ}}+\Delta t$，其中Ⅰ侧和Ⅱ侧的过电流保护还应增设方向元件，方向分别指向该侧母线Ⅰ和Ⅱ，保护动作后分别跳开相应侧的断路器。作为变压器主保护的后备保护动作时限取 $t_T=\max(t_1,t_2,t_3)+\Delta t$，装在变压器主电源侧，动作后跳开三侧断路器。这样，当任一母线故障时，相应侧的方向元件起动（Ⅲ侧不需方向元件），过电流保护动作跳开本侧断路器，变压器另外二侧可以继续运行。当变压器内部故障时，各侧方向元件均不起动（Ⅲ侧过电流保护不起动），主电源侧过电流保护经时限 t_T 总出口跳开三侧断路器。

二、变压器接地短路的后备保护

电力系统中，接地故障是最常见的故障形式。中性点直接接地系统的变压器一般要求装设接地保护，作为变压器主保护和相邻元件接地保护的后备保护。

1. 中性点直接接地变压器的零序电流保护

中性点直接接地运行的变压器通常采用零序电流保护作为变压器或相邻元件接地故障的后备保护，对自耦变压器和三绕组变压器可以选择带零序功率方向，以实现零序方向电流保护。当零序电流保护的灵敏度不能满足要求时，可以采用接地阻抗保护。

零序电流保护一般采用两段式，每段各带两级延时，如图 7-15 所示，零序电流取自变压器中性点电流互感器的二次侧。零序电流保护Ⅰ段作为变压器及母线接地故障的后备保护，与相邻元件零序电流保护Ⅰ段相配合。以较短时延 t_1 动作于母线解列，即断开母联断路器或分段断路器 QF，以缩小故障影响范

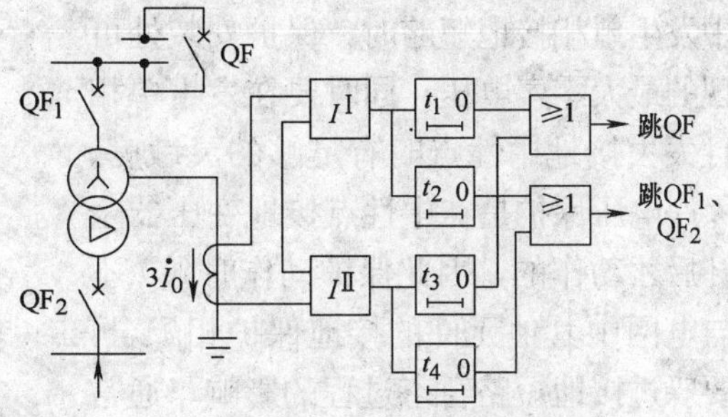

图 7-15　中性点直接接地变压器的零序电流保护逻辑图

围，在另一条母线故障时，使变压器能够继续运行。以较长时延 $t_2=t_1+\Delta t$ 跳开变压器两侧断路器。由于母线专用保护有时退出运行，而母线及附近发生短路故障时对电力系统影响比较严重，所以设置零序电流保护Ⅰ段，用以尽快切除母线及其附近故障。零序电流保护Ⅱ段作为引出线接地故障的后备保护，与相邻元件零序电流保护后备段（通常是最后一段）相配合。同样以 t_3 断开母联断路器或分段断路器，以 $t_4=t_3+\Delta t$ 动作于跳开变压器。

对自耦变压器和高、中压侧中性点都直接接地的三绕组变压器，在高、中压侧均应装设两段式双时限的零序电流保护，当有选择性要求时，应增设方向元件。保护动作按照尽量减少故障影响范围的原则，有选择性地跳开母联断路器、变压器本侧断路器和各侧断路器。由于变压器中性点接地改变时，会引起零序电流分布发生变化，往往会使零序电流保护的灵敏度降低，因此在变压器中性点接地的两侧均需设动作于总出口的零序电流保护段。

2. 中性点不接地变压器的接地后备保护

对于多台变压器并联运行的变电所，通常采用一部分变压器中性点接地运行，而另一部分变压器中性点不接地运行的方式。这样可以将接地故障电流水平限制在合理范围内，同时也使整个电力系统零序电流的大小和分布情况尽量不受运行方式变化的影响，从而保证零序保护有稳定的保护范围和足够的灵敏度。如图 7-16 所示，T_2 和 T_3 中性点接地运行，T_1 中性点不接地运行。k_2 点发生单相接地故障时，T_2 和 T_3 由零序电流保护动作而被切除，T_1 由于无零序电流，仍将带故障运行。此时变成了中性点不接地系统单相接地故障的情况，将产生接近额定相电压的零序电压，危及变压器和其他电力设备的绝缘介质，因此需要装设中性点不接地运行方式下的接地保护将 T_1 切除。中性点不接地运行方式下的接地保护根据变压器绝缘等级的不同，分别采用如下的保护方案。

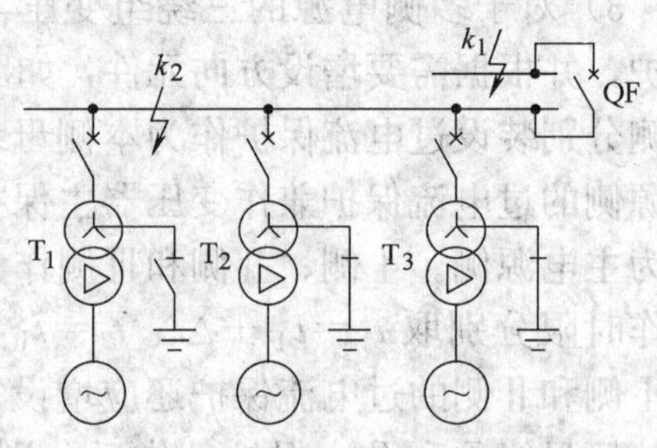

图 7-16　多台变压器并联运行的变电所

（1）全绝缘变压器的接地保护　对于全绝缘变压器，由于变压器绕组各处的绝缘水平相同，因此在系统发生接地故障时，中性点直接接地变压器先跳开后，绝缘介质不会受到威胁，但此时产生的零序过电压会危及其他电力设备的绝缘介质，需装设零序电压保护将中性点不接地运行的变压器切除，如图 7-17 所示。零序电流保护作为变压器中性点接地运行时的接地保护，与图 7-15 的零序电流保护完全一样。零序电压保护作为中性点不接地运行时的接地保护，零序电压取自电压互感器二次侧的开口三角形绕组。零序电压保护的动作电压要躲过部分中性点接地的电网中发生单相接地短路时，保护安装处可能出现的最大零序电压；同时要在发生单相接地且失去接地中性点时有足够的灵敏度。由于零序电压保护是在中性点接地变压器全部断开后才动作的，因此保护动作时限 t 不需要与电网中其他元件的接地保护相配合，只需要躲过接地短路暂态过程的影响，通常取 0.3～0.5s。

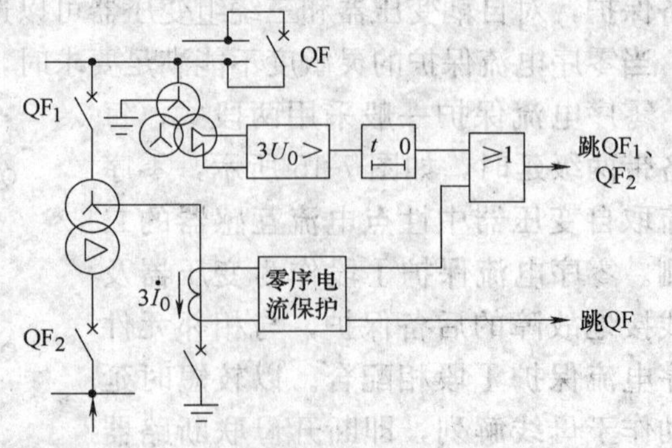

图 7-17　全绝缘变压器接地保护原理接线图

（2）分级绝缘变压器的接地保护　220kV 及以上电压等级的大型变压器，为了降低造价，高压绕组采用分级绝缘，中性点绝缘水平比较低，在单相接地故障且失去接地中性点时，其绝缘介质将受到破坏。因此，在发生接地故障时，应先切除中性点不接地的变压器，再切除中性点接地的变压器。为此可以在变压器中性点装设放电间隙，当间隙上的电压超过动作电压时迅速放电，形成中性点对地的短路，从而保护变压器中性点的绝缘介质。因放电间隙不能长时间通过电流，故在放电间隙上装设零序电流元件，在检测到间隙放电后迅速切除变压器。另外，放电间隙是一种比较粗糙的设施，由于气象条件、连续放电的次数等因素的影响，可能会出现该动作而不能动作的情况，因此还需要装设零序电流和电压保护，动作后切除变压器，以防间隙长时间放电，并作为放电间隙拒动的后备。

第四节　变压器的零序电流差动保护和过励磁保护

变压器的零序电流差动保护，主要应用于变压器高、中压侧发生单相接地故障时，在纵差动保护灵敏度不够的情况下增设。过励磁保护主要作为大、中型变压器在因频率降低和（或）电压升高引起的铁心工作磁通密度过高时的保护。本节介绍这两种原理的变压器保护。

一、零序电流差动保护

变压器高压绕组（Yn）最常见故障为单相接地短路，所以可以增设零序差动保护，因为零序差动保护的不平衡电流小，电流整定值低，对单相接地短路的灵敏度高，而且理论上不受变压器励磁涌流的影响。

对于三绕组的普通变压器，可以在中性点直接接地的两侧装设零序电流差动保护，原理接线如图 7-18 所示。零序电流差动保护要求各个电流互感器选取相同的电流比，若电流比不一样则会在外部接地故障时产生不平衡电流。因此，要求对各侧电流进行电流比补偿后才构成差动保护。零序电流差动保护的整定原则与相电流差动保护相似，即为

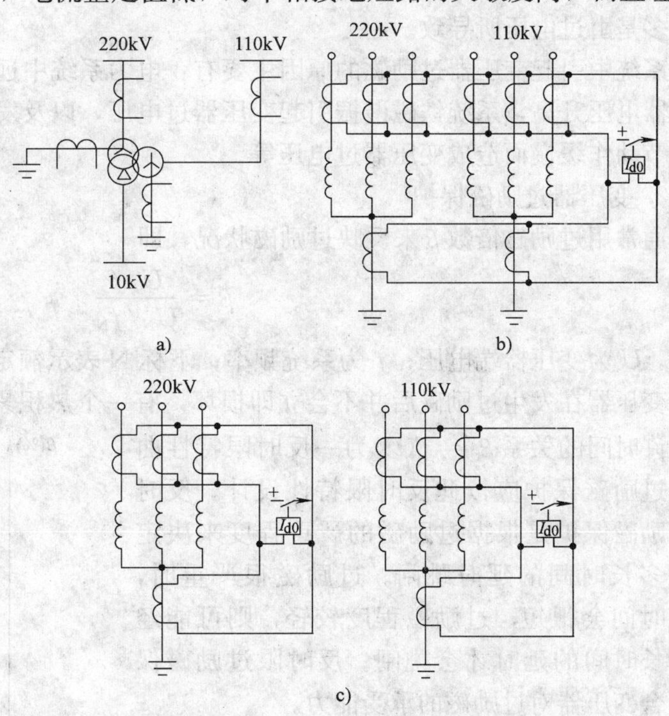

图 7-18　三绕组变压器零序电流差动保护接线图
a）原理接线图　b）采用一套零序电流差动保护的接线
c）采用两套零序电流差动保护的接线（分侧）

1）躲过外部单相接地故障时的不平衡电流。为了提高零序差动保护的可靠性和灵敏性，也可以采用比率制动特性。但是在正常运行状态下，由于差动回路各侧无

电流，因此可以采用不带比率制动特性的差动元件。在整定计算中不必考虑电压调整分接头的影响。

2）躲过励磁涌流情况下和外部相间故障时产生的的零序不平衡电流。励磁涌流对零序电流差动保护而言是穿越性电流，理论上不会产生不平衡电流，无需增加防励磁涌流措施，相间故障时一次侧也无零序电流。实际中产生的零序不平衡电流是由于电流互感器传变误差引起的。

二、变压器过励磁保护

1. 变压器过励磁的原因

大型变压器在设计中为了降低制造成本，提高铁磁材料的利用率，一般其额定工作磁密很接近饱和磁密，当系统电压和频率发生变化时，很容易造成变压器过励磁。变压器过励磁时，会引起铁损增大、铁心温度升高，变压器绝缘性能降低，绕组、导线、油箱壁等金属结构发热变形。

变压器铁心的磁通 Φ 可以表示为

$$\Phi = \frac{U}{4.44Nf} \tag{7-34}$$

式中，N 为变压器绕组的匝数。

系统电压 U 的上升或频率 f 的降低都可以使磁通增大产生过励磁。运行实践表明，除了发生系统瓦解性事故以外，系统频率大幅度降低的可能性几乎不存在。因此，变压器过励磁大多是由过电压所导致。

系统中引起变压器过励磁的原因主要有：电力系统中远距离输电线路事故切负荷后引起变压器电压升高，系统铁磁谐振引起变压器过电压，以及发电机—变压器组甩负荷后由于励磁调节动作缓慢而造成变压器过电压等。

2. 变压器过励磁保护

通常用过励磁倍数 β 来反映过励磁状况，即

$$\beta = \frac{U/f}{U_N/f_N} \tag{7-35}$$

式中，U 为变压器端电压；f 为系统频率；下标 N 表示额定值。

变压器在发生过励磁后并不会立即损坏，有一个热积累过程。研究表明，过励磁倍数 β 与允许时间的关系 $\beta = f(t)$ 为一反时限特性曲线，过励磁保护应按此反时限特性设计。反时限过励磁保护是根据过励磁的严重程度来决定经过多长时间的延时跳闸。过励磁很严重时，延时时间会很短；过励磁程度较轻，则可能经过较长时间的延时才会跳闸。反时限过励磁保护符合变压器对过励磁的承受能力。

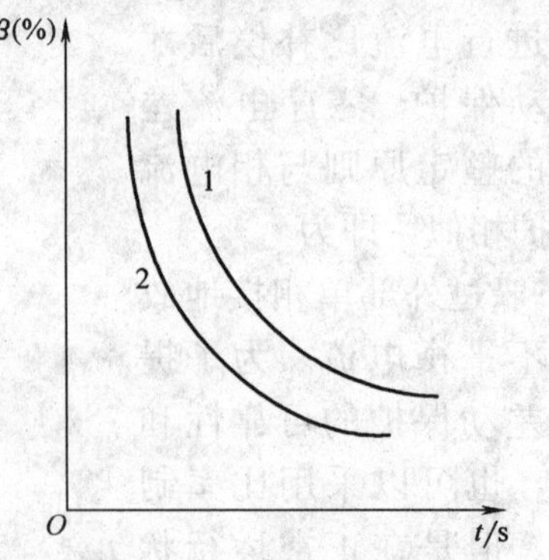

图 7-19　变压器反时限过励磁保护的整定图例

反时限过励磁保护的动作特性，按照与变压器的允许过励磁特性曲线相配合来整定。如图 7-19 所示，图中曲线 1 为变压器的允许过励

磁特性曲线，曲线 2 为反时限过励磁保护的动作曲线。微机保护通过对给定的反时限动作特性曲线进行线性化处理，在计算得到过励磁倍数 β 后，采用分段线性插值求出对应的动作时间，即可实现反时限特性。

实现过励磁保护的一个关键问题是允许过励磁特性曲线的数学模型的选取，即用什么样的曲线和函数来模拟变压器的过励磁能力。目前制造厂家一般没有给出变压器允许过励磁特性曲线 $\beta = f(t)$，因此无法按与制造厂给出的允许过励磁曲线配合。下面是目前在微机保护中得到应用的判据之一。即

$$t = 10^{-10K_1\beta + K_2} \tag{7-36}$$

式中，t 是保护的动作延时时间；β 为变压器的过励磁倍数；K_1、K_2 是自由系数，可根据具体的变压器的过励磁能力确定。

第五节　自耦变压器保护的特点

由于在传输相同容量的条件下，自耦变压器与普通变压器相比，具有节省材料、价格便宜、损耗较低、效率较高、阻抗电压较小、电压变化率较小、体积小、重量轻、能满足整体运输的要求等优点，故自耦变压器在电力系统中获得了广泛的应用。当变压器容量较大、电压较高时，其特点尤为突出。

自耦变压器通常采用三绕组接线，高、中压绕组之间除了磁的联系还有电的联系，采用中性点直接接地的星形联结方式，第三绕组（低压绕组）与普通变压器一样，与其他两侧只有磁的联系，采用三角形联结方式，如图 7-20 所示。

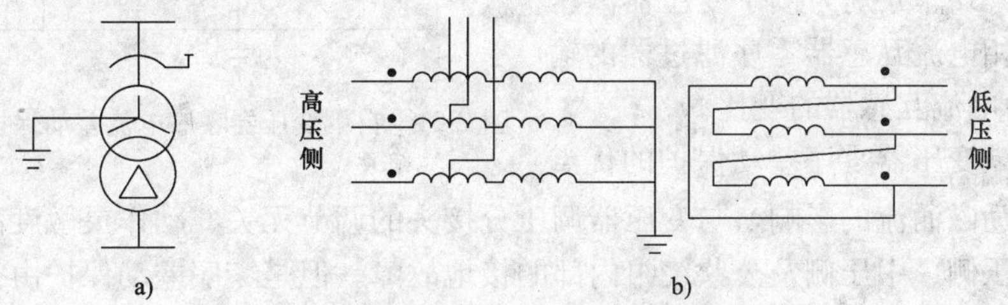

图 7-20　自耦变压器接线示意图

a）自耦变压器示意图　b）自耦变压器接线

自耦变压器的运行方式与普通变压器有显著的不同，所以给其继电保护带来了一些特殊问题。总体而言，自耦变压器在保护的设计原则、纵差动保护、瓦斯保护以及相间后备保护等和普通变压器相同，而零序电流保护、零序差动保护和过负荷保护则有所不相同。

一、自耦变压器的过负荷保护

由于正常运行的变压器三相负荷基本对称，因此变压器一般装设单相式过负荷保护，动作后延时给出信号。对多绕组变压器，其过负荷信号装设于哪一侧或哪几侧，以能够反应变压器各绕组可能的过负荷情况确定。自耦变压器的过负荷与自耦变压器各侧的容量比值和负荷分布有关。

自耦变压器低压侧的容量一般小于高压侧或中压侧的容量，因此变压器的低压侧容易过

负荷，应装设过负荷保护。

当高压侧和中压侧只有一侧有大电源时，由于运行时大电源侧向其他两侧送电，故该侧容易过负荷，应装设过负荷保护。当高、中压侧均有大电源时，两侧均应装设过负荷保护。

一般装设于自耦变压器各侧的过负荷保护，还不能完全反应公共绕组过负荷的情况。因为公共绕组的容量往往比变压器额定容量小。因此，在某些情况下要考虑在公共绕组上（通常在中性点侧引出的一相上）装设过负荷保护。

二、自耦变压器的零序差动保护

根据相间短路纵差动保护原理，自耦变压器高中压侧的电流，或者通过电流互感器接成D型实现Y-D变换，或者通过软件来实现变换。不管通过那种方式，最终得到的差动电流中，不包含零序电流分量，所以纵差动保护对接地短路的灵敏度低，而对高、中压侧中性点均直接接地的自耦变压器，单相接地是其主要故障形式之一，加装零序差动保护将提高自耦变压器内部接地短路的灵敏度。

自耦变压器高中压侧零序电流差动保护的原理接线如图7-21所示，流入差动回路的差电流 I_{d0} 为

$$I_{d0}=\frac{|3\dot{I}_{h0}+3\dot{I}_{m0}+3\dot{I}_{n0}|}{n_{TA}} \tag{7-37}$$

式中，$3\dot{I}_{n0}$ 为接于变压器中性点电流互感器的电流；$3\dot{I}_{h0}$、$3\dot{I}_{m0}$ 分别为接于变压器高压侧和中压侧三相电流互感器零序滤过器的输出电流；n_{TA} 为电流互感器的变比。

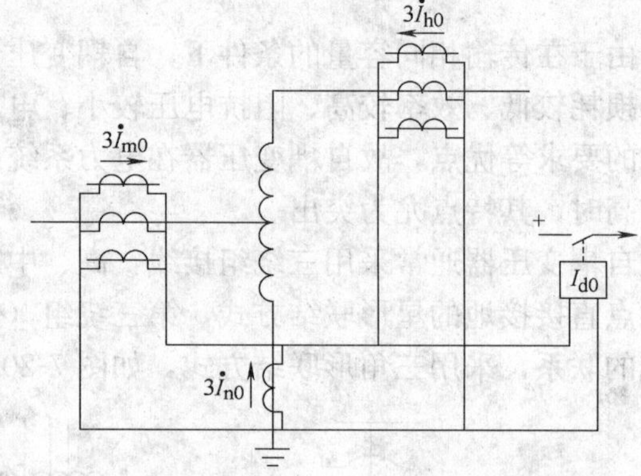

图7-21　自耦变压器零序电流差动保护原理接线图

三绕组自耦变压器零序差动保护的优点是不受变压器励磁涌流的影响，与变压器调压分接头的调节无关、动作灵敏度高，能有效地保护变压器高压侧、中压侧及公共绕组内部的接地故障。但是零序差动保护由很多电流互感器并联组成，二次接线复杂，保护动作可靠性低，而且不反映绕组匝间短路，从而限制了零序差动保护的广泛使用。

三、自耦变压器的零序电流保护

由于自耦变压器高压侧与中压侧有电的联系，又有共同的接地中性点，因此当高压侧系统或中压侧系统发生接地故障时，零序电流将由一个系统流向另一个系统。为满足自耦变压器接地保护的选择性要求，在高、中压两侧设置的零序电流保护应加装方向元件，构成零序方向电流保护。

对自耦变压器高、中压侧零序方向过流保护的动作方向整定，应根据变压器在系统中的作用（如作为升压变压器、降压变压器或者联络变压器），以及所在系统的特点（如是否主电源侧、中压侧是否有电源或中压系统是否环网等）来确定。

1. 发电厂自耦变压器零序动作方向的整定

发电厂升压自耦变压器的低压侧通常接大型发电机。由于大型发电机和变压器有完善的

后备保护，对变压器各侧的故障均有保护作用。而当变压器高压侧或中压侧系统中发生接地故障时，发电机通过变压器对短路点提供的短路电流足以危及变压器的安全。所以，高压侧和中压侧的零序动作方向应分别指向本侧母线，作为本侧母线及线路接地故障的后备保护。

2. 变电所自耦变压器零序动作方向的整定

通常降压变电所中的三绕组自耦变压器，主电源在高压侧，中压侧和低压侧无电源或接有容量很小的地方电厂。由于高压侧接220kV及以上的输电线路，超高压输电线路配置有完善的保护装置，实现了主保护双重化及后备保护多重化。因此，靠主变压器后备保护切除输电线路上故障的几率极小。而且变压器内部故障会严重危及变压器，而高压侧线路故障时流经变压器的故障电流较小。所以，变压器高压侧零序动作方向应指向变压器，作为变压器及中压侧系统的后备保护。变压器中压侧的零序动作方向仍指向中压侧母线。

3. 联络自耦变压器零序动作方向的整定

对联络自耦变压器，首先应确定主电源在哪一侧。当主电源在高压侧时，高压侧零序动作方向应指向变压器，而中压侧零序动作方向应指向中压侧母线。当主电源在中压侧时，高压侧零序动作方向宜指向高压母线，中压侧零序动作方向可指向中压侧母线，也可以指向变压器。

由于自耦变压器高、中压侧具有共同直接接地的中性点，所以零序电流保护不能接在中性线回路的电流互感器上，因为在有些情况下不能正确反应外部单相接地故障，应接于本侧由电流互感器组成的零序电流滤过器上。这样各侧的接地保护便能直接反应各侧的零序电流，使保护能够可靠地动作。

第六节　变压器的非电气量保护

非电气量保护是变压器的重要保护形式，它是相对于变压器各侧的电气量保护而言的，是通过监视、检测变压器的非电气状态参数（如瓦斯气体，油温，油位等）以及变压器辅助设备（如冷却器等）的状态，判断变压器的运行状态和外部环境，从而达到保护变压器的目的。变压器的非电气量保护主要包括：瓦斯保护、压力释放、冷却器故障、冷风消失、油温升高等。

一、非电气量保护形式

1. 瓦斯保护

瓦斯保护是变压器油箱内故障的一种主要保护形式。当在变压器油箱内部发生故障（包括轻微的匝间短路和绝缘破坏引起的经电弧电阻的接地短路）时，由于故障点电流和电弧的作用，将使变压器油及其他绝缘材料因局部受热而分解产生气体，因气体比较轻，它们将从油箱流向油枕的上部。当故障严重时，油会迅速膨胀分解并产生大量的气体，此时将有剧烈的气体夹杂着油流冲向油枕的上部。利用油箱内部故障时的这一特点，可以构成反应于上述气体而动作的保护装置，称为瓦斯保护。瓦斯保护能反应油箱内各种故障，且动作迅速灵敏，但不能反应油箱外的引出线和套管上的故障。

瓦斯保护的主要元件是气体继电器，它安装在变压器油箱与油枕（也称储油柜）之间的连接管道上，如图7-22所示。气体继电器有两个输出触点：一个反应变压器内部的不正常情况或轻微故障，称为“轻瓦斯”；另一个反应变压器的严重故障，称为“重瓦斯”。轻瓦斯动作于信号，使运行人员能够迅速发现故障并及时处理；重瓦斯动作于跳开变压器各侧断路器。气体继电器的具体结构在这里不作介绍，大致的工作原理如下：

变压器发生轻微故障时，油箱内产生的气体较少且速度慢，由于油枕处在油箱的上方，气体沿管道上升，使气体继电器内的油面下降，当下降到动作门槛时，轻瓦斯动作，发出告警信号。变压器发生严重故障时，故障点周围的温度剧增而迅速产生大量的气体，变压器内部压力升高，迫使变压器油从油箱经过管道向油枕方向冲去，气体继电器感受到的油速达到动作门槛时，重瓦斯动作，瞬时作用于跳闸回路，切除变压器，以防事故扩大。

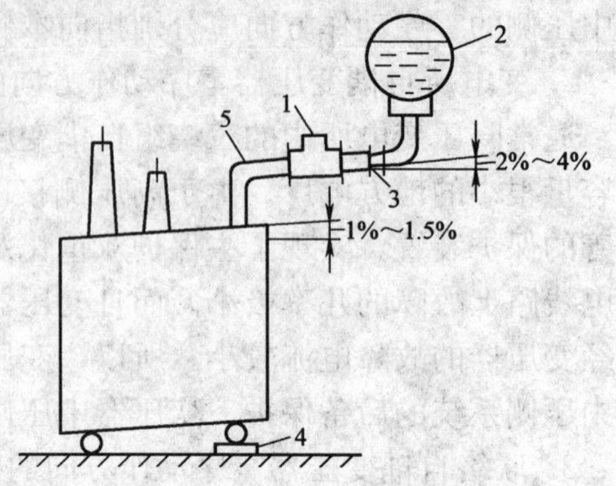

图 7-22　瓦斯继电器安装示意图

1—气体继电器　2—油枕　3—阀门　4—钢垫块　5—导油管

若变压器是有载调压变压器，则瓦斯保护应包括主变压器的瓦斯保护（即本体重瓦斯、本体轻瓦斯）和调压变压器的瓦斯保护（即调压重瓦斯、调压轻瓦斯）。

2. 压力释放保护

当变压器超载或故障时，会引起油箱内部压力升高，如果压力达到一定程度而始终得不到释放，可能会引起变压器的爆炸，所以油浸式变压器需要装设过压力保护装置——压力释放阀。当变压器内部达到一定压力时，压力释放阀便动作，释放阀的膜盘跳起，变压器油排出，从而可靠地释放压力，压力释放阀动作的同时，释放阀的电气开关接点闭合，发出压力释放的跳闸信号。

3. 冷却器故障、风冷消失保护

由于变压器的铁耗和铜耗的影响，大中型变压器在运行中会产生较大的热量，尤其在高温的环境时，发热问题更加严重，因此大中型变压器一般都装有冷却装置。

当变压器采用风冷却方式时，在变压器油箱壁或散热管上加装风扇，利用风扇改变进入散热器与流出散热器的油温差，提高散热器的冷却效率。当风扇的电源或风扇因故障停转时，风扇的保护系统发出“风冷消失”的告警信号。

当变压器采用强迫油循环冷却方式时，利用油泵将变压器油打入油冷却器冷却后再送回油箱。变压器可以装设多台冷却器和备用冷却器，根据温度和（或）负载控制冷却器的投切。一般情况下，若冷却器全停，应发出跳闸信号；若冷却器出现故障，则投入其他冷却器或备用冷却器，并发出告警信号。

4. 油温高保护

若变压器长时间在较高温度下运行，将导致变压器的老化加速，因此必须对变压器的温度进行监测，如变压器的顶层油温，强迫油循环冷却器进出口温度等。变压器温度的测量采用变压器专用的温度计。如变压器用压力式温度计，它通过感温介质的压力变化来显示变压器的油温，并带有电气接点来控制变压器冷却系统及发出报警信号。

除以上几种外，变压器的非电气量保护还有绕组过温、本体油位异常、调压油位异常等。

二、非电气量保护的实现

非电气量保护实际上就是通过监测变压器本体及辅助设备的状态和非电气量，根据这些状态和参量进行判断，控制各监测元件电气接点的闭合，以发出跳闸或报警信号，最终达到保护变压器的目的。

对微机保护装置来说，来自变压器非电气量保护的接点信号有三种类型：不需要延时跳闸的接点、需要延时跳闸的接点、只需发信号告警的接点。不需要延时跳闸的接点通过硬压板直接去起动保护装置的跳闸继电器跳闸；需要延时跳闸的接点通过 CPU 延时后，由 CPU 发出跳闸命令起动保护装置的跳闸继电器；只需发信号告警的接点，仅起动保护装置的信号继电器。

一般情况下，不需要延时跳闸的非电气量有：本体重瓦斯、调压重瓦斯、压力释放、绕组过温等；需要延时跳闸的非电气量有：冷却器故障；只需发信号告警的非电气量有：本体轻瓦斯、调压轻瓦斯、本体油位异常、有载油位异常、油温高、绕组温高、风冷消失等。实际应用中应根据变压器的具体情况灵活选择适当的保护配置。

第七节　变压器保护的配置举例

微机变压器保护的配置原则与常规保护的配置原则是基本相同的，而且由于微机实现更加方便的特点，微机保护的配置较齐全、灵活。以下分别介绍高压和中低压变电所主变压器的保护配置。

一、中、低压变电所主变压器的保护配置

1. 主保护配置

1）比率制动式差动保护。通常采用二次谐波闭锁励磁涌流原理的比率制动式差动保护。

2）差动速断保护。

3）非电气量主保护。本体重瓦斯、有载调压重瓦斯和压力释放。

2. 后备保护配置

主变压器后备保护按侧配置，各侧后备保护之间、各侧后备保护与主保护之间相互独立。

（1）中性点非直接接地系统变压器后备保护的配置

1）三段复合电压起动的方向过电流保护。Ⅰ段动作跳本侧分段断路器，Ⅱ段动作跳本侧断路器，Ⅲ段动作跳各侧断路器。

2）三段过负荷保护。Ⅰ段发信号，Ⅱ段起动风冷，Ⅲ段闭锁有载调压。

3）冷却控制器失电，主变压器过温告警（或跳闸）。

4）TV 断线告警或闭锁保护。

（2）中性点直接接地系统变压器后备保护的配置　对于高压侧中性点接地系统的变压器，除了上述保护外应考虑设置接地保护。通常针对如下三种接地方式配置不同的保护。

1）中性点直接接地运行，配置二段式零序过电流保护。

2）中性点可能接地或不接地运行，配置一段两时限零序无流闭锁零序过电压保护。

3）中性点经放电间隙接地运行，配置一段两时限零序过电流保护。

二、高压、超高压变电所主变压器的保护配置

1. 主保护配置

1）比率制动式差动保护，除采用二次谐波制动原理外，还可以采用间断角原理、波形对称识别原理或磁通制动原理克服励磁涌流误动。

2）工频变化量比率差动保护。

3）差动电流速断保护。

4）非电气量主保护。本体重瓦斯、有载调压重瓦斯和压力释放。

5）零序电流差动保护。中性点直接接地的变压器，特别是自耦变压器，如果在接地故障时纵差动保护的灵敏度不足，应装设零序差动保护。

2. 后备保护配置

高压侧后备保护可按如下方式配置：

1）相间阻抗保护。

2）二段零序（方向）过电流保护。

3）反时限过励磁保护。

4）过负荷报警。

中压侧后备保护同高压侧。

低压侧后备保护装设二时限过电流保护及零序过电压保护。

习题与思考题

1. 变压器可能发生哪些故障和异常运行状态？针对变压器故障和异常运行状态应该装设哪些保护？

2. 变压器差动保护中，产生不平衡电流的原因有哪些？差动电流与不平衡电流在概念上有何区别？

3. 励磁涌流是在什么情况下产生的？有何特点？在变压器差动保护中是怎么利用涌流的特点来消除涌流对差动保护的影响？试举例说明之。

4. 说明变压器纵差动保护的整定原则。为什么具有制动特性的差动保护灵敏度高？

5. 何谓暂态不平衡电流和稳态不平衡电流？试从产生原因、特点以及如何减小和消除它们本身，或减小和消除它们对差动保护的影响措施等方面来分析它们的区别。

6. 在变压器保护中，什么情况下可采用过电流保护作为主保护或后备保护？什么情况下可采用电流速断保护？或差动电流速断保护？后者与前者以及常用的差动保护有何区别？

7. 在三绕组变压器中，采用过电流作为后备保护时，是否需要在变压器的每一侧都独立地装设一套保护？试就变压器为单侧有电源，或两侧有电源，或三侧有电源的三种情况来分别讨论。

8. 变压器的零序电流保护为什么在各段中均设两个时限？

9. 自耦变压器的特点是什么？在构成自耦变压器的保护时，有哪些保护应考虑这些特点？

10. 有一台 Yd11 接线的变压器，在其差动保护带负荷检查时，测得其 Y 形侧电流互感器电流相位关系为 $\dot{I}_b$ 超前 $\dot{I}_a$ 150°，$\dot{I}_a$ 超前 $\dot{I}_c$ 60°，$\dot{I}_c$ 超前 $\dot{I}_b$ 150°，且 $\dot{I}_b$ 为 8.65A，$I_a=I_c=5A$，试分析变压器 Y 形侧电流互感器是否有接线错误，并改正之（用相量图分析）。

11. 某降压变电所内有一台变压器，额定容量为 30MV·A，电压为 110/6.3kV，Yd11 接线，$U_k=10.5\%$，最小运行方式下，变压器 110kV 母线三相短路的容量为 500MV·A；最大负荷电流为变压器额定电流的 1.2 倍，负荷的自起动系数取为 2，返回系数取 0.85，可靠系数取 1.25，试问，变压器上能否装设两相星形联结的过电流保护作为外部相间短路的后备保护？如果不能，应采取什么措施？

第八章　发电机的保护

第一节　发电机的故障类型、不正常运行状态及相应的保护方式

发电机是电力系统中十分重要和贵重的设备，一旦发生故障遭到破坏，会造成很大的经济损失和影响。保证发电机组安全运行和防止其遭受严重破坏，对电力系统的稳定运行和对用户不间断供电起着决定性的作用。因此，要充分完善发电机继电保护的配置方案，将故障和不正常运行方式对电力系统的影响限制到最小范围。

发电机的故障类型主要有：定子绕组相间短路；定子一相绕组的匝间短路；定子绕组单相接地；转子绕组一点接地或两点接地；转子励磁回路励磁电流异常下降或完全消失。

发电机的不正常运行状态主要有：由于外部短路引起的定子绕组过电流；由于负荷超过发电机额定容量而引起的三相对称过负荷；由于外部不对称短路或不对称负荷（如单相负荷，非全相运行等）而引起的发电机负序过电流和过负荷；由于突然甩负荷而引起的定子绕组过电压；由于励磁回路故障或强励时间过长而引起的转子绕组过负荷；由于汽轮机主汽门突然关闭而引起的发电机逆功率等。

针对上述故障类型和不正常运行状态，发电机应装设下列保护。

1）反应发电机定子绕组及其引出线相间短路的纵差动保护。

2）反应发电机定子绕组匝间短路的匝间短路保护。

3）反应发电机定子绕组单相接地故障的定子单相接地保护。

4）反应转子绕组接地的转子绕组一点接地保护和两点接地保护。

5）反应转子励磁回路励磁电流异常下降或消失的失磁保护。

6）反应发电机短路故障的后备保护，一般有：复合电压起动的过电流保护、对称过负荷及过电流保护、不对称过负荷及过电流保护、转子过负荷及过电流保护、低阻抗保护等。

7）反应汽轮发电机主汽门突然关闭的逆功率保护。

8）反应发电机过励磁故障的过励磁保护。

9）反应发电机非稳定振荡的失步保护。

10）其他保护：定子绕组过电压保护、低频保护、突加电压保护、起停机保护、非全相保护以及非电量保护等。

为了快速消除发电机内部的故障，在保护动作于发电机断路器跳闸的同时，还必须动作于自动灭磁开关，断开发电机励磁回路，以使转子回路电流不会在定子绕组中再感应电动势，继续供给短路电流。

第二节 发电机定子绕组短路故障的保护

一、发电机纵差动保护

发电机纵差动保护是发电机定子绕组及其引出线相间短路的主保护。发电机纵差动保护的原理与短距离输电线路及变压器纵差动保护的原理相同，这里不再重复详述。

1. 发电机纵差动保护的接线

根据接线方式和位置的不同，纵差动保护可分为完全纵差动保护和不完全纵差动保护。两者的区别是接入发电机中性点的电流不同。

(1) 完全纵差动保护 发电机完全纵差动保护是发电机内部相间短路故障的主保护。保护接入发电机中性点的全部电流，其电气原理接线图如图 8-1 所示，$\dot{I}_M$ 和 $\dot{I}_N$ 分别为发电机机端、中性点侧一次电流的正方向。发电机机端、中性点侧的电流互感器的接线方式均为 Y 形联结。CTA、CTB、CTC 分别为对应于发电机机端 A、B、C 相的电流变换器，CTa、CTb、CTc 分别为对应于发电机中性点侧 a、b、c 相的电流变换器。逻辑框图如图 8-2 所示。

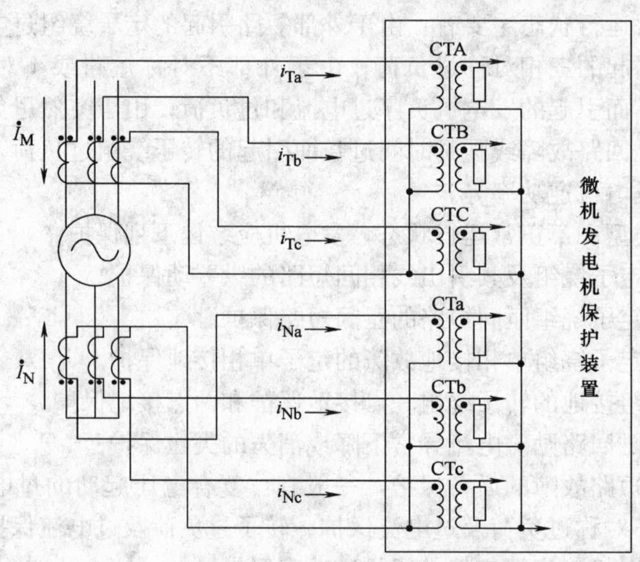

图 8-1 微机发电机纵差动保护原理接线图

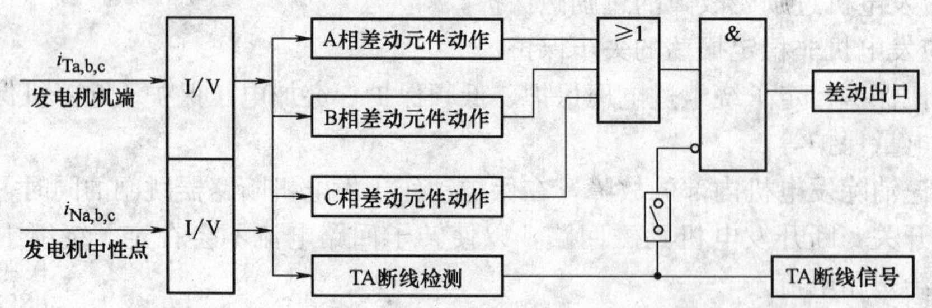

图 8-2 发电机纵差动保护逻辑框图

(2) 不完全纵差动保护 不完全纵差动保护也是发电机内部故障的主保护，既能反应发电机（或发电机—变压器组）内部各种相间短路，也能反应匝间短路，并在一定程度上反映分支绕组的开焊故障。

由于完全纵差动保护引入发电机定子机端和中性点两侧全部的相电流，因此在定子绕组发生匝间短路时两侧电流仍然相等，因此保护不能动作。通常大型发电机定子绕组每相均有两个或多个并联分支，若仅引入发电机中性点侧部分分支电流与机端电流来构成纵差动保护，适当选择两侧电流互感器的变比，也可以保证正常运行及区外故障时没有差流，而在发电机相间或匝间短路时均会产生差流，使保护动作切除故障。这种纵差动保护被称为不完全纵差动保护，其原理接线如图 8-3 所示。

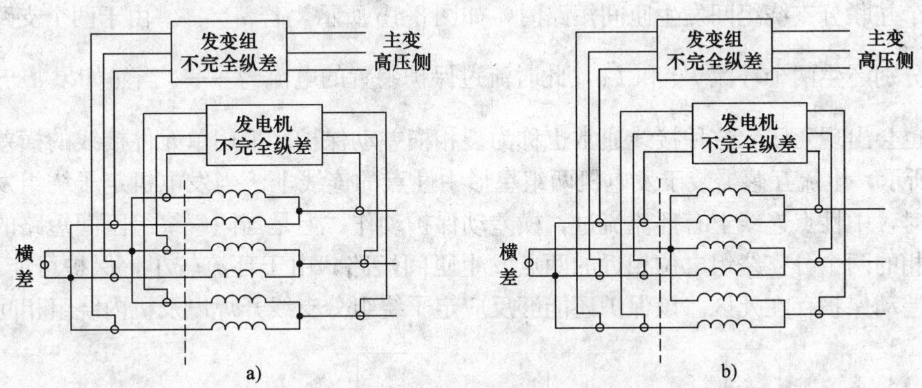

图 8-3　发电机不完全纵差动保护原理接线图

a）中性点侧引出 6 个端子　b）中性点侧引出 4 个端子

2. 发电机纵差动保护的整定计算

发电机纵差动保护一般采用两折线的比率制动特性，如图 7-8 所示。因此对纵差动保护的整定计算，实质上就是对 $I_{d.min}$、$I_{res.1}$及 K 的整定计算。

(1) 起动电流 $I_{d.min}$的整定　起动电流 $I_{d.min}$的整定原则是躲过发电机额定运行时差动回路中的最大不平衡电流。在发电机额定工况下，在差动回路中产生的不平衡电流主要由纵差动保护两侧的电流互感器 TA 变比误差、二次回路参数及测量误差引起。通常对发电机纵差动保护，可取 $I_{d.min}=(0.1\sim0.3)I_{N.G}$。对发变组纵差动保护取 $(0.3\sim0.5)I_{N.G}$。对于不完全纵差动保护，尚需考虑发电机每相各分支电流的差异，应适当提高 $I_{d.min}$的整定值。

(2) 拐点电流 $I_{res.1}$的整定　拐点电流 $I_{res.1}$的大小，决定保护开始产生制动作用的电流的大小。显然，在起动电流 $I_{d.min}$及动作特性曲线的斜率 K 保持不变的情况下，$I_{res.1}$越小，差动保护的动作区域小，而制动区增大；反之亦然。因此，拐点电流的大小直接影响差动保护的动作灵敏度。通常拐点电流整定为 $I_{res.1}=(0.5\sim1.0)I_{N.G}$。

(3) 制动线斜率 K 的整定　发电机纵差动保护的制动线斜率 K 一般可取 0.3～0.4。

根据规程规定，发电机纵差动保护的灵敏度是在发电机机端发生两相金属性短路情况下差动电流和动作电流的比值，要求 $K_{sen}\geqslant1.5$。随着对发电机内部短路分析的进一步深入，对发电机内部发生轻微故障的分析成为可能，可以更多地分析内部发生故障时的保护动作行为，从而更好地选择保护原理和方案。

二、发电机横差动保护

在大容量发电机中，由于额定电流很大，其每相都是由两个或两个以上并列的分支绕组组成的。在正常运行时，各绕组中的电动势相等，流过相等的负荷电流。当同相内非等电位点发生匝间短路时，各分支绕组中的电动势就不再相等，因而会由于出现电动势差而在各绕组中产生环流。利用这个环流，即可实现对发电机定子绕组匝间短路的保护，此即横差动保护。

以每相具有两个并联分支绕组为例。当某一个分支绕组内部发生匝间短路时，由于故障支路和非故障支路的电动势不相等，如图 8-4a 所示，因此会产生环流 I_k。进入差动回路的电流为 $\frac{2I_k}{n_{TA}}$（n_{TA}为电流互感器变比），当此电流大于保护的起动电流时，横差动保护动作于跳闸。短路匝数百分比 α 越多，则环流越大，而当 α 较小时，环流也较小，因此保护动作有死区。当同相的两个并联分支绕组间发生匝间短路时，如图 8-4b 所示，若 $\alpha_1 \neq \alpha_2$，由于两个支路的电动势差，将分别产生两个环流 I'_k 和 I''_k，此时流过保护装置的电流为 $\frac{2I'_k}{n_{TA}}$。当然如果 $\alpha_1 - \alpha_2$ 之差很小时，也会出现死区。这种接线通常也称为裂相横差动保护。采用单元件接线的横差动保护如图 8-5 所示，电流互感器装于发电机两组星形中性点的连线上。当发电机定子绕组发生各种匝间短路时，中性点连线上有环流流过，横差动保护动作。但是当同一绕组匝间短路的匝数较少，或同相的两个分支绕组电位相近的两点发生匝间短路，由于环流较小，保护可能不动作。因此，横差动保护存在死区。该保护还能够反应定子绕组分支线开焊以及机内绕组相间短路。

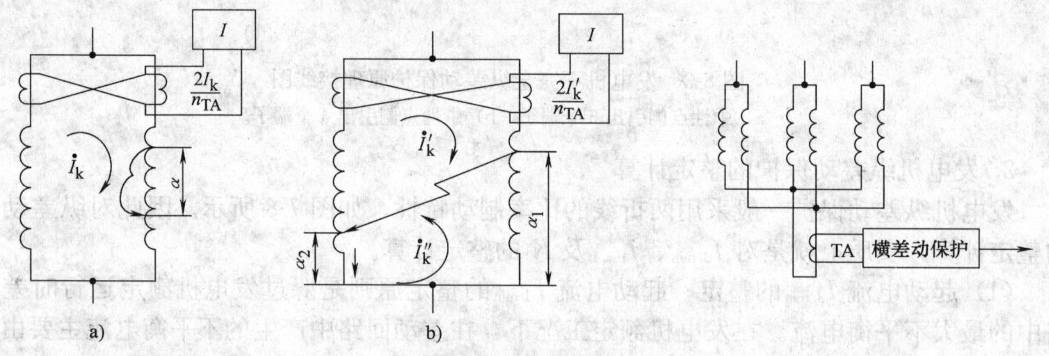

图 8-4　发电机绕组匝间短路的电流分布和裂相横差动保护接线
a）在某一绕组内部匝间短路　b）在同相不同绕组匝间短路

图 8-5　单元件接线的横差动保护原理图

按这种接线方式，当发电机出现三次谐波电动势时，三相的三次谐波电动势在正常状态下接近同相位。如果任一支路的三次谐波电动势与其他支路的不相等，就会在两组星形中性点的连线上出现三次谐波的环流，并通过互感器反应到保护中去，这是所不希望的，因此，横差动保护需要采用三次谐波过滤器，以滤掉三次谐波的不平衡电流。

保护的起动电流按躲过外部故障和不正常运行状态时流过发电机中性点的最大不平衡电流整定。由于工艺、绕组设计方面的原因，不同机组的不平衡电流大小不尽相同，应以实测为准。

三、发电机纵向零序过电压保护

纵向零序过电压保护，不仅作为发电机内部匝间短路的主保护，还可作为发电机内部部分相间短路的保护。

发电机定子绕组发生内部短路时，会出现发电机机端相对于中性点的纵向不对称，三相机端对中性点的电压不再平衡。在发电机机端接专用的电压互感器，将电压互感器的一次侧中性点与发电机中性点直接相连且不接地，这样互感器开口三角形绕组输出的电压即为纵向零序电压，当测量到纵向零序电压超过整定值时，保护动作，如图 8-6 所示。

由于发电机正常运行时，机端不平衡基波零序电压很小，但可能有较大的三次谐波电压，为降低保护定值和提高灵敏度，保护装置中应增设三次谐波的滤波器。

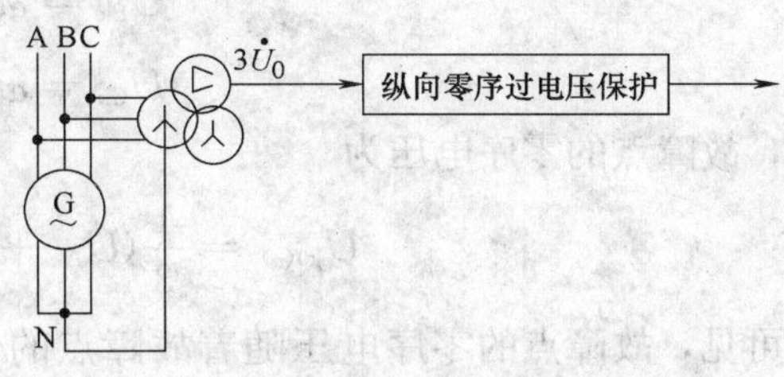

图 8-6　纵向零序过电压保护逻辑框图

由于不同容量、不同型号的发电机，其定子绕组的结构及线棒在各定子槽内的分布不同，因此，不同的发电机在匝间短路时产生的纵向零序电压值差异很大。在整定保护装置的动作电压时，首先应对发电机定子结构进行研究，估算发生最少匝数匝间短路时的最小零序电压值，然后根据最小零序电压进行整定。

为了防止外部短路时纵向零序不平衡电压增大造成保护误动，可以增设负序功率方向元件作为选择元件，用于判别是发电机内部短路还是外部短路。由于在发电机并网前负序功率方向元件失效，可以增加发电机三相电流低的辅助判据。

第三节　发电机定子绕组的单相接地保护

根据安全运行要求，发电机的外壳都是接地的，因此定子绕组因绝缘破坏而引起的单相接地故障占内部故障的比重比较大，约占定子故障的 70%～80%。当接地电流比较大，能在故障点引起电弧时，将使绕组的绝缘和定子铁心烧坏，并且也容易发展成相间短路，造成更大的危害。

一、发电机定子绕组单相接地的特点

现代发电机的定子绕组都设计为全绝缘的，定子绕组中性点不直接接地，而是通过高阻接地、消弧线圈接地或不接地。当发电机内部单相接地时，流经接地点的电流为发电机所在电压网络（即与发电机有直接电联系的各元件）对地电容电流之总和，而故障点的零序电压将随发电机内部接地点的位置而改变。

假设 A 相接地发生在定子绕组距中性点 α 处（α 表示由中性点到故障点的绕组占全部绕组匝数的百分数）如图 8-7 所示。此时与故障点对应的各相电动势为 $\alpha\dot{E}_A$、$\alpha\dot{E}_B$ 和 $\alpha\dot{E}_C$，而各相对地电压分别为

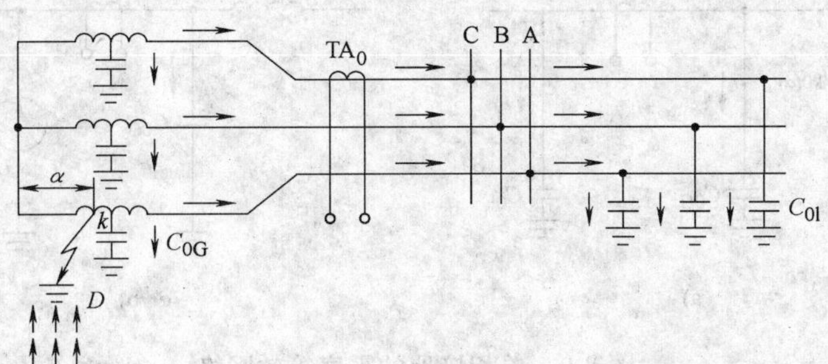

图 8-7　发电机内部单相接地时的电流分布

$$\left.\begin{aligned}\dot{U}_{\mathrm{Ak}}&=0\\ \dot{U}_{\mathrm{Bk}}&=\alpha\dot{E}_{\mathrm{B}}-\alpha\dot{E}_{\mathrm{A}}\\ \dot{U}_{\mathrm{Ck}}&=\alpha\dot{E}_{\mathrm{C}}-\alpha\dot{E}_{\mathrm{A}}\end{aligned}\right\}\tag{8-1}$$

因此，故障点的零序电压为

$$\dot{U}_{\mathrm{k0}(\alpha)}=\frac{1}{3}(\dot{U}_{\mathrm{Ak}}+\dot{U}_{\mathrm{Bk}}+\dot{U}_{\mathrm{Ck}})=-\alpha\dot{E}_{\mathrm{A}}\tag{8-2}$$

可见，故障点的零序电压随着故障点的位置不同而改变。当发电机的机端接地时，即 $\alpha=1$，故障点的零序电压最大。实际上，当发电机内部单相接地时，无法直接获得故障点的零序电压 $U_{\mathrm{k0}(\alpha)}$，只能借助于机端的电压互感器进行测量。当忽略各相电流在发电机内阻抗上的压降时，机端各相的对地电压应分别为

$$\left.\begin{aligned}\dot{U}_{\mathrm{AD}}&=(1-\alpha)\dot{E}_{\mathrm{A}}\\ \dot{U}_{\mathrm{BD}}&=\dot{E}_{\mathrm{B}}-\alpha\dot{E}_{\mathrm{A}}\\ \dot{U}_{\mathrm{CD}}&=\dot{E}_{\mathrm{C}}-\alpha\dot{E}_{\mathrm{A}}\end{aligned}\right\}\tag{8-3}$$

其相量关系如图 8-8 所示。由此可求得机端的零序电压为

$$\dot{U}_{\mathrm{k0}}=\frac{1}{3}(\dot{U}_{\mathrm{AD}}+\dot{U}_{\mathrm{BD}}+\dot{U}_{\mathrm{CD}})=-\alpha\dot{E}_{\mathrm{A}}=\dot{U}_{\mathrm{k0}(\alpha)}\tag{8-4}$$

其值和故障点的零序电压相等。所以故障点的零序电压可以通过机端的电压互感器进行测量。

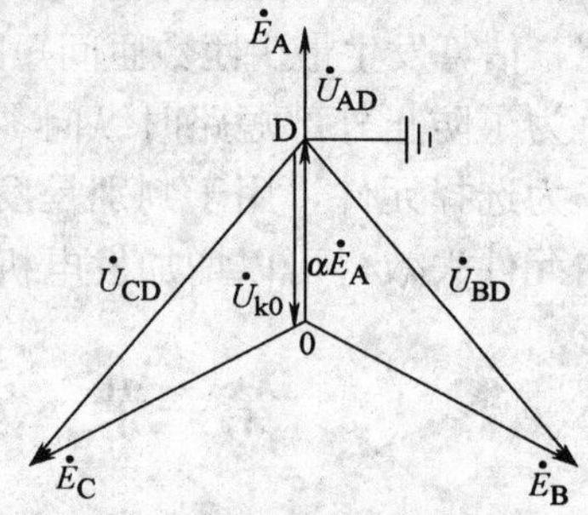

图 8-8 发电机内部单相接地时，机端的电压相量图

发电机内部单相接地时的零序等效网络如图 8-9a 所示。图中，C_{0G} 为发电机每相的对地电容，C_{01} 为发电机以外电压网络每相对地的等效电容。由此可求出发电机的零序电容电流和网络的零序电容电流分别为

$$\left.\begin{aligned}3\dot{I}_{0G}&=\mathrm{j}3\omega C_{0G}\dot{U}_{\mathrm{k0}(\alpha)}=-\mathrm{j}3\omega C_{0G}\alpha\dot{E}_{\mathrm{A}}\\ 3\dot{I}_{01}&=\mathrm{j}3\omega C_{01}\dot{U}_{\mathrm{k0}(\alpha)}=-\mathrm{j}3\omega C_{01}\alpha\dot{E}_{\mathrm{A}}\end{aligned}\right\}\tag{8-5}$$

则故障点总的接地电流为

$$\dot{I}_{\mathrm{k}(\alpha)}=-\mathrm{j}3\omega(C_{0G}+C_{01})\alpha\dot{E}_{\mathrm{A}}\tag{8-6}$$

可见，流经故障点的接地电流也与 α 成正比，当故障点位于发电机出线端子附近时，$\alpha\approx1$，接地电流最大。

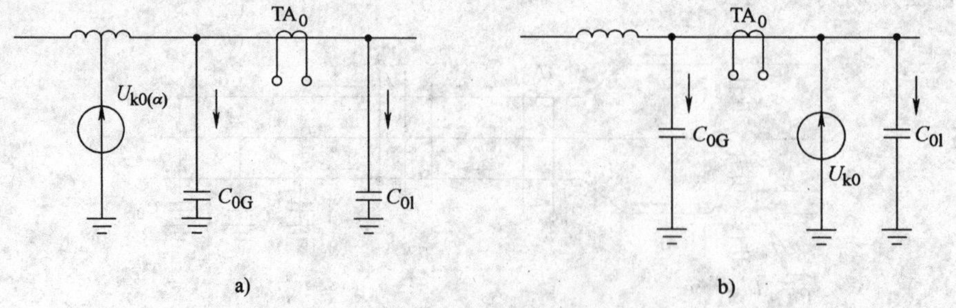

图 8-9 单相接地的零序等效网络

a）发电机内部单相接地 b）发电机外部单相接地

当发电机内部单相接地时，流经发电机零序电流互感器 TA_0 一次侧的零序电流为发电机以外电压网络的对地电容电流。而当发电机外部单相接地时，如图 8-9b 所示，流过 TA_0 的零序电流为发电机本身的对地电容电流。

二、利用零序电压构成的定子单相接地保护（横向零序电压保护）

由于零序电压随故障点的位置而变化，越靠近机端，故障点的零序电压越高，因此可以利用零序电压构成定子单相接地保护。此时零序电压可取自发电机机端电压互感器的开口三角形绕组或中性点电压互感器的二次侧（也可以从发电机中性点接地消弧线圈或配电变压器二次绕组获得）。

零序电压保护的动作电压 U_{set}，应按躲过发电机正常运行时发电机系统产生的最大不平衡零序电压 $3U_{0.max}$ 来整定，即

$$U_{set} = K_{rel} 3U_{0.max} \tag{8-7}$$

影响不平衡零序电压的因素主要有：

1）发电机电压系统中三相对地绝缘不一致。

2）发电机端三相 TV 的一次绕组对开口三角形绕组之间的变化不一致。

3）发电机的三次谐波电动势在机端 TV 开口三角形一侧输出的三次谐波电压。可以通过设置三次谐波滤波单元加以过滤。

4）主变压器高压侧发生接地故障时，由变压器高压侧通过电容耦合传递到发电机系统的零序电压。可以通过延时躲过这一电压的影响。

零序电压保护的动作延时，应与主变压器大电流系统侧接地保护的最长动作延时相配合。保护的出口方式，应根据发电机的结构、容量及发电机电压系统的主接线状况确定作用于跳闸或信号。

当中性点附近发生接地时，由于零序电压太小，保护装置不能动作，因而出现死区，即对定子绕组不能达到 100%的保护范围。对大容量的机组而言，由于振动较大而产生的机械损伤或发生漏水（指水内冷的发电机）等原因，都可能使靠近中性点附近的绕组发生接地故障。如果这种故障不能及时发现，则有可能进一步发展成匝间短路、相间短路或两点接地短路，从而造成发电机的严重损坏。因此对大型发电机组，特别是水内冷式发电机机组，应装设能反应 100%定子绕组的接地保护。

100%定子接地保护装置一般由两部分组成，第一部分是零序电压保护，它能保护定子绕组的 85%以上，第二部分保护则用来消除零序电压保护的死区。为提高可靠性，两部分的保护区应相互重叠。

三、利用基波零序电压和 3 次谐波电压构成的 100%定子单相接地保护

1. 发电机 3 次谐波电势的分布特点

由于发电机气隙磁通密度的非正弦分布和铁磁饱和的影响，在定子绕组中感应的电动势除基波分量外，还含有高次谐波分量。其中 3 次谐波电动势虽然在线电动势中可以将它消除，但在相电动势依然存在。

如果把发电机的对地电容等效地看作集中在发电机的中性点 N 和机端 S 处，两端的相

对地电容各为$\frac{1}{2}C_{0G}$，将发电机端引出线、升压变压器、厂用变压器以及电压互感器等设备的每相对地电容C_{0S}也等效地放在机端，并设3次谐波电动势为E_3。以下分析发电机机端3次谐波电压U_{S3}与中性点侧3次谐波电压U_{N3}的关系。

（1）正常运行　当发电机中性点不接地时，其等效网络如图8-10a所示，此时中性点及机端的3次谐波电压分别为

$$U_{N3}=\frac{C_{0G}+2C_{0S}}{2(C_{0G}+C_{0S})}E_3 \tag{8-8}$$

$$U_{S3}=\frac{C_{0G}}{2(C_{0G}+C_{0S})}E_3 \tag{8-9}$$

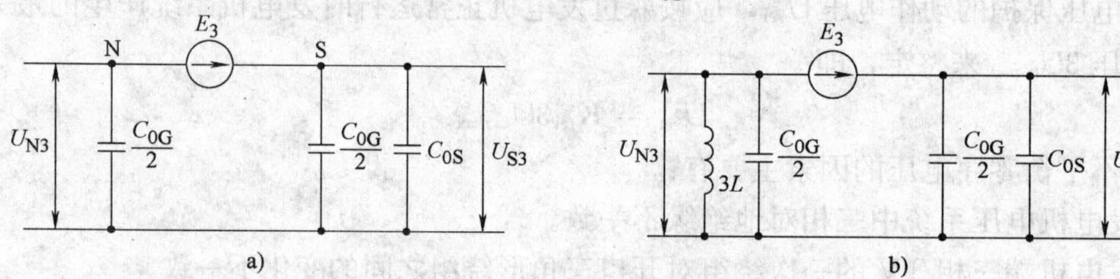

图8-10　正常运行时发电机3次谐波电动势和对地电容的等效电路图

a）中性点不接地　b）中性点经消弧线圈接地

机端三次谐波电压与中性点3次谐波电压之比为

$$\frac{U_{S3}}{U_{N3}}=\frac{C_{0G}}{C_{0G}+2C_{0S}}<1 \tag{8-10}$$

可见，正常运行时发电机中性点侧的3次谐波电压U_{N3}总是大于发电机机端的3次谐波电压U_{S3}。极限情况下发电机出线端开路（即$C_{0S}=0$）时有$U_{S3}=U_{N3}$。

当发电机中性点经消弧线圈接地时，其等值电路如图8-10b所示，假设基波电容电流得到完全补偿，即$\omega L=\frac{1}{3\omega(C_{0G}+C_{0S})}$。此时发电机中性点侧对3次谐波的等效电抗为

$$X_{N3}=\mathrm{j}\frac{3\omega(3L)\left(\frac{-2}{3\omega C_{0G}}\right)}{3\omega(3L)-\frac{2}{3\omega C_{0G}}} \tag{8-11}$$

整理后可得

$$X_{N3}=-\mathrm{j}\frac{6}{\omega(7C_{0G}-2C_{0S})} \tag{8-12}$$

发电机端的3次谐波等效电抗为

$$X_{S3}=-\mathrm{j}\frac{2}{3\omega(C_{0G}+2C_{0S})} \tag{8-13}$$

因此，发电机端3次谐波电压和中性点3次谐波电压之比为

$$\frac{U_{S3}}{U_{N3}}=\frac{X_{S3}}{X_{N3}}=\frac{7C_{0G}-2C_{0S}}{9(C_{0G}+2C_{0S})} \tag{8-14}$$

可见接入消弧线圈以后，正常运行时中性点的3次谐波电压U_{N3}比机端的3次谐波电压U_{S3}

更大。在发电机出线端开路时，有 $\dfrac{U_{S3}}{U_{N3}}=\dfrac{7}{9}$。

正常运行情况下，尽管发电机的 3 次谐波电动势 E_3 随着发电机的结构及运行状况而改变，但是其机端 3 次谐波电压与中性点 3 次谐波电压的比值总是符合以上关系，即有 $U_{S3}<U_{N3}$。

（2）发电机内部单相接地　设发电机定子绕组发生金属性单相接地，接地发生在距中性点 α 处，其等值电路如图 8-11所示。此时不管发电机中性点是否接有消弧线圈，近似有 $U_{N3}=\alpha E_3, U_{S3}=(1-\alpha)E_3$，因此

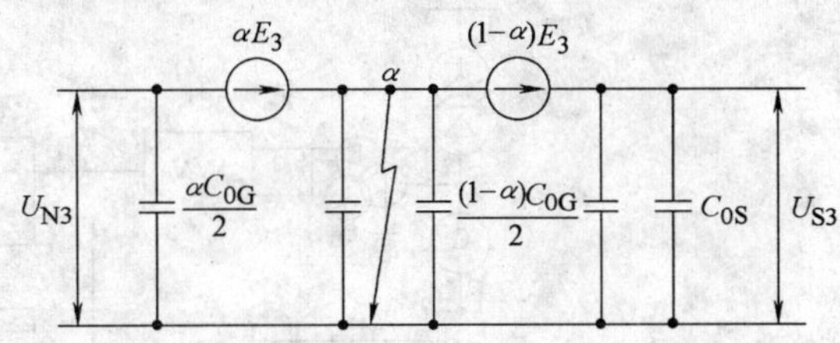

图 8-11　发电机内部单相接地时，3 次谐波电动势分布的等效电路图

$$\frac{U_{S3}}{U_{N3}}=\frac{1-\alpha}{\alpha} \tag{8-15}$$

U_{S3} 和 U_{N3} 随接地点位置 α 而变化的关系如图 8-12 所示。当 $\alpha<50\%$时，恒有 $U_{S3}>U_{N3}$。

因此，如果利用机端 3 次谐波电压 U_{S3}作为动作量，而用中性点侧 3 次谐波电压作为制动量来构成接地保护，且当$U_{S3}>U_{N3}$时为保护的动作条件，则正常运行时保护不可能动作，而当中性点附近发生接地时，则具有很高的灵敏性。利用这种原理构成的接地保护，可以反应定子绕组中性点侧约 50%范围以内的接地故障。

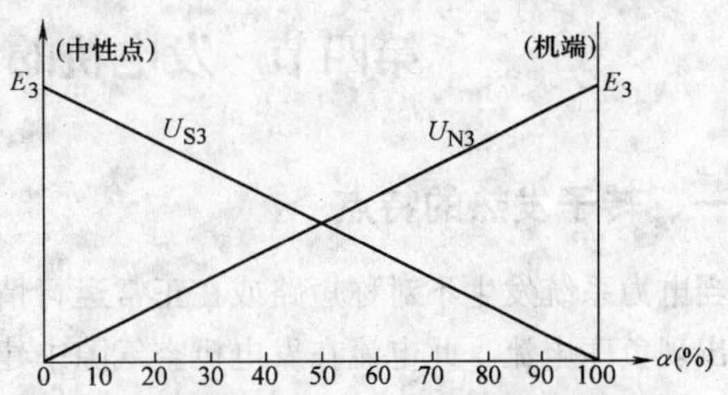

图 8-12　发电机内部单相接地时，U_{S3}、U_{N3}随 α 的变化曲线

2. 基波零序电压和 3 次谐波电压构成的定子单相接地保护

在由基波零序电压和 3 次谐波电压共同构成的 100%定子接地保护中，基波零序电压保护可以反应发电机定子绕组靠近机端侧 85%以上范围的定子绕组单相接地故障，且当故障越接近于发电机出线端时，保护的灵敏度越高；3 次谐波电压保护可以反应定子绕组靠近中性点侧 50%范围以内的单相接地故障，且当故障点越接近于中性点时，保护的灵敏度越高。

零序电压保护的整定如前所述，以下介绍 3 次谐波电压保护的整定。反应 3 次谐波电压比值的定子单相接地保护的动作判据为

$$|\dot{U}_{S3}|>K_b|\dot{U}_{N3}| \tag{8-16}$$

其中，K_b 为制动系数。当发电机中性点不接地、经消弧线圈接地或经配电变压器高阻接地时，制动系数 K_b 的取值有所不同。

为了提高发电机内部经过渡电阻接地时保护动作的灵敏度，以及正常运行和外部故障时保护不误动的能力，可以采用改进的动作判据

$$|\dot{K}_1\dot{U}_{S3}-\dot{K}_2\dot{U}_{N3}|\geqslant K_b|\dot{U}_{N3}| \tag{8-17}$$

其中，$\dot{K}_1$ 与 $\dot{K}_2$ 为两侧电压幅值及相位平衡系数，通常在发电机空载额定电压时，通过调平衡使动作量近似为零来确定。为了提高内部故障的灵敏度，一般取制动系数 $K_b<1$。保护

动作后经 5～6s 作用于跳闸或信号。3 次谐波定子接地保护整定之后，应在发电机中性点做真机接地实验，以校验保护的动作灵敏度。

零序电压判据和 3 次谐波判据各有独立的出口回路，以满足不同配置的要求（如零序判据作用于直接跳闸，3 次谐波判据作用于发信号等）。逻辑框图如图 8-13 所示。

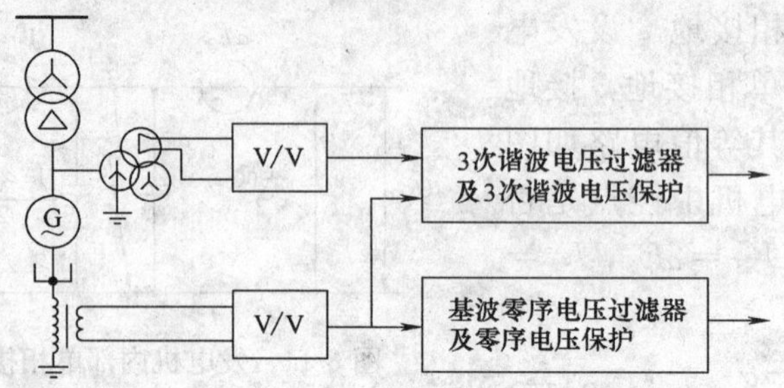

图 8-13 由零序电压和 3 次谐波电压构成的 100％定子单相接地保护逻辑框图

第四节 发电机的负序过电流保护

一、转子发热的特点

当电力系统发生不对称短路或在正常运行情况下三相负荷不平衡时，在发电机定子绕组中将出现负序电流。此电流在发电机空气隙中建立的负序旋转磁场相对于转子为两倍的同步转速，因此将在转子绕组、阻尼绕组以及转子铁心等部件上感应 100Hz 的倍频电流，该电流使得转子上电流密度很大的某些部位（如转子端部、护环内表面等），可能出现局部的灼伤，甚至可能使护环受热松脱，从而导致发电机的重大事故。此外，负序气隙旋转磁场与转子电流之间，以及正序气隙旋转磁场与定子负序电流之间所产生的 100Hz 交变电磁转矩，将同时作用在转子大轴和定子机座上，从而引起 100Hz 的振动，威胁发电机安全。

机组承受负序电流的能力主要由转子表层发热情况来确定，特别是大型发电机，设计的热容量裕度较低，对承受负序电流能力的限制更为突出，必须装设与其承受负序电流能力相匹配的负序电流保护，又称为转子表层过热保护。针对这种情况而装设的发电机负序过电流保护实际上是对定子绕组电流不平衡而引起转子过热的一种保护，是发电机的主保护方式之一。

此外，由于大容量机组的额定电流很大，而在相邻元件末端发生两相短路时的短路电流可能较小，此时采用复合电压起动的过电流保护往往不能满足作为相邻元件后备保护时对灵敏系数的要求。在这种情况下，采用负序电流作为后备保护，就可以提高不对称短路时的灵敏性。由于负序过电流保护不能反应对称短路，需要附加装设专门反应三相短路的低电压起动过电流保护。

大型发电机要求转子表层过热保护与发电机承受负序电流的能力相适应，因此在选择负序电流保护判据时，需要首先了解由转子表层发热状况所决定的发电机承受负序电流的能力。

(1) 发电机长期承受负序电流的能力　发电机正常运行时，由于输电线路和负荷不可能完全对称，因此总存在一定的负序电流。此时转子虽有发热，但如果负序电流不大，由于转子的散热效应，其温升不会超过允许值。所以发电机可以承受一定数值的负序电流长期运行。发电机长期承受负序电流的能力与发电机的结构有关，应根据具体发电机确定。在发电机制造厂没有给出允许值的情况下，汽轮发电机的长期允许负序电流为6%～8%的额定电流，水轮发电机的长期允许负序电流为12%的额定电流。

(2) 发电机短时承受负序电流的能力　在异常运行或系统发生不对称故障时，负序电流将大大超过允许的持续负序电流值。发电机短时间内允许的负序电流值与电流持续时间有关。负序电流在转子中所引起的发热量，正比于负序电流的平方及所持续时间的乘积。在最严重的情况下，假设发电机转子为绝热体（即不向周围散热），则不使转子过热所允许的负序电流和时间的关系，可用下式表示：

$$\int_0^t i_2^2 \mathrm{d}t = I_2^2 t = A \tag{8-18}$$

式中，i_2 为流经发电机的负序电流值；t 为负序电流 i_2 所持续的时间；I_2 为以发电机额定电流为基准的负序电流标幺值。

A 是与发电机型式和冷却方式有关的常数，反应发电机承受负序电流的能力。一般采用制造厂所提供的数据。发电机组容量越大，相对裕度越小，所允许的承受负序过负荷的能力下降，即 A 值越小。

A 值通常是按绝热过程设计的。当考虑转子表面有一定的散热能力时，发电机短时承受负序过电流的倍数与允许持续时间的关系式为

$$t \leqslant \frac{A}{I_2^2 - KI_{2\infty}^2} \tag{8-19}$$

式中，K 为安全系数，一般取0.6；$I_{2\infty}$为发电机长期允许的负序电流标幺值。

为防止发电机转子遭受负序电流的损坏，在100MW及以上 $A<10$ 的发电机上，应装设能够与发电机允许负序电流和持续时间关系曲线相配合的反时限负序过电流保护。

二、反时限负序过电流保护

反时限负序过电流保护的特性曲线如图8-14所示，由上限定时限、反时限和下限定时限三部分组成。

当发电机负序电流 I_2 大于上限整定值 $I_{2set.max}$时，即 $I_2>I_{2set.max}$，按上限定时限的短延时 t_1 动作；当负序电流低于下限整定值 $I_{2set.min}$ 时，即 $I_2<I_{2set.min}$，按下限定时限的长延时 t_2 动作；当负序电流在上、下限整定值之间时，及 $I_{2set.min}<I_2<I_{2set.max}$，则按式（8-19）确定的反时限动作。

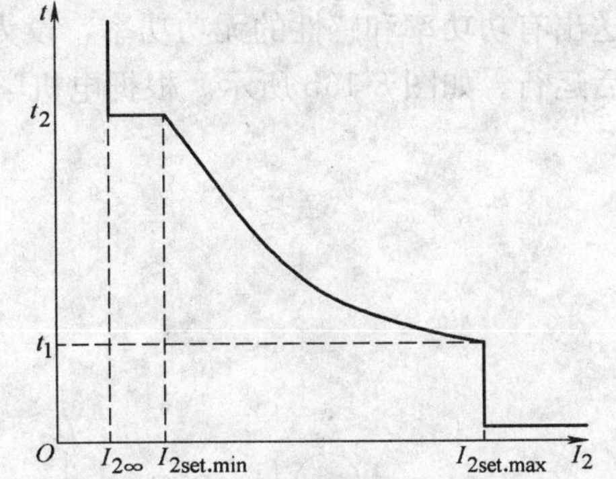

图8-14　反时限负序过电流保护的动作特性

对于发电机变压器组的负序过电流保护的上限电流 $I_{2set.max}$按躲过变压器高压母线上两相短路进行整定，动作时限 t_1 按与高压侧出线快速保护相配合。下限电流 $I_{2set.min}$按躲过发电机长期允许的负序电流整定，并应在外部不对称短路故障切除后返回，动作时限 t_2 不超过1000s。

发电机反时限负序过电流保护的逻辑如图 8-15 所示。保护同时有定时限的负序过负荷单元，以反应发电机的不对称过负荷。负序过负荷的动作电流 I_{2set} 按躲过发电机长期允许的负序电流 $I_{2\infty}$ 来整定，动作延时 t 可整定为 6～9s，出口发报警信号。

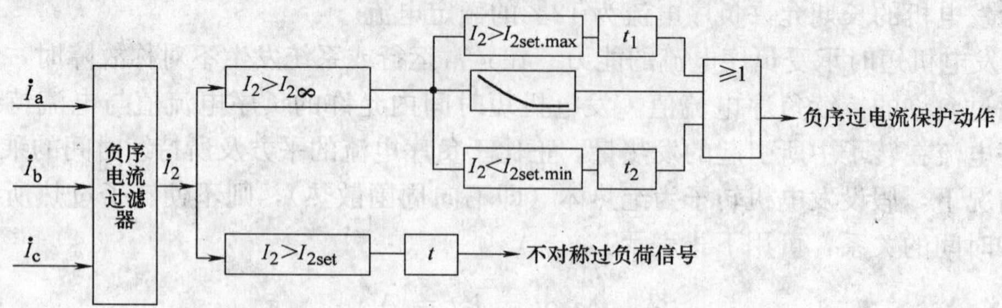

图 8-15　发电机反时限负序过电流保护逻辑框图

第五节　发电机的失磁保护

一、发电机失磁运行及其产生的影响

发电机失磁故障是指发电机的励磁突然全部消失或部分消失。引起失磁的原因有：转子绕组故障、励磁机故障、自动灭磁开关误跳闸、半导体励磁系统中某些元件损坏或回路发生故障以及误操作等。

以汽轮发电机经一联络线与无穷大系统并列运行为例，如图 8-16a 所示。图中 $\dot{E}_d$ 为发电机的同步电势；$\dot{U}_G$ 为发电机端的相电压；$\dot{U}_s$ 为无穷大系统的相电压；$\dot{I}$ 为发电机的定子电流；X_d 为发电机的同步电抗；X_s 为发电机与系统之间的联系电抗，$X_\Sigma=X_d+X_s$；φ 为受端的功率因数角；δ 为 $\dot{E}_d$ 和 $\dot{U}_s$ 之间的夹角（即功角）。

发电机正常运行时，原动机输入的机械功率与发电机电磁功率相平衡，发电机通常向系统送出有功功率和感性的无功功率，设为 $S=P-jQ$，此时定子电流滞后于定子电压，称为滞后运行。如图 8-16b 所示。根据电机学中的分析，有

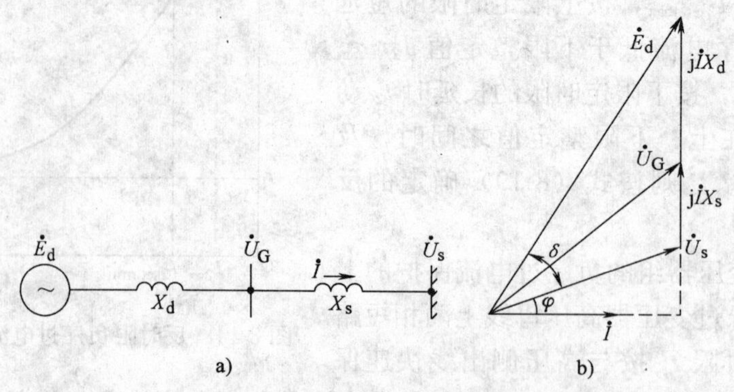

图 8-16　发电机与无穷大系统并列运行

a）等效电路　b）相量图

$$P = \frac{E_d U_s}{X_\Sigma} \sin\delta \tag{8-20}$$

$$Q = \frac{E_d U_s}{X_\Sigma} \cos\delta - \frac{U_s^2}{X_\Sigma} \tag{8-21}$$

在正常运行时，$\delta < 90°$；不考虑励磁调节器的影响时，$\delta = 90°$为稳定运行的极限；$\delta > 90°$后发电机失步。

当发电机完全失去励磁时，励磁电流将逐渐衰减至零，发电机的感应电动势 E_d 随着励磁电流的减小而减小，发电机的电磁功率开始减少。由于原动机所供给的机械功率还来不及减少，所以发电机的电磁转矩小于原动机的转矩，于是引起转子加速，使发电机的功角 δ 增加，P 又要回升。在这一阶段中，发电机输出的有功功率基本保持不变，所以这个阶段称为"等有功过程"。与此同时，无功功率 Q 随着 E_d 的减小和 δ 的增加而减小，从 $Q=0$ 开始反向，即发电机变为吸收感性的无功功率。定子电流 $\dot{I}$ 由原来滞后机端电压 $\dot{U}_G$ 转为超前机端电压，称为进相运行。

对汽轮发电机组，$\delta = 90°$时发电机处于失去静稳定的临界状态，称为临界失步点。

当 $\delta > 90°$时，转子进一步加速，发电机与系统失去同步。转子回路中感应出频率为 $f_G - f_S$（f_G 为对应发电机转速的频率，f_S 为系统的频率）的电流，此电流产生异步制动转矩，同时，调速器动作减少输入转矩使转速减慢。当异步转矩与原动机转矩达到新的平衡时，即进入稳定的异步运行状态。异步发电机的等效电路可以用图 8-17 来表示。图中，X_1 为定子绕组漏抗；X_2 为转子绕组漏抗；R_2 为转子绕组电阻；s 为转差率，$s = \frac{f_S - f_G}{f_S}$；$\frac{R_2(1-s)}{s}$ 为反映发电机功率大小的等效电阻；X_{ad}为定子与转子绕组之间的互感电抗。

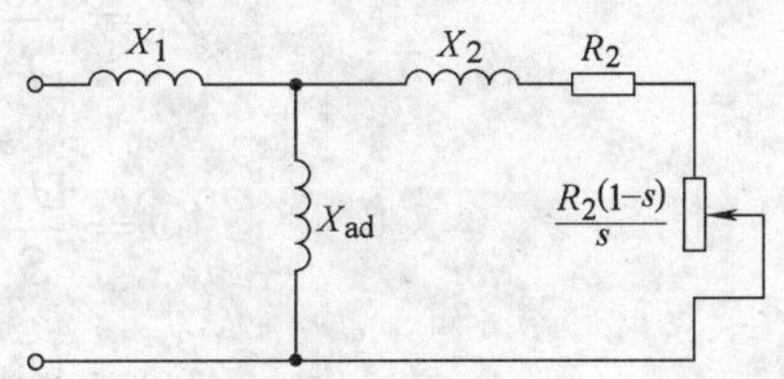

图 8-17　异步发电机的等效电路图

当发电机失磁后而异步运行时，将对电力系统和发电机产生以下影响：

1）需要从电网中吸收很大的无功功率以建立发电机的磁场。如果电力系统的容量较小或无功功率的储备不足，会使电力系统的电压下降，从而破坏负荷与电源间的稳定运行，甚至可能因电压崩溃而使系统瓦解。

2）由于失磁发电机吸收了大量的无功功率，因此为了不让定子绕组过电流，发电机所能发出的有功功率将较同步运行时有不同程度的降低，吸收的无功功率越大，则降低得越多。

3）失磁后发电机的转速超过同步转速，在转子及励磁回路中将产生频率为 $f_G - f_S$ 的交流电流，形成附加的损耗，使发电机转子和励磁回路过热。显然，转差率越大，引起的过热越严重。

4）低励磁或失磁运行时，定子端部漏磁增加，将使发电机定子端和边段铁心过热。实际上，这一情况通常是限制发电机失磁异步运行能力的主要条件。

发电机失磁后能否继续运行，取决于发电机的结构和电力系统的具体情况。对于汽轮发电机，由于其异步功率比较大，调速器比较灵敏，使汽轮机的输出功率与发电机的异步功率很快达到平衡，在转差率小于 0.5%的情况下即可稳定运行。故汽轮发电机在很小的转差下异步运行一段时间，原则上是完全允许的。至于是否需要其异步运行，则主要取决于电力系统的具体情况。例如当电力系统的有功功率储备不足，同时一台发电机失磁后，系统能够供给它所需要的无功功率，并能保证电网的电压水平时，则发电机失磁后可以运行。对于水轮发电机，由于其异步功率小，调速器不够灵敏，必须在较大的转差下（一般达到1%～2%）才能稳定运行，甚至可能在功率尚未达到平衡以前就大大超速，从而使发电机与系统解列，而且需要从电网吸收的无功功率较多，机组振动较大，因此失磁后一般不允许继续运行。

为此在大型发电机上应装设失磁保护，以便及时发现失磁故障，采取必要的措施，如发出信号、自动减负荷、动作跳闸等，以保证电力系统和发电机的安全。

二、发电机失磁后的机端测量阻抗

将发电机从失磁开始到进入稳态异步运行的过程分三个阶段：

1. 失磁后到失步前

在这一阶段中，发电机端的测量阻抗为

$$
\begin{aligned}
Z_G &= \frac{\dot{U}_G}{\dot{I}} = \frac{\dot{U}_s + \dot{I}jX_s}{\dot{I}} = \frac{\dot{U}_s \hat{\dot{U}}_s}{\dot{I}\hat{\dot{U}}_s} + jX_s \\
&= \frac{U_s^2}{S} + jX_s \\
&= \frac{U_s^2}{2P} \times \frac{P - jQ + P + jQ}{P - jQ} + jX_s \\
&= \frac{U_s^2}{2P}\left(1 + \frac{P + jQ}{P - jQ}\right) + jX_s \\
&= \frac{U_s^2}{2P}\left(1 + \frac{Se^{j\varphi}}{Se^{-j\varphi}}\right) + jX_s \\
&= \left(\frac{U_s^2}{2P} + jX_s\right) + \frac{U_s^2}{2P}e^{j2\varphi} \qquad (8\text{-}22)
\end{aligned}
$$

假定U_s和X_s为常数，在失磁后的“等有功过程”中，有功功率P保持不变，而Q和φ为变数，因此式（8-22）是一个圆的方程式，由于是在P不变的条件下得出的，因此称为等有功阻抗圆。在复数阻抗平面上，其圆心O'的坐标为$\left(\frac{U_s^2}{2P}, X_s\right)$，半径为$\frac{U_s^2}{2P}$，对应不同的$P$值有不同的阻抗圆，$P$越大时圆的直径越小，如图8-18所示。

发电机失磁以前，向系统送出无功功率，φ角为正，测量阻抗位于第Ⅰ象限。失磁以后，随着无功功率的变化，φ角由正值变为负值，因此测量阻抗也沿着圆周随之由第Ⅰ象限过渡到第Ⅳ象限。

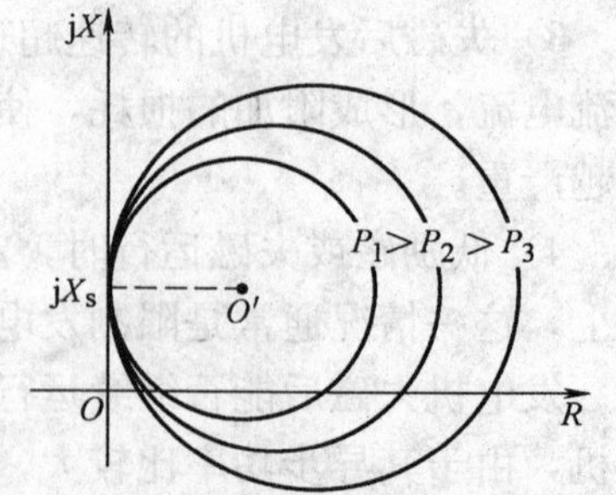

图8-18 等有功阻抗圆

2. 临界失步点

当$\delta=90°$时，发电机输送到受端的无功功率，根据式

(8-21) 得

$$Q=-\frac{U_s^2}{X_\Sigma} \tag{8-23}$$

式 (8-23) 表明临界失步时，发电机自系统吸收无功功率，尽管发电机输出不同的有功功率，但无功功率 Q 值为一常数，故临界失步点也称为等无功点。此时机端的测量阻抗为

$$\begin{aligned}
Z_G&=\frac{\dot{U}_G}{\dot{I}}=\frac{U_s^2}{S}+jX_s\\
&=\frac{U_s^2}{-j2Q}\times\frac{P-jQ-(P+jQ)}{S}+jX_s\\
&=\frac{U_s^2}{-j2Q}\left(1-\frac{P+jQ}{P-jQ}\right)+jX_s\\
&=\frac{U_s^2}{-j2Q}(1-e^{j2\varphi})+jX_s\\
&=\frac{X_d+X_s}{j2}(1-e^{j2\varphi})+jX_s\\
&=-j\frac{X_d-X_s}{2}+j\frac{X_d+X_s}{2}e^{j2\varphi}
\end{aligned} \tag{8-24}$$

式 (8-24) 对应为圆的方程，如图 8-19 所示，其圆心 O' 的坐标为 $\left(0,-\frac{X_d-X_s}{2}\right)$，圆的半径为 $\frac{X_d+X_s}{2}$。这个圆称为临界失步阻抗圆，也称静稳阻抗圆或等无功阻抗圆。其圆周为当发电机在不同的有功功率 P 运行下临界失步时的机端测量阻抗轨迹，圆内为失步区。

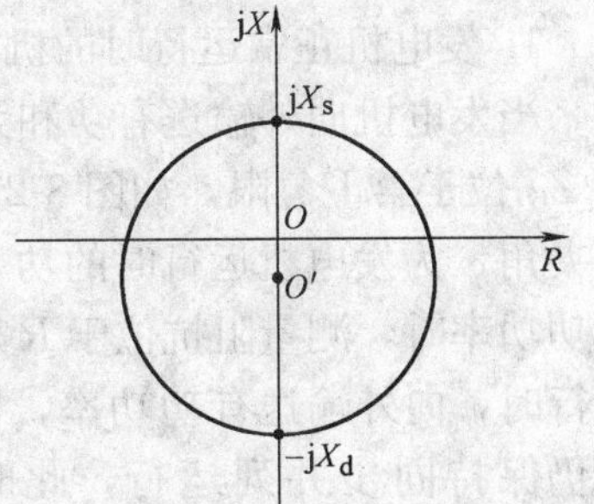

图 8-19 临界失步阻抗圆

3. 失步后的异步运行阶段

失步后的异步运行阶段可用图 8-17 所示的等效电路来表示。按图 8-16 所规定的电流正方向，机端测量阻抗应为

$$Z_G=-\left[jX_1+\frac{jX_{ad}\left(\frac{R_2}{s}+jX_2\right)}{\frac{R_2}{s}+j(X_{ad}+X_2)}\right] \tag{8-25}$$

当发电机空载运行失磁时，$s\approx0$，$\frac{R_2}{s}\approx\infty$，此时机端的测量阻抗为最大，即 $Z_G=-jX_1-jX_{ad}=-jX_d$；当发电机在其他运行方式下失磁时，Z_G 将随着转差率的增大而减小，并位于第Ⅳ象限内。极限情况是当 $f_G\to\infty$ 时，$s\to-\infty$，$\frac{R_2}{s}$ 趋近于零，Z_G 的数值为最小，有 $Z_G=-j\left(X_1+\frac{X_2X_{ad}}{X_2+X_{ad}}\right)=-jX'_d$，其中 X'_d 为发电机暂态电抗。

综上所述，当一台发电机失磁前在正常励磁状态下运行时，其机端测量阻抗位于复数平

面的第Ⅰ象限（如图 8-20 中的 a 或 a'点），失磁以后，测量阻抗沿着等有功阻抗圆向第Ⅳ象限移动。当它与临界失步圆相交时（b 或 b'点），表明机组运行处于静稳定的极限。越过 b（或 b'）点以后，转入异步运行，最后稳定运行于 c（或 c'）点，此时平均异步功率与调节后的原动机输入功率相平衡。

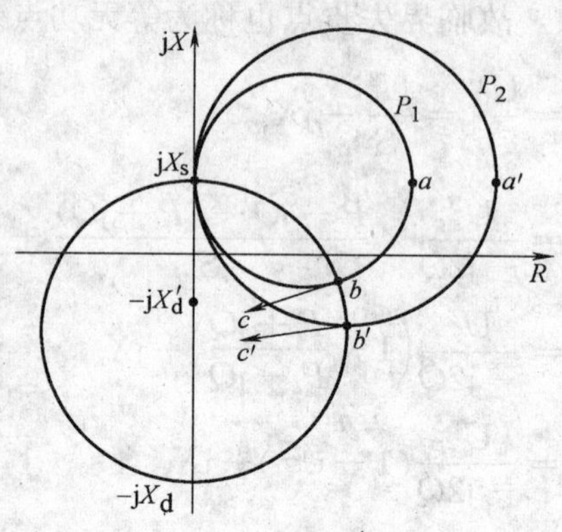

图 8-20　发电机端测量阻抗在失磁后的变化轨迹

$a \to b \to c$ 为 P_1 较大时的轨迹　$a' \to b' \to c'$ 为 P_2 较小时的轨迹

三、发电机在其他运行方式下的机端测量阻抗

为了便于和失磁情况下的机端测量阻抗（见图 8-21 中的 4 点）进行鉴别和比较，现对发电机在下列几种运行情况下的机端测量阻抗作简要说明。

1. 发电机正常运行时的机端测量阻抗

当发电机向外输送有功和无功功率时，其机端测量阻抗 Z_G 位于第Ⅰ象限，如图 8-21 中的 1 点所示，它与 R 轴的夹角 φ 为发电机运行时的功率因数角。当发电机只输出有功功率时，测量阻抗位于 R 轴上的 2 点。当发电机欠励运行时，向外输送有功功率，同时从电网吸收无功功率，但仍保持同步并列运行，此时测量阻抗位于第Ⅳ象限的 3 点。

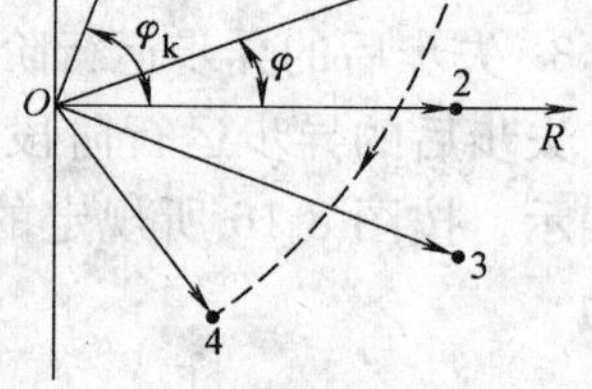

图 8-21　发电机在各种运行情况下的机端测量阻抗

2. 发电机外部故障时的机端测量阻抗

当采用 0°接线方式时，故障相测量阻抗位于第Ⅰ象限，其大小和相位正比于短路点到保护安装地点之间的阻抗 Z_k，如图 8-21 中的 5 点。接于非故障相的阻抗元件，测量阻抗的大小和相位需经具体分析后确定。

3. 发电机与系统间发生振荡时的机端测量阻抗

对于图 8-16 的等值系统，设发电机以暂态电抗 X'_d 表示，根据第四章分析可知，当 $E_d \approx U_s$ 时，振荡中心位于 $-j\dfrac{X'_d - X_s}{2}$ 处。此时机端测量阻抗的轨迹沿直线$\overline{OO'}$变化，如图8-22所示。

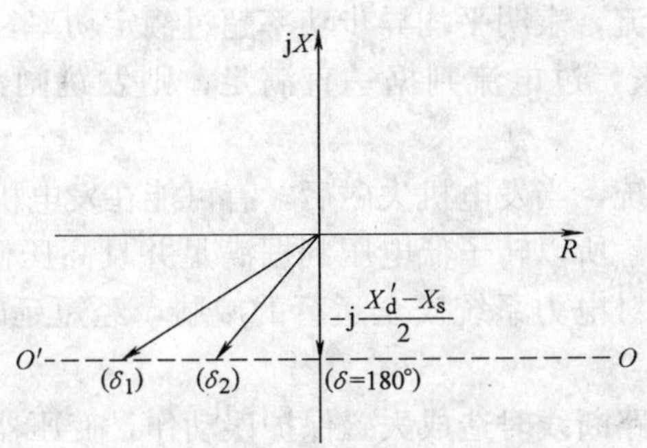

图 8-22　系统振荡时机端测量阻抗的变化轨迹

四、发电机失磁保护的构成方式

大型发电机失磁后，当电力系统或发电机本身的安全运行遭到威胁时，应将失磁的发电机切除，以防止故障的扩大。完整的失磁保护通常由发电机机端测量阻抗判据、转子励磁绕组低电压判据、变压器高压侧低电压判据、定子过电流判据构成。一种比较典型的发电机失磁保护构成的逻辑图如图 8-23 所示。

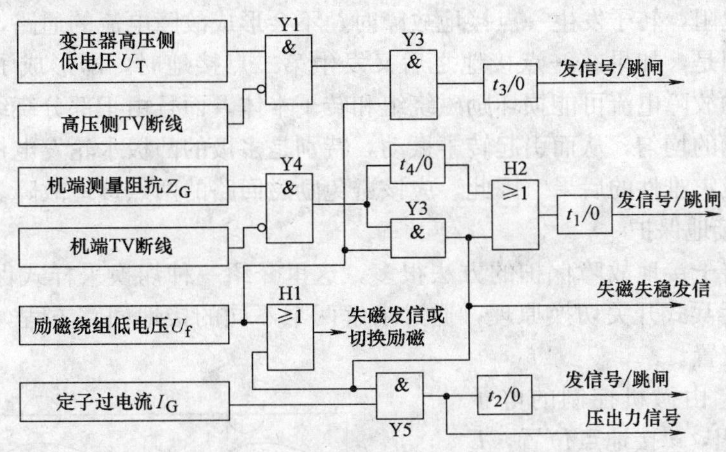

图 8-23　发电机失磁保护的逻辑图

通常取机端阻抗判据作为失磁保护的主判据。阻抗元件的动作特性可以整定为图 8-19 所示的静稳边界阻抗圆，故也称为静稳边界判据。当定子静稳边界判据和转子低电压判据同时满足时，判定发电机已失磁失稳，经延时 t_1 后出口切除发电机。若失磁时转子低电压判据未动作，定子静稳判据也可单独出口切除发电机，此时增加延时 t_4 以提高单个元件出口动作的可靠性。

转子低电压判据满足时发失磁信号。此判据可以预测发电机是否可能因失磁而失去稳定，从而在发电机尚未失去稳定之前及早地采取措施，如切换励磁，防止事故的扩大。转子低电压判据满足并且静稳边界判据满足时，发出失稳信号。表明发电机由失磁导致失去了静稳，将进入异步运行状态。

汽轮发电机在失磁后一般可允许异步运行一段时间，在此期间由定子过电流判据进行监测。若定子电流大于额定电流，表明平均异步功率超过额定功率，则发出压出力命令。如果出力在 t_2 时间内不能减下来，过电流判据一直满足，则发跳闸命令以保证发电机本身的安全。

对于无功储备不足的系统，当发电机失磁后，有可能在发电机失去静稳之前，高压侧电压就达到了系统低电压限值。所以转子低电压判据满足并且高压侧系统低电压判据满足时，说明发电机的失磁已造成了对电力系统安全运行的威胁，经短延时 t_3 发出跳闸命令，迅速切除发电机。

为了防止电压互感器回路断线时造成失磁保护误动作，变压器高、低压侧均有 TV 断线闭锁元件。

第六节　发电机的其他保护形式

一、发电机的转子接地保护

发电机励磁回路的故障除了失磁故障外，还包括转子绕组的一点接地故障和两点接地故障。发电机转子一点接地故障是发电机比较常见的故障。由于正常运行时，励磁回路与地之间有一定的绝缘电阻，转子发生一点接地故障时，不会形成故障电流的通路，对发电机不会产生直接危险。但是，如果在一点接地之后又发生第二点接地时，即形成了短路电流的通路，这时相当大的故障电流可能损坏励磁绕组和转子本体，而且由于部分绕组被短接，将破坏发电机气隙磁场的均匀，从而引起转子振动，特别是多极的凸极水轮发电机会引起强烈的振动，甚至会造成灾难性的后果。因此，应该避免励磁回路的两点接地故障。

1. 转子一点接地保护

实现发电机转子接地故障保护的方法很多，这里介绍一种切换采样式保护原理。如图 8-24 所示，采用乒乓式开关切换原理，通过求解两个不同的接地回路方程，实时计算转子接地电阻和接地位置。

图中，S_1、S_2 由微机控制的电子开关，R_t 接地电阻，a 接地点位置，E 转子电压，R 降压电阻，R_1 测量电阻。当 S_1 闭合、S_2 断开时（状态 1），在 R_1 上测得的电压为 U_1；S_1 断开、S_2 接通时（状态 2）在 R_1 测得电压为 U_2。$\Delta U=U_1-U_2$。接地电阻和接地位置计算公式如下（推导从略）：

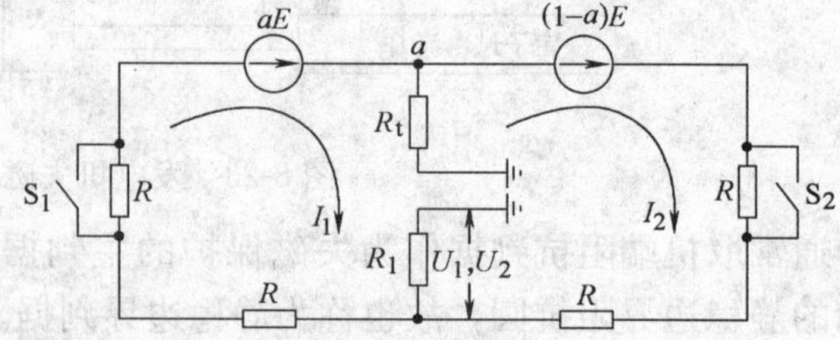

图 8-24　转子一点接地保护切换采样式原理接线图

$$R_t=\alpha\frac{R_1}{3\Delta U}-R_1-\frac{2}{3}R \tag{8-26}$$

其中接地位置比例系数为

$$\alpha=\frac{1}{3}+\frac{U_1}{3\Delta U} \tag{8-27}$$

通过计算接地电阻，判断是否发生接地故障，并对接地位置加以记忆，为判断转子两点接地作准备。当 R_t 小于接地电阻整定值时，经延时发出转子一点接地信号或作用于跳闸。接地电阻整定值取决于正常运行时转子回路的绝缘水平。应注意，转子一点接地保护（包括两点接地保护）与其他励磁回路绝缘监视装置不能同时使用，以免互相影响。

2. 转子两点接地保护

保护共享转子一点接地时测得的接地位置 α 的数据。在一点接地故障后，保护装置继续测量接地电阻的接地位置，若再发生转子另一点接地故障，则已测得的 α 值将变化。当其变化值 $\Delta\alpha$ 超过整定值时，保护装置就确认为已发生转子两点接地故障，发电机被立即跳闸。接地位置变化动作值一般可整定为（5%～10%）U_μ（U_μ 为发电机励磁电压）；动作时限按躲开瞬时出现的两点接地故障整定，一般为 0.5～1.0s。

二、发电机的失步保护

当电力系统发生诸如负荷突变、短路等破坏能量平衡的事故时，往往会引起不稳定振荡，使发电机与系统之间失去同步，严重时会导致电力系统解列甚至崩溃。发电机失步振荡时，振荡电流的幅值可以和机端三相短路电流相比拟，且振荡电流在较长时间内反复出现，使大型机组遭受机械力和热的损伤。振荡过程中出现的扭转力矩，周期性地作用于机组轴系，可能使大轴扭伤。

由于失步会危及大型机组及系统的安全，通常对 300MW 及以上的发电机，宜装设失步保护。要求失步保护应能鉴别短路故障、同步振荡和非同步振荡，且只在发生非同步振荡时可靠动作，而在发生短路故障和同步振荡时不会误动作。

目前实用的失步保护主要基于反映发电机机端测量阻抗变化轨迹的原理。这里介绍一种具有双遮挡动作特性的失步保护原理。如图 8-25 所示。图中 X'_d 为发电机暂态电抗，X_T 为变压器电抗，X_s 为系统等效电抗。忽略系统电阻，假定发电机和系统的电动势幅值相等，则系统振荡时，发电机机端测量阻抗的轨迹将沿着$\overline{AB}$的垂直平分线$\overline{OO'}$变化，振荡中心 M 点位于 $j\dfrac{X_T+X_s-X'_d}{2}$。发生失步振荡时，功角 δ 的变化是周期性的，当发电机转子磁极相对系统同步旋转磁场的磁极运动 360°电角度时，称为一次滑极。

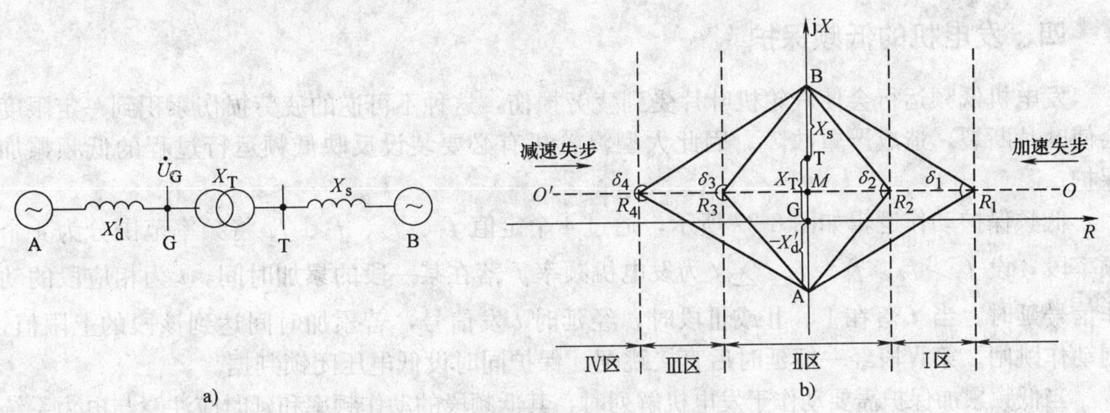

图 8-25　双遮挡动作特性的失步保护

a）系统接线　b）失步保护动作区

设以 R_1、R_2、R_3、R_4 将阻抗平面分为Ⅰ、Ⅱ、Ⅲ、Ⅳ区，加速失步时测量阻抗轨迹从 $+R$ 向 $-R$ 方向变化，减速失步时测量阻抗轨迹从 $-R$ 向 $+R$ 方向变化。当测量阻抗从右向左穿过 R_1 时判断为加速失步，当测量阻抗从左向右穿过 R_4 时判定为减速失步。加速失步信号或减速失步信号作用于降低或提高原动机出力。同时进行失步周期（滑极）计数。当机端测量阻抗轨迹依次穿越 4 个区域后，判定为一次滑极。当滑极次数累计达到一定值时，失步保护出口跳闸。

若测量阻抗在任一区内永久停留，则判定为短路故障。若测量阻抗轨迹部分穿越这些区域后以相反的方向返回，则判断为同步振荡。保护均不动作。

三、发电机的逆功率保护

对于汽轮发电机组，如果误将汽轮机的主汽门关闭，将造成有功功率倒送，发电机迅速转为电动机运行，即逆功率运行。此时残留在汽轮机尾部的蒸汽与叶片产生摩擦，会使叶片过热而受损。一般规定发电机逆功率运行不能超过 3min。因此大型汽轮发电机应装设逆功率保护。

逆功率保护的动作判据为 $P<-P_{set}$，其中有功功率 P 的正方向指向系统母线。逆功率保护的动作值 P_{set}取决于发电机和汽轮机在逆功率运行时的有功功率损耗。实际中，P_{set}一般取（1%～1.5%）$P_{N.G}$，$P_{N.G}$为发电机的额定功率。

保护可以设两段延时，短延时 t_1（1～5s）作用于发信号并起动程序跳闸回路，长延时 t_2（10～600s）作用于解列灭磁。保护逻辑图如图 8-26 所示。

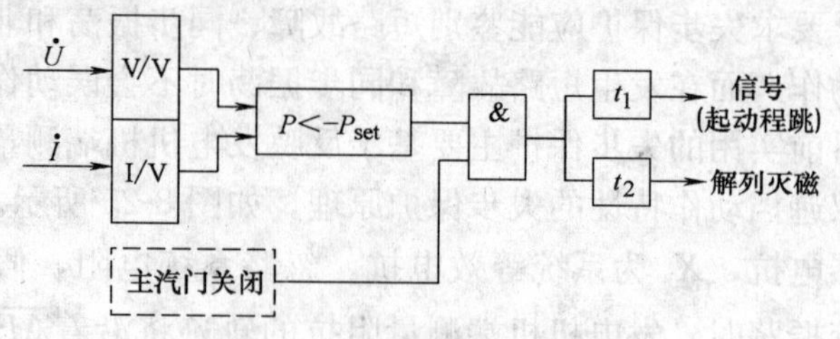

图 8-26　发电机逆功率保护逻辑图

应该指出，逆功率保护实际上是在无功功率大范围变动的条件下，检测极小的有功功率。这种保护的核心是高灵敏度的有功功率检测元件，其硬件部分的电流变换回路和采样通道都是专用的，不能和其他保护元件公用。

四、发电机的低频保护

发电机低频运行会使汽轮机叶片受到疲劳损伤，这种不可逆的疲劳损伤累积到一定限度会使叶片断裂，造成严重故障。因此大型汽轮机有必要装设反映低频运行过程的低频累加保护。

低频保护动作逻辑如图 8-27 所示，通过 4 个定值 f_1、f_2、f_3、f_4 将频率范围分为 4 个频率段，设 $f_1>f_2>f_3>f_4$。$\sum t$ 为发电机频率 f 落在某一段的累加时间，t 为相应段的动作信号延时。当 f 落在Ⅰ、Ⅱ或Ⅲ段时，经延时 t 发信号，若累加时间达到该段的上限值，则动作跳闸。第Ⅳ段经一短延时后直接跳闸。保护同时设低电压闭锁判据。

当低频累加保护需要动作于发电机解列时，其低频段的动作频率和延时应注意与电力系统的低频减载装置进行协调。一般情况下，应通过低频减载装置减负荷，使系统频率及时恢复，以保证机组的安全；只有在低频减载动作后频率仍未恢复，从而危及机组安全时才进行机组的解列。因此，要求在电力系统减载过程中不应解列发电机，防止出现频率连锁恶化的情况。

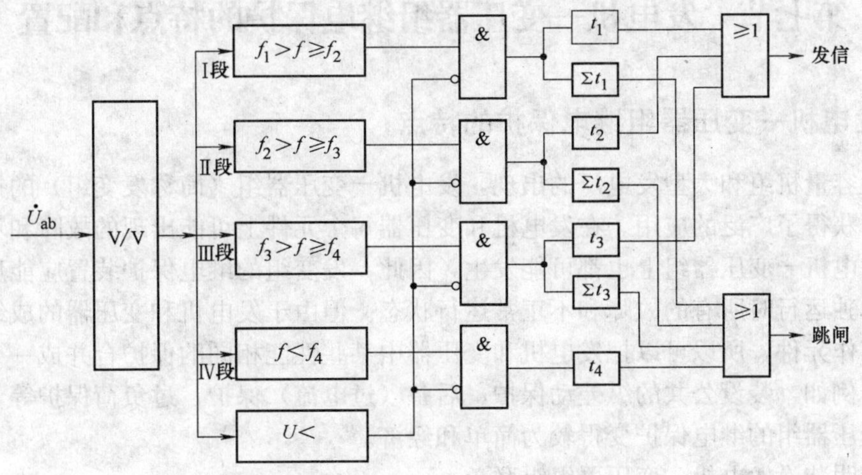

图 8-27　低频累加保护逻辑图

五、发电机的突加电压保护

突加电压保护是作为发电机盘车状态下主断路器误合闸的保护。发电机在盘车过程中，如果出口断路器误合闸，系统电压突然加在发电机机端，使同步发电机处于异步启动状态，由系统向发电机定子绕组倒送大电流，并在转子中产生差频电流。

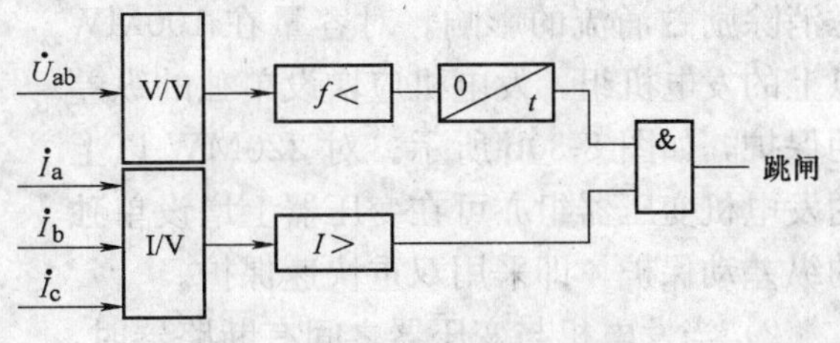

图 8-28　突加电压保护逻辑图

突加电压保护由低频元件和三相过电流元件组成。保护动作逻辑如图 8-28 所示。发电机盘车时误合闸，低频元件动作后起动瞬时动作延时 t 返回的时间元件，如果这时定子电流大于最小误合闸电流，则保护动作跳开发电机主断路器。

六、发电机的起停机保护

在发电机的故障中，定子绕组接地故障最常见。为防止在发电机起动或解列后停机的过程中定子绕组发生接地故障危害机组安全，通常大型发电机组装设起停机保护。

起停机保护利用零序电压保护原理，并经断路器辅助触点控制。发电机并网前或解列后，断路器辅助触点将保护投入，发电机并网运行时保护自动退出。保护动作逻辑如图8-29所示，其零序电压取自发电机中性点侧 $3U_0$。

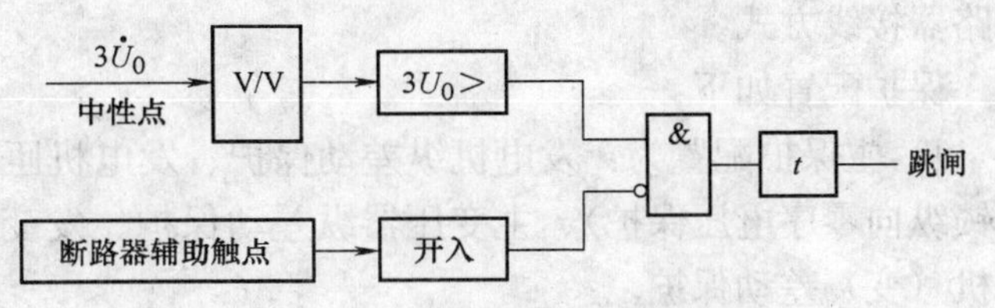

图 8-29　起停机保护逻辑图

除了以上所介绍的保护外，发电机根据运行需要还可以配备如过励磁保护、非全相保护、TV 和 TA 断线保护、电压平衡保护、过电流保护及非电量保护等。因篇幅有限不再列举。

第七节 发电机—变压器组继电保护的特点和配置

一、发电机—变压器组继电保护的特点

随着大容量机组和大型发电厂的出现，发电机一变压器组（简称发变组）的接线方式在电力系统中获得了广泛的应用。在发电机和变压器每个元件上可能出现的故障和不正常运行状态，在发电机一变压器组上也都可能发生，因此，发变组的继电保护装置应能反应发电机和变压器单独运行时所有的故障和不正常运行状态。但由于发电机和变压器的成组连接，相当于一个工作元件，所以可以把发电机和变压器中某些性能相同的保护合并成一个对全组公用的保护。例如，装设公共的纵差动保护、后备（过电流）保护、过负荷保护等，这样可使发电机—变压器组的继电保护变得较为简单和经济。

下面说明装设发电机—变压器组纵联差动保护的基本原则。

1）当发电机和变压器之间无断路器时，一般装设整组共用的纵联差动保护，如图8-30a所示，此时的纵联差动保护应注意考虑消除励磁涌流的影响。对容量在100MW以上的发电机组，发电机应增设单独的纵差动保护，如图8-30b所示。对220MW以上的发电机变压器组亦可在变压器上增设单独的纵差动保护，即采用双重快速保护。

2）当发电机与变压器之间有断路器时，发电机和变压器应分别装设纵联差动保护，如图8-30c所示。

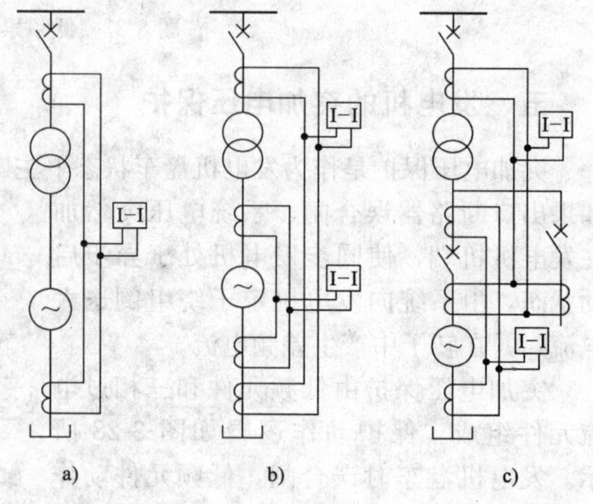

图8-30 发电机变压器组纵差动保护单相原理图

3）当发电机与变压器之间有分支线（如厂用电出线）时，应把分支线也包括在差动保护范围以内，如图8-30c所示。

二、发电机—变压器组保护的接线图举例

图8-31所示是600(300)MW-500kV汽轮发电机—变压器组的保护配置，高压侧为3/2断路器接线方式。

保护配置如下：

1）主保护配置为：发电机纵差动保护、发电机匝间短路保护（横差动保护或负序方向闭锁纵向零序电压保护）、主变压器纵差动保护、发变组纵差动保护、高厂变差动保护、励磁机（变）差动保护。

2）发电机后备保护配置为：相间阻抗保护、基波零序电压保护、3次谐波电压保护、转子一点接地保护、转子两点接地保护、定反时限定子绕组过负荷保护、定反时限转子表层过负荷保护、失磁保护、失步保护、过电压保护、定反时限过励磁保护、逆功率保护、程序跳闸逆功率保护、低频累加保护、起停机保护、突加电压保护、电超速保护、TA断线保护、

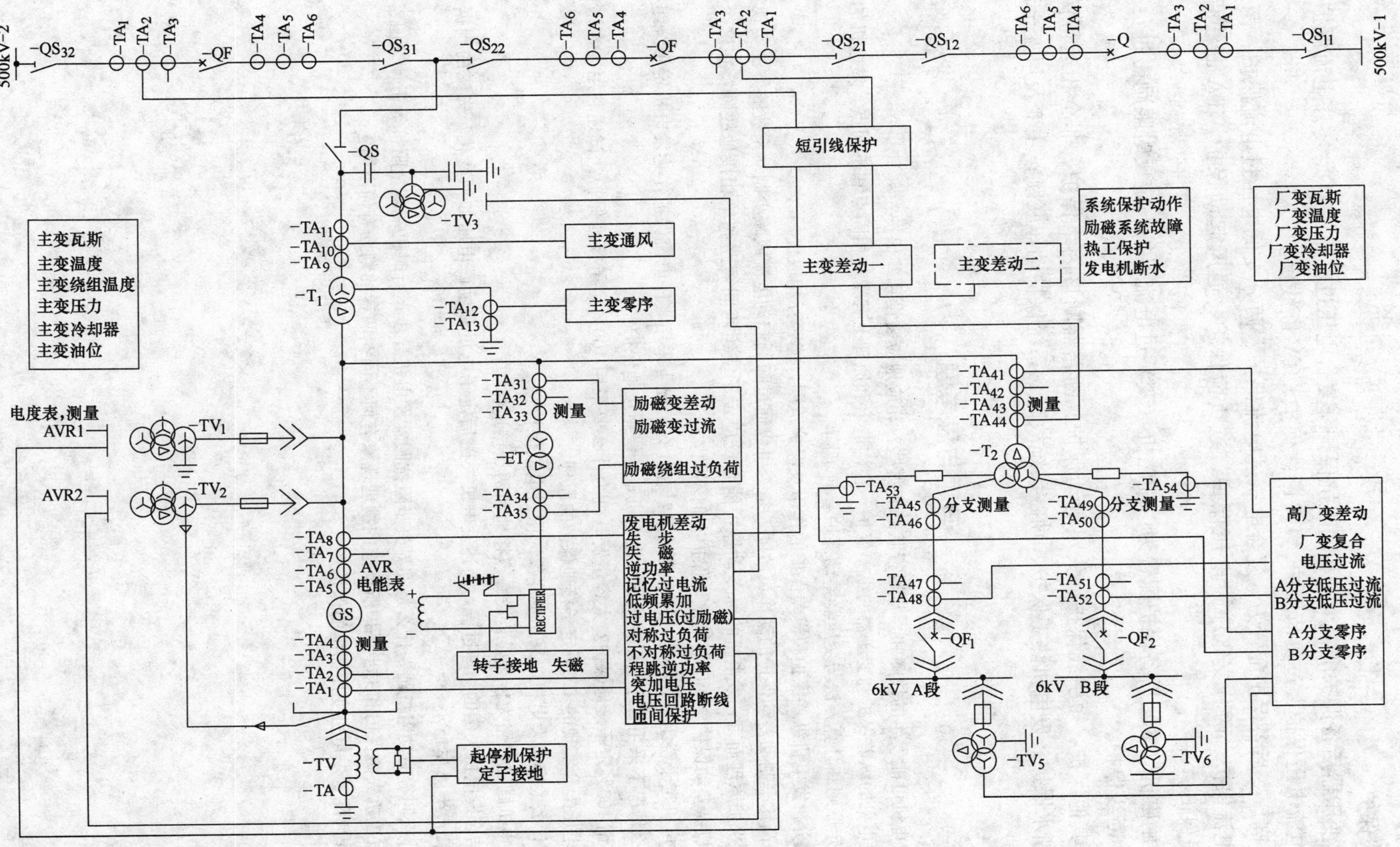

图 8-31 600(300)MW-500kV 汽轮发电机-变压器组的保护配置图

TV 断线保护。

3）变压器后备保护配置为：相间阻抗保护（复合电压过电流保护）、零序电流保护、间隙零序电流电压保护、过负荷保护、TA 断线保护、TV 断线保护。

4）高厂变后备保护配置为：复合电压过电流保护、两分支低电压过电流保护、两分支零序过电流保护、两分支零序过电压保护、过负荷保护、通风起动保护、TA 断线保护、TV 断线保护。

5）励磁机（变）后备保护配置为：励磁机（变）过电流保护、定反时限励磁过负荷保护、TA 断线保护。

6）其他保护：短引线保护、失灵起动保护、断路器断口闪络保护、非全相运行保护、发电机断水保护、发电机热工保护、励磁系统故障、系统保护动作联跳；主变及厂变全部非电量保护。

习题与思考题

1. 发电机可能发生的故障和异常运行状态有哪些？相应地应装设哪些保护？

2. 发电机的纵差保护和变压器的纵差保护，在构造上和原理上有哪些相同点和不同点？发电机的差动保护的整定原则和计算方法与变压器差动保护有何不同？

3. 试分析发电机纵差保护和横差保护的作用及保护范围，能否互相取代？

4. 提高比率制动差动保护的动作灵敏度，是否可以通过降低起动电流或减少制动系数的方法实现？

5. 就保护原理而言，发电机的纵差动保护能否反应定子绕组匝间短路和单相接地故障？在这个问题上，发电机纵差动保护与变压器纵差动保护有何不同？

6. 发电机定子绕组单相接地故障有何特点？在什么情况下采用零序电流保护作为发电机定子绕组接地保护？什么情况下采用零序电压保护作为发电机定子绕组接地保护？

7. 何谓 100％定子接地保护？大容量发电机为什么要采用 100％定子接地保护？试述利用 3 次谐波和基波零序电压配合实现的 100％定子接地保护的原理。

8. 为什么大容量发电机应采用负序反时限过电流保护？

9. 发电机励磁回路为什么要装设一点接地和两点接地保护？

10. 结合发电机失磁的物理过程，简述发电机失磁后定子电量和励磁电压如何变化？失磁的判据是什么？如何构成失磁保护？

11. 什么叫等有功阻抗圆？什么是临界失步阻抗圆？发电机异步运行时机端测量阻抗等于什么值？

12. 发电机失磁保护和失步保护所反应的物理现象有何不同？两者的判据有何不同？

13. 如何配置发电机变压器组的保护形式？

第九章　母线的保护

第一节　装设母线保护的基本原则

一、母线保护的作用

母线是电能集中与分配的重要环节，它的安全运行对不间断供电具有极为重要的意义。母线故障是发电厂和变电所中电气设备最严重的故障之一，将使连接在故障母线上的所有元件在修复故障母线期间或是转换到另一组无故障的母线上运行以前被迫停电。而且，在电力系统枢纽变电所的母线上发生故障时，有可能引起系统稳定的破坏，造成电力系统解列、大面积停电甚至崩溃，所以必须针对母线故障设置相应的保护装置。

低压电网中发电厂或变电所母线大多采用单母线，与系统的电气距离较远，母线故障不至于对系统稳定和供电可靠性带来严重影响，所以可以不装设专门的母线保护，利用供电元件的保护装置来切除母线故障。例如：

1）如图 9-1 所示的发电厂采用单母线接线，此时母线上的故障可以利用发电机的过电流保护使发电机的断路器跳闸而予以切除。

2）如图 9-2 所示的降压变电所，其低压侧的母线正常时分列运行，低压母线上的故障可以由相应变压器的过电流保护使变压器的断路器跳闸予以切除。

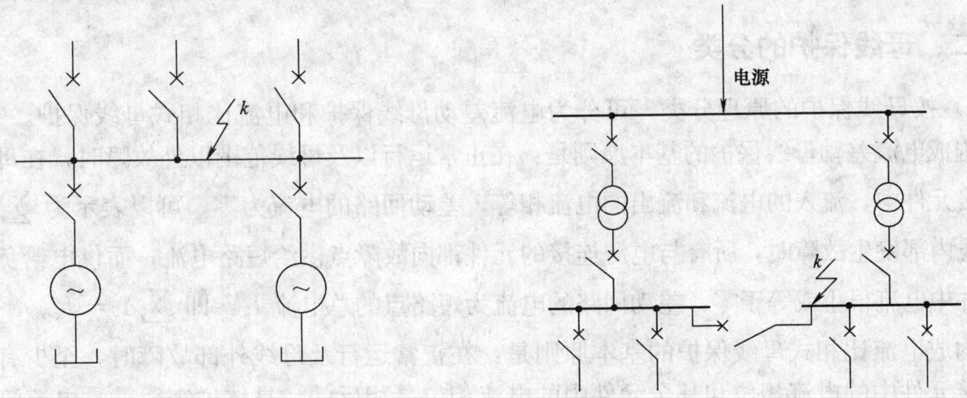

图 9-1　利用发电机的过电流保护切除母线故障　　图 9-2　利用变压器的过电流保护切除低压母线故障

3）如图 9-3 所示的双侧电源网络（或环形网络），当变电所 F 母线上 k 点短路时，可以由保护 1 和 4 的第Ⅱ段动作予以切除，等等。

由于供电元件快速动作的保护如差动保护，不能反应母线故障，所以利用供电元件的保护装置切除母线故障时，故障切除的时间一般较长。此外，当双母线同时运行或母线为分段单母线时，上述保护不能保证有选择性地切除故障母线。

随着电力系统规模和容量的不断扩大，目前对高压重要母线普遍装设专门的快速保护。

具体而言，在下列情况下应该装设专门的母线保护：

1）在110kV及以上的双母线和分段单母线，为保证有选择性地切除任一组（或段）母线上所发生的故障，而另一组（或段）无故障的母线仍能继续运行，应该装设专用的母线保护。对于3/2断路器接线的每组母线应该装设两套母线保护。

2）110kV及以上的单母线，重要发电厂的35kV母线或高压侧为110kV及以上的重要降压变电所的35kV母线，按照系统的要求必须快速切除母线上的故障时，应该装设专用的母线保护。

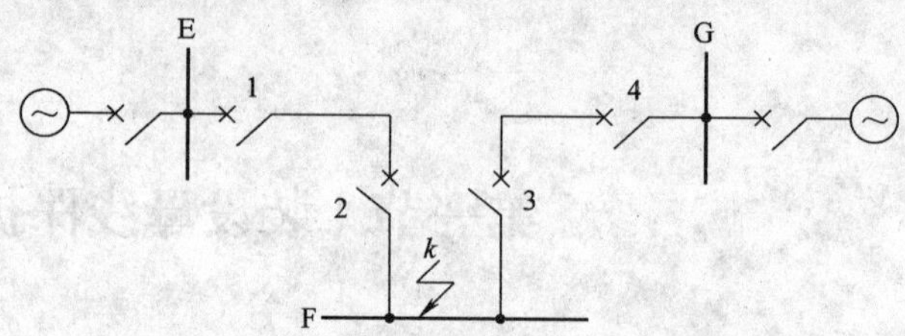

图9-3 在双侧电源网络上，利用电源侧的保护切除母线故障

由于母线在电力系统中的地位极为重要，母线故障对电力系统稳定将造成严重威胁，必须以极快的速度予以切除。而且，母线的连接元件很多，实现母线保护需将所有接于母线各回路的保护二次回路、跳闸回路聚集在一起，结构复杂，极易由于一个元器件或回路的故障，尤其是人为的误碰误操作造成母线保护误动作，使大量电源和线路被切除，造成巨大损失。由于上述原因，对母线保护的要求应该突出安全性和快速性。同时在设计母线保护时还应该注意以下问题：

1）由于母线保护所连接的支路多，外部故障时，故障电流大，而且超高压母线接近电源，直流分量衰减的时间常数大，因此电流互感器可能出现深度饱和的现象。母线保护必须要采取措施，防止因电流互感器饱和导致误动作。

2）母线的运行方式变化较多，倒闸操作频繁，尤其是双母线接线，随着运行方式的变化，母线上各连接元件经常在两条母线上切换。母线保护必须能适应运行方式的变化。

二、母线保护的分类

1）按母线保护的原理分类，可分为电流差动母线保护和电流比相式母线保护。

构成电流差动母线保护的基本原则是：在正常运行以及母线范围以外故障时，在母线上所有连接元件中，流入的电流和流出的电流相等，差动回路的电流为零，可以表示为 $\sum I=0$；当母线内部发生故障时，所有与电源连接的元件都向故障点供给短路电流，而供电给负荷的连接元件中电流很小或等于零，差动回路的电流为短路点的总电流 I_k，即 $\sum I=I_k$。

构成电流比相式母线保护的基本原则是：在正常运行及母线外部故障时，至少有一个母线连接元件中的电流相位和其余元件中的电流相位是相反的，具体说来，就是电流流入的元件和电流流出的元件中电流的相位相反；当母线故障时，除电流等于零的元件以外，其他元件中的电流是基本上同相位的。

2）按母线差动保护中差动回路的电阻大小分类，可以分为低阻抗型、中阻抗型和高阻抗型母线差动保护。

常规的母线差动保护是低阻抗型的，即差动回路的阻抗很小，只有数欧姆。其优点是在内部故障时，当全部故障电流流经阻抗很低的差动回路，差动回路上的电压不会很大，不会因为增大电流互感器的负担而使电流互感器饱和并产生很大的不平衡电流，同时也不会造成保护回路过电压。但在外部故障时，全部故障电流流过故障支路的电流互感器而使其饱和，此时将产生很大的不平衡电流。为了使保护不误动，保护定值应按躲过此不平衡电流整定，或采取制动措施。

高阻抗母线差动保护是在差动回路中串入一高阻抗，其值可在数百欧姆以上，因而在外部故障使电流互感器饱和时，可减小差动回路的不平衡电流，因而不需要制动。但在内部故障时，差动回路可产生危险的过电压，必须用过电压保护回路减小此过电压，以保证既能使保护装置正确动作，又不会因过电压而损坏。

中阻抗母线差动保护实际上是上述两种母线差动保护的折衷方案。在差动回路接入一定的阻抗（约 200Ω），采用特殊的制动回路既能减小不平衡电流的影响，又不产生危险的过电压，不需要专门的过电压保护回路。

3）按母线的接线方式分类，可以分为单母线分段、双母线、双母线带旁路母线（专用旁路母线或母联兼旁路母线）、双母线单分段、双母线双分段、3/2 接线母线等的母线保护。桥式接线和四边形接线母线不采用专门的母线保护。

目前数字式母线差动保护采用电流差动保护原理，通过专门的 TA 饱和识别和闭锁辅助措施，能有效地防止 TA 饱和引起的误动。适用于单母线、双母线，3/2 接线母线等各种母线接线，因此在我国电力系统中得到广泛的应用。

第二节　电流差动母线保护

一、电流差动母线保护的基本原理

以单母线完全电流母线差动保护为例，原理接线如图 9-4 所示。所谓完全差动是所有接于母线的支路，不论该支路对端是否有电源，都将其电流接入差动回路，因而这些支路的元件发生故障（电流互感器以外）都不在母线差动保护范围内。完全母差保护在母线的所有连接元件上装设具有相同变比和磁化特性的电流互感器。所有互感器的二次绕组在母线侧的端子互相连接，另一侧的端子也互相连接，然后接入差动回路。差动回路中的电流即为各个二次电流的相量和。

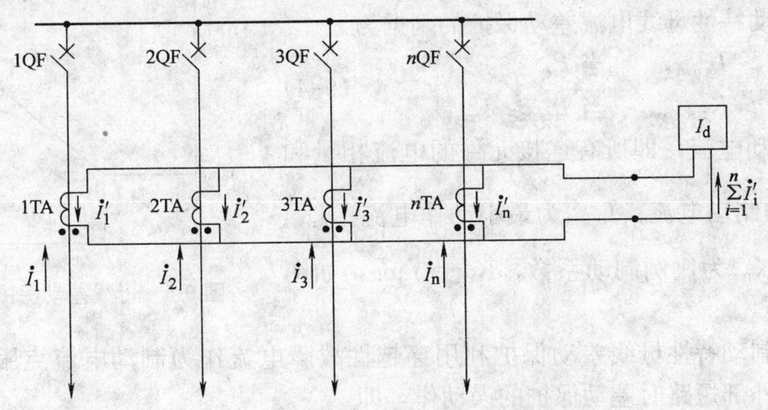

图 9-4　单母线电流差动母线保护原理

在正常运行和外部短路时一次电流总和为零，母线保护用的电流互感器必须具有相同的变比n_{TA}，才能保证二次侧的电流总和也为零。因各互感器的特性不可能绝对相同，在正常运行及外部故障时，流入差动回路的是由于各互感器的特性不同而产生的不平衡电流I_{ub}；而当母线上故障时，则所有与电源连接的元件都向短路点k供给短路电流，于是流入差动回路的电流为

$$\dot{I}'_{k}=\dot{I}'_{1}+\dot{I}'_{2}+\dot{I}'_{3}=\frac{1}{n_{TA}}(\dot{I}_{1}+\dot{I}_{2}+\dot{I}_{3})=\frac{1}{n_{TA}}\dot{I}_{k}$$

$\dot{I}_{k}$即为故障点的全部一次短路电流，此电流足够使保护装置动作，从而使所有连接元件的断路器跳闸。

差动保护的起动电流应按如下条件整定，并选择其中较大的一个：

1）躲开外部故障时所产生的最大不平衡电流，当所有电流互感器的负载均按10%误差的要求选择，且差动回路采用配有速饱和变流器或其他抑制非周期分量的措施时，有：

$$I_{set}=K_{rel}I_{ub.max}=K_{rel}\times 0.1I_{k.max}/n_{TA} \tag{9-1}$$

式中，K_{rel}为可靠系数，可取为1.3；$I_{k.max}$为在母线范围外任一连接元件上短路时，流过该元件电流互感器的最大短路电流；n_{TA}为母线保护所用电流互感器的变比。

2）由于母线差动保护电流回路中连接的元件较多，接线复杂，因此，电流互感器二次回路断线的几率比较大，为了防止在正常运行情况下，任一电流互感器二次回路断线时引起保护装置误动作，起动电流应大于任一连接元件中的最大负荷电流$I_{L.max}$，即

$$I_{set}=K_{rel}I_{L.max}/n_{TA} \tag{9-2}$$

当保护范围内部故障时，应采用下式校验灵敏系数

$$K_{sen}=\frac{I_{k.min}}{I_{set}n_{TA}} \tag{9-3}$$

式中，$I_{k.min}$应采用实际运行中可能出现的连接元件最少时，在母线上发生故障时的最小短路电流值。一般要求灵敏系数不低于2。这种保护方式适用于单母线或双母线经常只有一组母线运行的情况。

二、母线差动保护的制动特性

目前广泛使用的微机母线差动保护均采用分相完全电流差动保护原理。为了解决外部故障时的不平衡电流问题，微机母线差动保护引入制动特性。比率制动特性母线电流差动保护的判据为

$$\left.\begin{aligned}&I_{d}>I_{d.min}, &&\text{当 } I_{res}<I_{res.1}\\&I_{d}>K_{res}I_{res}, &&\text{当 } I_{res}\geqslant I_{res.1}\end{aligned}\right\} \tag{9-4}$$

式中，I_{d}为差动电流，即所有连接元件的电流相量和$\left|\sum_{i=1}^{n}\dot{I}_{i}\right|$；$I_{res}$为制动电流；$I_{d.min}$为最小动作电流；$I_{res.1}$为拐点电流；$K_{res}$为比例制动系数，$K_{res}=\tan\alpha$，如图9-5所示。

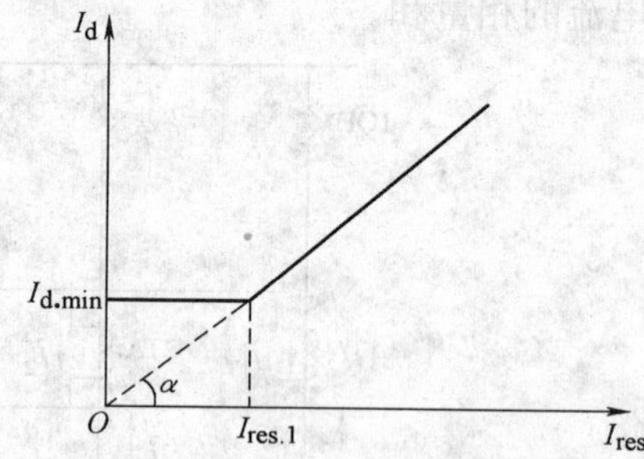

图9-5　母线差动保护的动作特性

普通比率制动特性母线差动保护利用穿越性故障电流作为制动电流克服差动不平衡电流，以防止在外部短路时差动保护的误动作，即

$$I_{res}=\sum_{i=1}^{n}|\dot{I}_{i}| \tag{9-5}$$

由于在母线内部短路时，差动回路中也有制动电流，尤其是在 $1\frac{1}{2}$ 断路器接线的母线中可能有部分故障电流流出母线，加大了制动量，在此种情况下普通比率制动特性母线差动保护的灵敏度将有所下降。为了提高比率制动特性母线差动保护的灵敏性，希望进一步降低在发生内部短路时的制动电流。为此提出的复式比率制动特性的制动电流取为

$$I_{\mathrm{res}}=\sum_{i=1}^{n}\left|\dot{I}_i\right|-\left|\sum_{i=1}^{n}\dot{I}_i\right| \tag{9-6}$$

此外，还可以利用故障分量实现母线差动保护，故障分量比率制动特性可以避免故障前的负荷电流对比率制动特性产生的不良影响，从而提高母线差动保护的灵敏度。

三、母线差动保护的抗 TA 饱和措施

影响母线差动保护动作正确性的关键是 TA 饱和的问题。在 TA 饱和不是非常严重时，比率制动特性可以保证母线差动保护不误动作；但当 TA 进入深度饱和时，此方法仍不能避免保护误动，需要采用其他专门的抗 TA 饱和的方法。在传统的母线差动保护中采用在差动回路中串入阻抗的措施，根据阻抗的大小可分为中阻抗方式和高阻抗方式，其中以中阻抗母线差动保护应用较为广泛。如 RADSS 母线差动保护就是基于中阻抗保护方案的。在微机母线保护中广泛采用了同步识别法、波形对称原理、谐波制动原理等方法来解决 TA 饱和的问题。

1. 传统母线差动保护在差动回路接入阻抗的方法

在母线发生外部短路时，一般情况下非故障支路电流不很大，它们的 TA 不易饱和。但是故障支路电流集各电源支路电流之和，可能非常之大，它的 TA 就可能极度饱和，相应的励磁阻抗必然很小，极限情况近似为零。这时虽然一次电流很大，但几乎全部流入励磁支路，二次电流近似为零。这时差动回路中将流过很大的不平衡电流，完全电流母线差动保护将误动作。

假设母线上连接有 n 条支路，第 n 条支路为故障支路，母线外部短路的等值电路如图9-6所示。图中虚线框内为故障支路 TA 的等效回路，Z_{μ} 为励磁阻抗，$Z_{\sigma1}$ 和 $Z_{\sigma2}$ 分别为 TA 一次和二次绕组漏抗，r 为故障支路 TA 至差动回路的阻抗值（二次回路连线阻抗值），r_{u} 为差动回路的阻抗。对于中阻抗母线差动保护，r_{u} 约为 200Ω 左右，如果是高阻抗型，其值大约为 2.5～7.5kΩ。

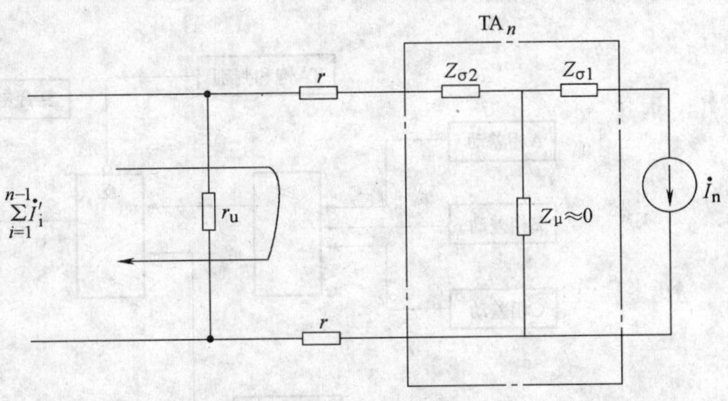

图 9-6　母线外部短路时高阻抗母线差动保护等值电路

在外部短路时，若电流互感器无误差，则非故障支路二次电流之和与故障支路二次电流大小相等、方向相反，此时差动继电器中电流为零，非故障支路二次电流都流入故障支路 TA 的二次绕组。但是外部短路最严重的情况是故障支路的 TA 出现极度饱和，其励磁阻抗 Z_{μ} 近似为零，一次电流全部流入励磁支路。

对于高阻抗型母线差动保护，由于差动回路的内阻 r_{u} 很高，非故障支路二次电流都流入故障支路 TA 的二次绕组，差动回路中电流仍然很小，保护不会动作。在内部短路时所有

引出线电流都流入母线，所有支路的二次电流都流向差动回路，保护动作。此时由于二次回路阻抗大，TA 二次侧可能出现相当高的电压，需要采取保护措施。

对于中阻抗型母线差动保护，当母线外部短路而使故障支路的 TA 严重饱和时，该 TA 二次电流接近于零，但是由于差动回路有适当的电阻，从其他非故障支路流入的电流不会全部进入差动回路，部分仍会流过第 n 条故障支路的二次回路（$Z_{\sigma 2}$），此时，保护不应该动作。由于外部故障时差动回路有不平衡电流，所以中阻抗母线差动保护在接入一定大小的电阻后仍然需要采用比率制动特性，但是不需要限制高电压的措施。

2. 微机母线差动保护的 TA 饱和识别方法

微机母线差动保护抗 TA 饱和的方法比较多，这里简单介绍同步识别法。

通常采用差电流增大与相电流突变是否同步来鉴别差电流的产生是由于区内故障还是因为区外故障 TA 饱和：当两者同时产生时，判定为内部故障；当相电流突变超前差电流增大越限时，则判为外部故障 TA 饱和。因为母线区外故障时，相电流会发生突变，但是无论故障电流有多大，TA 在故障的最初瞬间（在 1/4 周波内）不会饱和，在饱和之前差电流很小，所以差电流越限滞后于相电流突变，利用这一特点，在判别出母线区外故障 TA 饱和时闭锁母线差动保护。

四、母线差动保护的构成

为了提高母差保护动作的可靠性，除分相差动元件之外，还采用了起动元件，区外故障 TA 饱和鉴别元件及出口闭锁元件（对于 3/2 接线的 500kV 母线，母差保护不采用出口闭锁元件）。

母差保护的起动元件一般由差电流越限及相电流突变的“或”构成。为防止各种可能的原因（如误碰断路器操作机构，出口断路器损坏等）导致正常运行时母线差动保护误动作，采用复合电压（低电压、负序电压、零序电压及相电压突变）元件闭锁跳闸出口。保护的逻辑框图如图 9-7 所示。

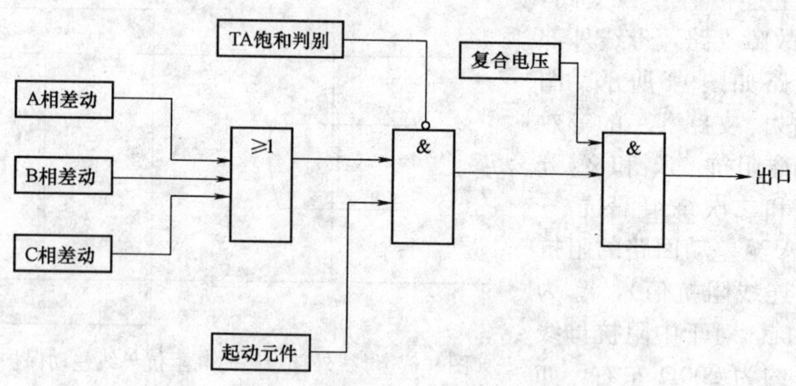

图 9-7 母线差动保护逻辑框图

第三节 双母线保护

双母线是发电厂和变电所广泛采用的一种主接线方式。在发电厂以及重要变电站的高压母线上，一般都采用双母线同时运行（母线联络断路器经常投入），而每组母线上连接一部分（大约 1/2）供电和受电元件，这样当任一组母线上故障后，只影响到约一半的负荷供电，而另一组母线上的连接元件则可以继续运行，这就大大提高了供电的可靠性。此时必须要求母线保护具有选择故障母线的能力。

一、双母线电流差动保护

双母线电流差动保护主要由三组差动回路组成，如图 9-8a 所示，第一组由电流互感器 1、2、5 和第一组母线小差动元件 KD_1 组成，用以选择Ⅰ组母线上的故障；第二组由电流互感器 3、4、6 和第二母线小差动元件 KD_2 组成，用以选择Ⅱ组母线上的故障；第三组实际上是由电流互感器 1、2、3、4 和大差动元件 KD_3 组成的完全电流差动保护，作为整套保护的起动元件，当任一组母线上发生故障时，KD_3 都能起动，而当母线外部故障时不起动。

实质上，大差动元件作为母线故障判别元件，而小差动元件作为故障母线选择元件。当大差动元件及某条母线的小差动元件同时动作后，才能切除故障母线，如图 9-8b 所示。大差动元件的接入电流，为除母联 TA 之外的两组母线所有连接元件 TA 的二次电流；而小差动元件的接入电流，为被保护的那组母线所有连接元件 TA 的二次电流。

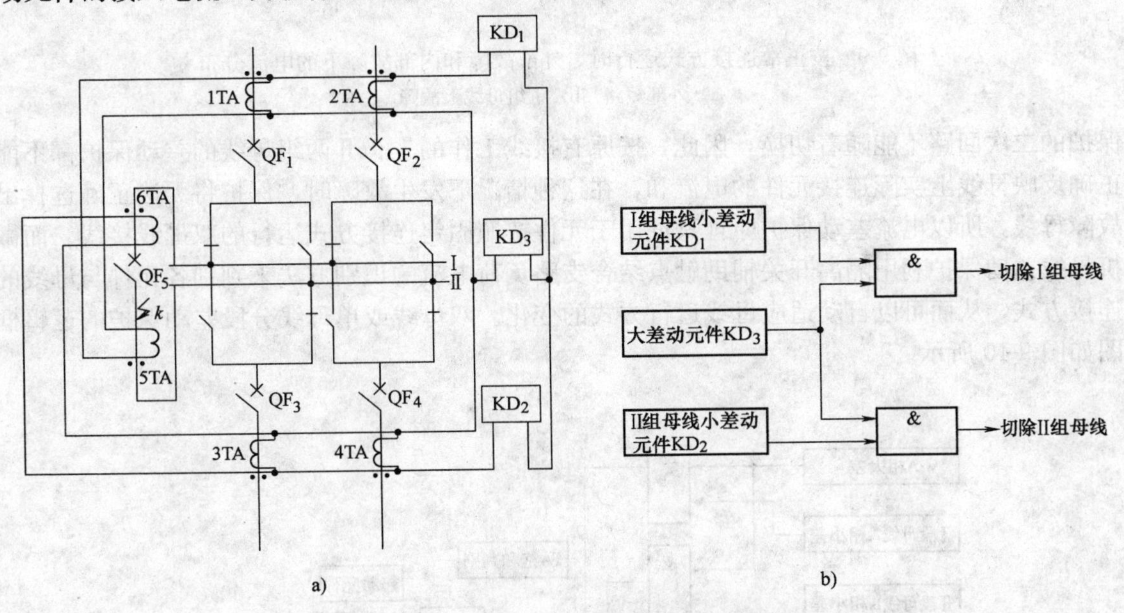

图 9-8　双母线电流差动保护单相原理图

a）单相原理接线图　b）保护动作逻辑图

在正常运行及母线外部（k 点）短路时，如图 9-9a 所示，流经差动回路 KD_1，KD_2 和 KD_3 的电流均为不平衡电流，保护装置已从定值上躲开，不会误动作。

当Ⅰ组母线上（k 点）短路时，如图 9-9b 所示，由电流的分布情况可见，差动回路 KD_1 和 KD_3 中流入全部故障电流，而差动回路 KD_2 中为不平衡电流，于是 KD_1 和 KD_3 起动。KD_3 动作后使母线联络断路器 QF_5 跳闸。KD_1 动作后使断路器 QF_1 和 QF_2 跳闸，并发出相应的信号。这样就把发生故障的Ⅰ组母线从电力系统中切除了，而没有故障的Ⅱ组母线仍然可以继续运行。同理可以分析当Ⅱ组母线上短路时，只有 KD_2 和 KD_3 动作，最后使 QF_5，QF_3 和 QF_4 跳闸切除故障。

在元件连接方式变化时，例如当线路 1 自母线Ⅰ切换到母线Ⅱ上工作时，传统母线差动

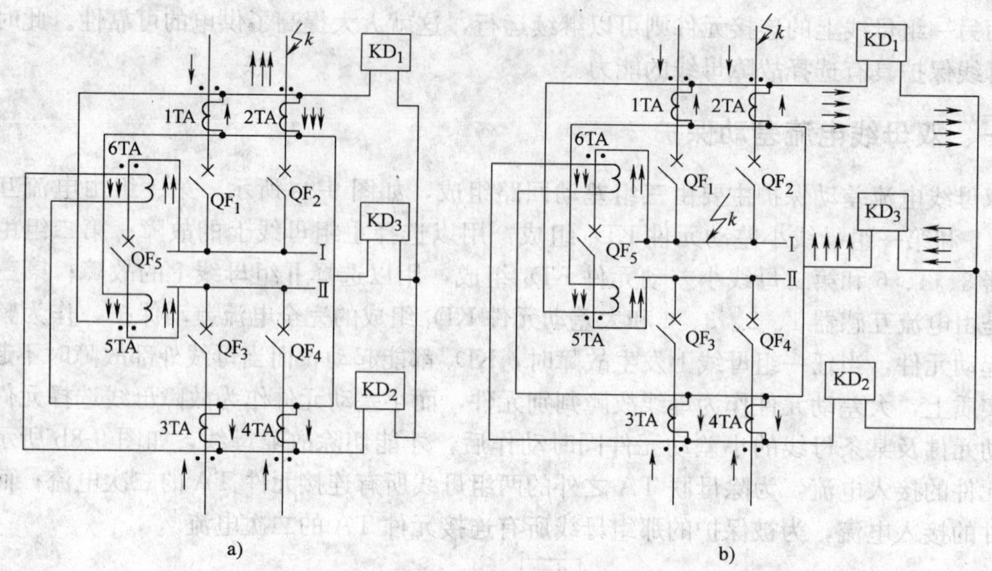

图 9-9　按正常连接方式运行时，外部故障和内部故障下的电流分布

a）外部短路　b）Ⅰ组母线上故障

保护的二次回路不能随着切换，因此，按原有接线工作的Ⅰ、Ⅱ两组母线的差动保护都不能正确反映母线上实际连接元件的电流和，在这种情况下发生故障时，保护将无法正确选择出故障母线，所以电流差动保护原理只适用于元件按照固定连接方式运行的双母线接线。而微机母线差动保护利用隔离开关辅助触点结合支路负荷电流的识别方法来判别各元件与母线的连接方式，从而可以自动适应母线运行方式的变化。双母线或单母线分段差动保护的逻辑框图如图 9-10 所示。

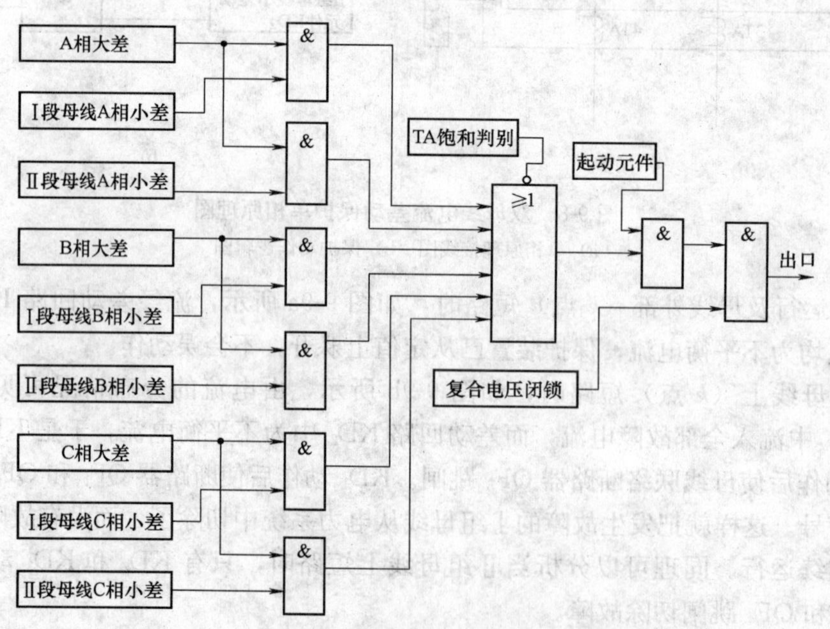

图 9-10　双母线或单母线分段差动保护逻辑框图

二、双母线其他保护形式

双母线电流差动保护存在一个问题，即当故障发生在母联断路器两侧 TA 之间时，如图 9-8a 所示的 5TA 与 6TA 之间的 k 点，由于故障既在Ⅰ组母线小差动保护范围内，也在Ⅱ组母线小差动保护范围内，所以两组母线保护均动作跳闸，不能有选择性的只跳开第Ⅱ组母线。

为了避免出现这种情况，可以在母联断路器单元只安装一组 TA，如图 9-11 所示。在微机母差保护中不需要将所有 TA 的二次侧端子连接在一起，可以分别接入差动回路。

这种接线在母线外部与内部故障时的动作情况与图 9-9 相同。但是当故障发生在母联断路器与母联 TA 之间时将无法切除故障母线，并将无故障母线切除。如图 9-11 中的 k 点短路时，对Ⅱ组母线的差动保护而言，相当于区内故障，保护动作跳开 QF_0、QF_3 及 QF_4。而 k 点对于Ⅰ组母线的差动保护相当于区外故障，保护不动作，无法切除故障，即出现死区。所以需要设置母差死区保护。保护的逻辑框图如图 9-12 所示。该保护也可以用来判别母联断路器失灵。

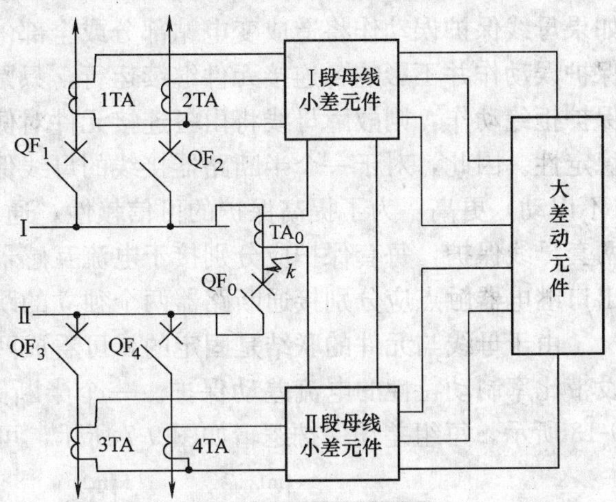

图 9-11　双母线电流差动保护接入回路示意图

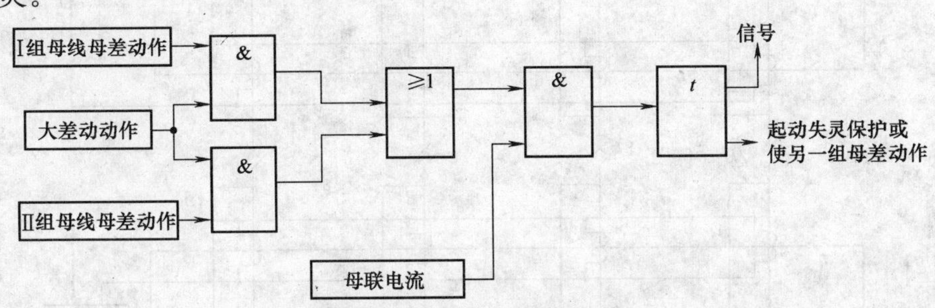

图 9-12　母联失灵及母差死区保护

当Ⅰ组母差保护或Ⅱ组母差保护动作后，如果母联 TA 二次仍有电流，则判定为母联断路器失灵或母差保护死区，起动失灵保护或死区保护使另一组母差保护动作，切除故障。

当任一组母线检修后再投入运行之前，利用母联断路器由另一组母线对其充电时，若被充电母线上有故障，为防止充电于故障母线造成事故范围扩大，通常设置母联充电保护，有时双母线还配有母联过电流保护。母联充电保护及母联过电流保护，均由母联过电流元件及时间元件构成，其出口作用于跳母联断路器。

第四节　一个半断路器接线的母线保护

随着电力系统的发展，对连续供电提出了更为严格的要求。目前对于 500kV 变电站，要求在母线发生短路时不影响变电站的连续供电，在母线发生短路并伴随断路器失灵时，也要求将停电的范围缩减到最小。为了满足上述要求，对于 500kV 变电站，如串数为 3 串及以上时，一般采用一个半断路器母线接线方式。这种接线方式在正常环网运行时，任何一个断路器检修都不影响所连接元件的连续供电，也不需要进行一系列的倒闸操作，可以减少一次回路发生误操作的可能。而且当一组母线发生短路时，母线保护动作后只跳开与该组母线相连的所有断路器，不会使得任何元件停电。

对于单母线或双母线保护，通常把安全性放在重要位置。因为正常运行或外部短路时，如果母线保护误动作将造成变电站部分或全部停电。而对于一个半断路器接线的母线，母线保护误动作并不影响各连接元件继续运行，只是改变了潮流分布。但是如果区内故障时母线保护拒绝动作，则故障母线将由各连接元件对侧的后备保护延时切除，这将严重影响系统的稳定性。因此，对于一个半断路器接线的母线保护，要求它的可信赖性（不拒动）比安全性（不误动）更高。为了提高保护的可信赖性，通常采用保护双重化，即采用工作原理不同的两套母线保护，每套保护应分别接于电流互感器不同的二次绕组上，应有独立的直流电源，出口继电器触点应分别接通断路器两个独立的跳闸线圈等。

由于母线与元件的联结是固定的，可看成两组独立的单母线，只需在每组母线上分别装设带比率制动特性的电流差动保护。一个半断路器接线的母线电流差动保护的示意图如图 9-13 所示。每组差动保护逻辑如图 9-7 所示，可以不设置复合电压闭锁元件。

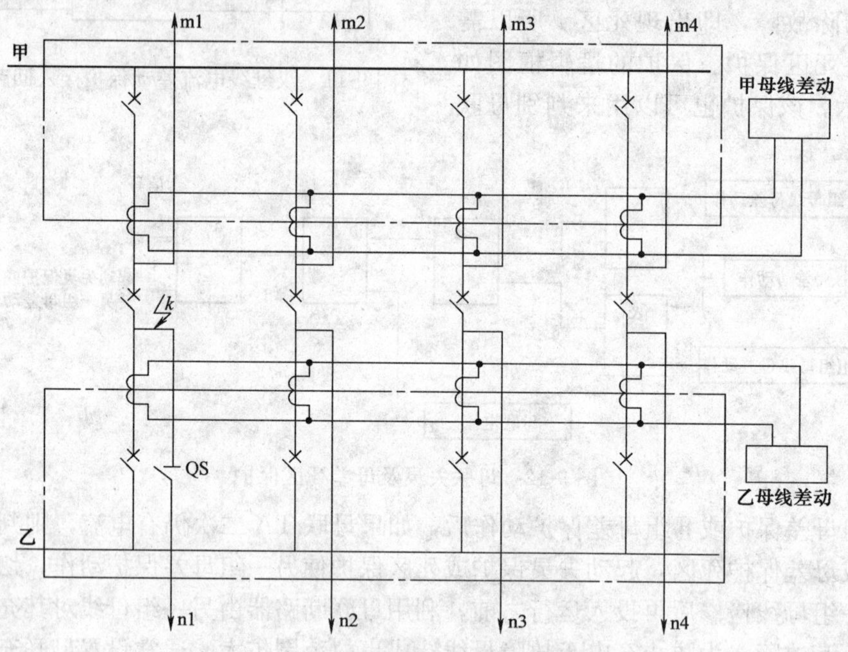

图 9-13　一个半断路器母线保护的接线方式

第五节　断路器失灵保护

在 110kV 及以上电压等级的发电厂和变电所中，当输电线路、变压器和母线发生短路，在保护装置动作切除故障时，可能伴随故障元件的断路器拒动，也即发生断路器的失灵故障。产生断路器失灵故障的原因是多方面的，如断路器跳闸线圈断线、断路器的操作机构失灵等。高压电网的断路器和保护装置都应具有一定的后备作用，以便在断路器或保护装置失灵时，仍然能够有效切除故障。相邻元件的远后备保护方案是最简单合理的后备方式，它既是保护拒动的后备，又是断路器拒动的后备。但是在高压电网中，由于各电源支路的助增作用，实现远后备方式往往有较大困难（灵敏度不够），而且由于动作时间较长，容易造成事故范围的扩大，甚至引起系统失稳而瓦解。因此，电网中枢地区重要的220kV及以上的主干线路，由于系统稳定要求必须装设全线速动保护时，通常装设两套独立的全线速动主保护（即保护双重化），以防保护装置的拒动，而对于断路器的拒动，则专门装设断路器失灵保护。

所谓断路器失灵保护是指当故障元件的继电保护动作发出跳闸脉冲后，断路器拒绝动作时，能够以较短的时限切除同一发电厂或变电所内其他有关的断路器，将故障部分隔离，并使停电范围限制为最小的一种后备保护。

1. 断路器装设失灵保护的条件

由于断路器失灵保护是在系统故障的同时断路器失灵的双重故障情况下的保护，因此允许适当降低对它的要求，即仅要最终能切除故障即可。装设断路器失灵保护的条件是：

1）相邻元件保护的远后备保护灵敏度不够时应装设断路器失灵保护；对分相操作的断路器，允许只按单相接地故障来检验其灵敏度。

2）根据变电所的重要性和装设失灵保护作用的大小来决定装设断路器失灵保护。例如多母线运行的220kV及以上的变电所，当失灵保护能缩小断路器拒动引起的停电范围时，就应装设失灵保护。

2. 对断路器失灵保护的要求

1）失灵保护误动和母线保护误动一样，影响范围很广，必须有较高的安全性（不误动）。

2）在保证不误动的前提下，应该以较短延时，有选择性地切除相关断路器。

3）失灵保护的故障鉴别元件和跳闸闭锁元件，应对断路器所在线路或设备末端故障有足够灵敏度。

3. 断路器失灵保护的基本原理

断路器失灵保护由起动单元、时间单元和出口闭锁单元等组成，如图9-14所示，以单母线分段的失灵保护为例。当k点发生故障时，出线1的保护动作，其出口继电器动作跳开断路器QF_1的同时，起动失灵保护。如果故障线路的断路器QF_1拒动，经过一定的延时后，失灵保护动作，使连接至该段母线上的所有其他有电源的断路器（如QF_2、QF_3）跳闸，从而切除k点的故障，起到QF_1拒动时的后备作用。

起动单元由出线元件保护出口继电器的接点与出线的电流元件动作信号“与”构成。它表示出线保护动作后，电流持续存在，说明断路器失灵，故障尚未切除。

失灵保护的动作时间应大于故障元件断路器跳闸时间以及保护装置返回时间之和。保护可以设两段延时，以短延时跳分段断路器，以较长延时跳开故障元件所在母线上所有电源的出线断路器。

为防止出口回路误碰及出口继电器损坏等原因导致误跳断路器，出口回路采用复合电压元件闭锁。当母线差动保护与失灵保护配套时，两者可公用出口回路。

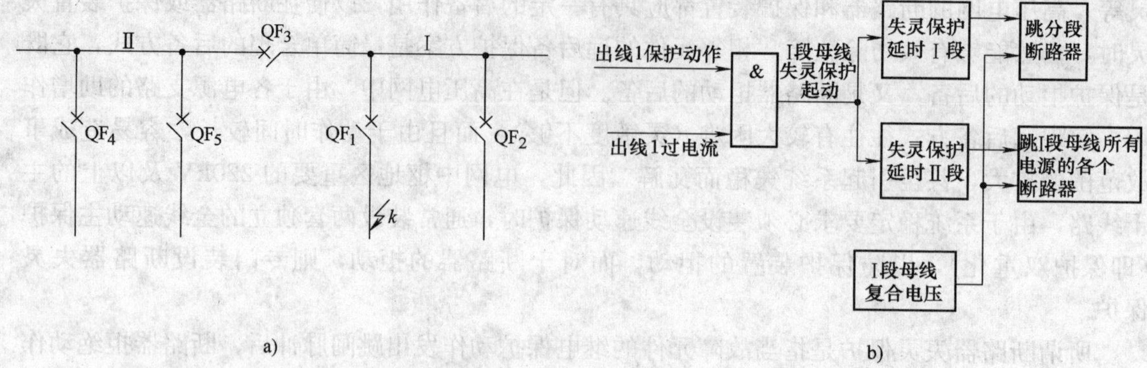

图 9-14　单母线分段失灵保护（以Ⅰ段母线为例）

a）单母线分段接线图　b）失灵保护逻辑框图

习题与思考题

1. 试述母线故障后果的严重性，装设母线保护的一般原则，以及如何保证母线保护的可靠性？

2. 何谓母线的完全电流差动保护？它与发电机纵差动保护、变压器纵差动保护有何异同？

3. 说明母线差动保护中不平衡电流的产生原因及特点。

4. 试述电流互感器饱和对母线差动保护的影响，并说明母线差动保护一般采取何种抗 TA 饱和的措施？

5. 试述双母线的母线保护配置。

6. 试分析双母线保护母联断路器与电流互感器之间发生故障时，母线保护的动作行为？

7. 何谓断路器失灵保护？在什么情况下要安装断路器失灵保护？断路器失灵保护的动作判据和动作时间如何确定？

参考文献

[1] 贺家李，宋从矩. 电力系统继电保护原理 [M]. 北京：中国电力出版社，2004.
[2] 张保会，尹项根. 电力系统继电保护 [M]. 北京：中国电力出版社，2005.
[3] 许正亚. 输电线路新型距离保护 [M]. 北京：中国水利水电出版社，2002.
[4] 朱声石. 高压电网继电保护原理与技术 [M]. 北京：中国电力出版社，1981.
[5] 高春如. 大型发电机组继电保护整定计算与运行技术 [M]. 北京：中国电力出版社，2006.
[6] 李玉海，刘昕，李鹏. 电力系统主设备继电保护试验 [M]. 北京：中国电力出版社，2005.
[7] 王维俭，侯炳蕴. 大型机组继电保护理论基础 [M]. 北京：水利电力出版社，1989.
[8] 王维俭，王祥珩，王赞基. 大型发电机变压器内部故障分析与继电保护 [M]. 北京：中国电力出版社，2006.
[9] 王维俭. 发电机变压器继电保护应用 [M]. 北京：中国电力出版社，2005.
[10] 崔家佩，孟庆炎，陈永芳，熊炳耀. 电力系统继电保护与安全自动装置整定计算 [M]. 北京：水利电力出版社，1993.
[11] 王梅义，等. 高压电网继电保护运行技术 [M]. 北京：电力工业出版社，1981.
[12] 李佑林，林东. 电力系统继电保护原理及新技术 [M]. 北京：科学出版社，2003.
[13] 陈生贵，卢继平，王维庆. 电力系统继电保护 [M]. 重庆：重庆大学出版社，2003.
[14] 许建安. 电力系统继电保护 [M]. 北京：中国水利水电出版社，2004.
[15] 陈德树，张哲，尹项根. 微机继电保护 [M]. 北京：中国电力出版社，2000.
[16] 杨奇逊. 微型计算机保护基础 [M]. 北京：中国电力出版社，1992.
[17] 吴必信. 电力系统继电保护同步训练 [M]. 北京：中国电力出版社，2003.
[18] 黄玉琤. 继电保护习题集 [M]. 北京：水利电力出版社，1993.